U0156350

Photoshop

设计与制作项目教程（第2版）

主　编◎李晓静

副主编◎李淑娟　郭飞燕

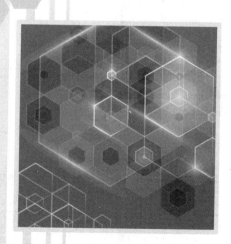

清华大学出版社
北 京

内 容 简 介

本书依据平面设计工作的实际需求，采用项目任务驱动的模式编写而成。

全书共分为 11 个项目，详细介绍了 Photoshop CC 的基本功能和各类实战技巧。其中，项目 1～项目 3 为 Photoshop CC 操作基础，包括图像处理基础、抠图基础、文字的艺术加工；项目 4～项目 6 为 Photoshop CC 在数码摄影后期的应用，包括数码图像的修饰、摄影与后期处理、数码照片排版设计；项目 7～项目 9 为 Photoshop CC 在广告、出版行业的应用，包括广告招贴的制作、包装设计、书籍装帧与宣传册设计；项目 10、项目 11 为 Photoshop CC 在 UI 设计行业的应用，包括手机界面设计和网页界面设计。

本书内容丰富，讲解清晰，图文并茂，易教易学，可作为高职高专院校和应用型本科院校计算机、数字媒体应用及平面设计相关专业的教材，也可作为广大平面设计爱好者和各类技术人员的自学用书，还可作为各类计算机培训班的培训教材。

本书封面贴有清华大学出版社防伪标签，无标签者不得销售。

版权所有，侵权必究。举报：010-62782989，beiqinquan@tup.tsinghua.edu.cn。

图书在版编目（CIP）数据

Photoshop 设计与制作项目教程 / 李晓静主编. —2 版. —北京：清华大学出版社，2021.10
ISBN 978-7-302-59287-7

Ⅰ．①P… Ⅱ．①李… Ⅲ．①图像处理软件－高等职业教育－教材 Ⅳ．①TP391.413

中国版本图书馆 CIP 数据核字（2021）第 200452 号

责任编辑：邓 艳
封面设计：刘 超
版式设计：文森时代
责任校对：马军令
责任印制：杨 艳

出版发行：清华大学出版社
　　　　　网　　　址：http://www.tup.com.cn，http://www.wqbook.com
　　　　　地　　　址：北京清华大学学研大厦 A 座　　　　邮　　编：100084
　　　　　社 总 机：010-62770175　　　　　　　　　　邮　　购：010-62786544
　　　　　投稿与读者服务：010-62776969，c-service@tup.tsinghua.edu.cn
　　　　　质量反馈：010-62772015，zhiliang@tup.tsinghua.edu.cn
印 装 者：三河市少明印务有限公司
经　　销：全国新华书店
开　　本：185mm×260mm　　　印　　张：24.25　　　字　　数：590 千字
版　　次：2017 年 12 月第 1 版　　2021 年 12 月第 2 版　　印　　次：2021 年 12 月第 1 次印刷
定　　价：69.00 元

产品编号：092808-01

前　言

　　Photoshop 是由 Adobe 公司开发的图形、图像处理和编辑软件，功能强大、易学易用，深受图形、图像处理爱好者和平面设计人员的喜爱，已经成为图像处理和平面设计领域最流行的软件之一。2013 年 7 月，Adobe 公司推出新版本 Photoshop CC（Creative Cloud），在 Photoshop CS6 功能的基础上，Photoshop CC 新增相机防抖动功能、Camera RAW 功能改进、图像提升采样、属性面板改进、Behance 集成功能以及 Creative Cloud，即云功能。目前，我国很多高职院校的计算机、多媒体和平面设计等相关专业都将"Photoshop 平面图像处理"作为一门重要的专业课程。

　　本书打破传统的教材编写模式，根据 Photoshop 在行业应用中的职业岗位需求，划分为三大模块：Photoshop 在数码摄影后期的应用、Photoshop 在广告出版行业的应用、Photoshop 在 UI 设计行业的应用。每个模块中包含了 2 个或 3 个工作项目，这些项目基本都来自于企业实际工作任务，充分考虑了相关职业岗位要求和行业标准，结合企业岗位工作流程进行任务的划分，使学生能够学习到新方法、新技术、新思路。

　　本书采用"知识加油站—项目解析—技能实战"的思路进行编排，首先通过对相关知识点的详细讲解，使学生掌握软件的功能应用和操作方法；接着通过对具体项目的解析，使学生明确将要制作的图像效果、制作思路，从实际工作任务中开阔艺术创意思维，提升专业技能；最后通过技能实战进一步提高学生的实际应用能力和设计制作水平。

　　全书共分为 11 个项目、33 个任务，详细介绍了 Photoshop CC 的基本功能和各类实战技巧。其中，项目 1～项目 3 为 Photoshop CC 操作基础，项目 4～项目 6 为 Photoshop CC 在数码摄影后期的应用，项目 7～项目 9 为 Photoshop CC 在广告、出版行业的应用，项目 10、项目 11 为 Photoshop CC 在 UI 设计行业的应用。各个项目的内容如下。

　　项目 1 为图像处理基础，包括图像属性设置、图像的合成和绘制简单图形 3 个任务。

　　项目 2 为抠图基础，包括简单图像抠图、毛发的抠图、半透明图像的抠图、综合运用抠图技术制作合成效果 4 个任务。

　　项目 3 为文字的艺术加工，包括制作健康骑行海报文字、金属电商文字、星空粒子文字和折叠文字 4 个任务。

　　项目 4 为数码图像的修饰，包括照片明暗度的调整、风景图的修饰、人像图的修饰 3 个任务。

　　项目 5 为摄影与后期处理，包括制作单色唯美摄影图、照片变水墨画、缔造完美肌肤、Camera Raw 应用和人物彩妆 5 个任务。

　　项目 6 为数码照片排版设计，包括风景摄影排版设计、婚纱照片排版设计、儿童写真挂历设计 3 个任务。

　　项目 7 为广告招贴的制作，包括室外喷绘饮料广告、房地产 DM 宣传单设计、天猫香水广告设计和音乐会海报设计 4 个任务。

项目 8 为包装设计，包括薯片食品包装设计、冬凌茶土特产包装设计、手提袋包装设计和光盘封套包装设计 4 个任务。

项目 9 为书籍装帧与宣传册设计，包括时尚杂志封面设计、时尚杂志内页排版设计、公司宣传画册设计 3 个任务。

项目 10 为手机界面设计，包括手机图标设计、手机主题界面设计、手机锁屏界面设计和软件皮肤界面设计 4 个任务。

项目 11 为网页界面设计，包括网页图标与按钮设计、网页导航栏设计、课程学习网站设计和天猫旺铺界面设计 4 个任务。

本书注重实践，突出应用与操作，既可作为高职高专院校和计算机培训学校相关课程的教材，也可作为平面设计人员的学习参考用书。本书的配套资源为读者提供了案例的素材文件、最终效果文件和项目制作中使用到的笔刷和字体。

参与本书编写的作者均为多年在高职院校从事 Photoshop 教学的双师型教师，不仅具备丰富的教学经验，还十分熟悉企业的需求。具体分工如下：项目 1、2 由李淑娟编写，项目 3、项目 4（4.2.2、4.2.3）由秦慧编写，项目 5 由王志强编写，项目 4（4.1、4.2.1）、项目 6 由张沛朋编写，项目 7 由高占龙编写，项目 8 由李晓静编写，项目 9 由张虹编写，项目 10 由郭飞燕编写，项目 11 由徐红霞编写。其中，李晓静任主编，李淑娟、郭飞燕任副主编。

本书在编写过程中力求全面、深入，但由于编者水平有限，书中难免存在不足之处，欢迎广大读者朋友批评指正。

编 者

目　　录

项目1 图像处理基础

在学习如何利用 Photoshop CC 处理图像之前，先通过具体的操作了解和掌握图像处理的一些相关概念，如像素、分辨率、位图、矢量图、颜色模式和常用图像格式等，以及在图像处理和制作的过程中经常需要用到的一些辅助性工具和命令，如标尺、参考线、网格等，这有助于把握尺寸、位置和对齐对象，达到熟悉 Photoshop CC 操作界面、掌握图像处理基本操作方法的目的。

1.1　知识加油站

1.1.1　理解数码图像的基本概念

1．像素

在 Photoshop CC 中，像素是图像的基本单位。图像是由许多小方块组成的，每一个方块就是一个像素，每一个像素只显示一种颜色。它们都有自己明确的位置和色彩数值，即这些小方块的位置和颜色决定了该图像所呈现的效果。文件包含的像素越多，所占用的空间就越大，图像品质也越好。

2．图像尺寸

在改变图像尺寸之前，要考虑图像的像素是否发生变化。如果图像的像素总量不变，则提高分辨率将减小其打印尺寸，增大打印尺寸将降低其分辨率；如果图像的像素总量发生变化，则可以在增大打印尺寸的同时保持图像的分辨率不变，反之亦然。

将图像的尺寸变小后，再将图像恢复到原来的尺寸，将不会得到原始图像的细节，因为 Photoshop 无法恢复已损失的图像细节。

3．位图和矢量图

位图图像又称为点阵图像，是由许多不同颜色的小方块组成的，可以精确地表现色彩丰富的图像。但位图与分辨率有关，如果以较大的倍数放大显示图像，或者以较低的分辨率打印图像，图像就会出现锯齿状的边缘，并且会丢失细节。

矢量图是以数学的矢量方式来记录图像内容的，Illustrator、CorelDRAW 等绘图软件创作的都是矢量图。矢量图与分辨率无关，可以将其任意缩放，清晰度不变，也不会出现锯齿状的边缘。

4. 颜色模式

Photoshop CC 提供了多种颜色模式，选择适当的颜色模式是图像正确显示和打印的重要保障。常用的颜色模式有 RGB、CMYK、HSB、Lab、灰度模式、索引模式、位图模式、双色模式和多通道模式等，下面分别予以介绍。

（1）RGB 颜色模式：该颜色模式下的图像是由红（R）、绿（G）、蓝（B）3 种颜色按不同比例混合而成的，模拟的是光的调色原理，是最佳的图像编辑颜色模式，也是 Photoshop 默认的颜色模式，几乎所有的命令都支持。

（2）CMYK 颜色模式：该颜色模式下的图像是由青（C）、洋红（M）、黄（Y）和黑（K）4 种颜色组成的，模拟的是颜料、油墨色的调色原理，是印刷时使用的一种颜色模式。

（3）HSB 颜色模式：该颜色模式下的图像是基于人眼对色彩的观察来定义的，通过色相、饱和度、明度来表示颜色。其中，H 表示色相，S 表示饱和度，B 表示明度。

（4）Lab 颜色模式：该颜色模式下的图像是由 RGB 三原色转换而来的，是 RGB 颜色模式转换为 HSB 颜色模式和 CMYK 颜色模式的桥梁，弥补了 RGB 和 CMYK 两种颜色模式的不足。其中，L 表示亮度，a 表示由绿色到红色的光谱变化，b 表示由蓝色到黄色的光谱变化。

（5）灰度模式：该模式下的图像只有 256 种灰度颜色而没有其他色彩。

（6）索引模式：该模式下的图像只能存储为一个 8 位色彩深度的文件，即图像中最多含有 256 种颜色，而且这些颜色都是预先定义好的。使用该模式不但可以有效地缩减图像文件的大小，而且能够保持图像文件的色彩品质，适合制作用于网页的图像文件或多媒体动画。

（7）位图模式：该模式下的图像只由黑和白两种颜色组成。

（8）双色模式：该模式下的图像是通过 1～4 种自定义油墨创建的单色调、双色调、三色调和四色调灰色图像。

（9）多通道模式：该模式下的图像包含多种灰阶通道，其中每个通道都是由 256 级灰阶组成。

5. 文件格式

Photoshop 支持多种图形文件格式，使用者可以根据需要选择不同的文件格式。

（1）PSD 格式是 Photoshop 自动生成的一种文件格式，保存的图像信息最全，是唯一能支持全部图像颜色模式的格式。以 PSD 格式保存的图像可以包含图层、通道和颜色模式，以及调节图层和文本图层等。

（2）JPEG 格式支持真彩色，生成的文件较小，也是常用的文件格式。使用该格式保存的图像文件经过压缩，可使文件更小，但也会丢失部分数据。JPEG 格式支持 RGB 颜色模式、CMYK 颜色模式和灰度模式，但不支持 Alpha 通道模式。

（3）GIF 格式的文件支持 LZW 压缩，支持黑白、灰度和索引等颜色模式，但不支持 Alpha 通道模式。这种格式的文件比较小，可以是透明背景，能保存动画效果，常用于网络传输。

（4）BMP 格式是一种标准的点阵式（位图）图像文件格式，支持灰度和索引两种模式，但不支持 Alpha 通道模式。以该格式保存的文件通常比较大。

（5）TIFF 格式可在多个图像软件之间进行数据交换，其应用相当广泛。该格式支持 RGB、CMYK、Lab 和灰度等颜色模式。

1.1.2　认识 Photoshop CC 的操作界面

如图 1-1 所示，Photoshop CC 的操作界面主要由菜单栏、工具选项栏、工具箱、调板和状态栏组成，下面主要介绍菜单栏、工具箱和调板。

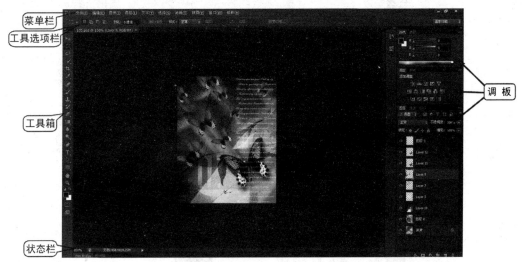

图 1-1

1．菜单栏

除了菜单栏中的命令外，在画面的空白处或某个对象上右击还可以显示快捷菜单，如图 1-2 所示；在调板上右击也可以显示快捷菜单，如图 1-3 所示。通过快捷菜单可快速执行相应的命令。

图 1-2

图 1-3

2．工具箱

Photoshop CC 的工具箱中包含用于创建与编辑图像的工具和按钮，这些工具分为 7 大类，如图 1-4 所示。默认情况下，工具箱中的工具为单排显示，单击工具箱顶部的▶▶按钮，可以切换为双排显示，如图 1-5 所示。

在如图 1-4 所示的工具箱中，右下角带有三角图标的工具表示这是一个工具组，在其上单击并稍作停留便可以显示隐藏的工具，如图 1-6 所示，将鼠标指针移动到隐藏的工具上单击即可选择该工具。

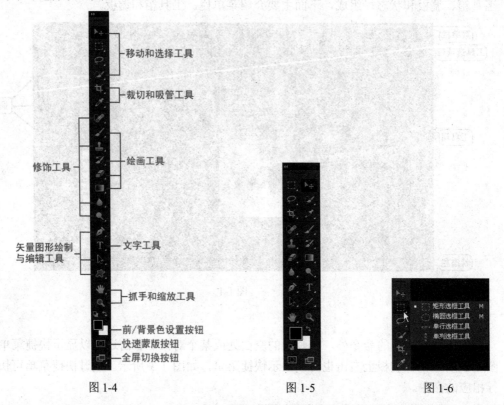

图 1-4   图 1-5   图 1-6

选择一个工具后，可以在工具选项栏中设置其选项。工具选项栏会随着所选工具的不同而变换选项内容，如图 1-7 所示为"矩形选框工具"的选项栏。

图 1-7

3．调板

默认情况下，调板是成组排列的，如果要将一个调板从组中分离出来，可以单击该调板的标题栏，然后将其拖出，如图 1-8 所示，该调板便可以自由移动。单击一个调板的名称，然后将其拖动到另一个调板标题栏上，当出现突出显示的蓝色时释放鼠标，可以将调板与目标调板组合，如图 1-9 所示。

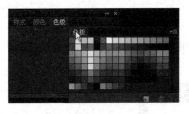

图 1-8　　　　　　　　　　　　　　图 1-9

1.1.3　基础辅助功能

1. 标尺与参考线

（1）新建参考线。方法一：选择"视图"→"标尺"命令，则会在图像窗口的上边、左边出现标尺，从标尺上直接拖动即可添加参考线。方法二：选择"视图"→"新建参考线"命令，在如图 1-10 所示的"新建参考线"对话框中选择参考线类型，并设置参考线的位置，单击"确定"按钮后即可建立参考线。

（2）移动参考线。单击工具箱中的"移动工具"按钮，将鼠标指针放在参考线上，当指针变为 ⬌ 或 ⬍ 的形状时，按下鼠标左键并拖动鼠标，即可移动参考线。

（3）锁定参考线。在图像窗口中定位好参考线后，在菜单栏中选择"视图"→"锁定参考线"命令（如果选中，则该命令前会出现对号标记），即可将所有的参考线锁定，这样可以防止在操作时不小心移动参考线的位置，如图 1-11 所示。

图 1-10　　　　　　　　　　　　　　图 1-11

（4）显示和隐藏参考线。在处理图像的过程中，经常需要在显示和隐藏参考线间进行切换，该命令在菜单栏中为"视图"→"显示"→"参考线"，对应的快捷键是 Ctrl+;。

另外，单击标题栏"查看额外内容"按钮旁的 ▦▾ 按钮，在弹出的下拉列表中选择"显示参考线"命令，当显示勾选标记时，则显示参考线；反之，则隐藏参考线。

（5）清除参考线。如果要清除参考线，可直接选择"视图"→"清除参考线"命令，即可一次性清除图像窗口中所有的参考线；如果只是要清除其中的一根参考线，首先要确定该参考线处于非锁定状态，然后选择"移动工具"命令将需要删除的参考线拖回标尺即可。

在垂直标尺和水平标尺的交叉点位置，就是标尺原点，类似于坐标原点，默认状态下在图像窗口的左上角，可根据需要改变其位置。将鼠标指针移动到标尺原点的位置上，按下鼠标左键不放，拖动鼠标到图像窗口中新的位置，释放鼠标左键后即可将标尺原点设置到新的位置上。

2．网格

网格功能和参考线功能相似，都是用来精确地对齐和放置对象的。例如，在绘制如图 1-12 所示的标志图形时，就需要用到网格。

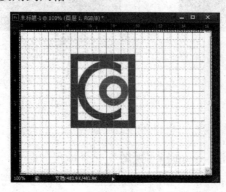

图 1-12

（1）显示和隐藏网格。选择"视图"→"显示"→"网格"命令，即可在图像窗口中按系统默认的设置显示网格；另外，单击标题栏上的"查看额外内容"按钮，也可以设置显示或隐藏网格。

（2）对齐网格。选择"视图"→"对齐到"→"网格"命令，即可对齐网格。此时，如果绘制线，线上的节点会自动对齐到网格的网点上；如果移动对象，对象也会自动对齐到网点上。

（3）设置网格。网格的大小和子网格的数量可以根据需要自行设置，设置方法如下：选择"编辑"→"首选项"→"参考线、网格和切片"命令（如图 1-13 所示），或按 Ctrl+K 快捷键，弹出如图 1-14 所示的"首选项"对话框，对相应内容进行设置，然后单击"确定"按钮即可。

图 1-13

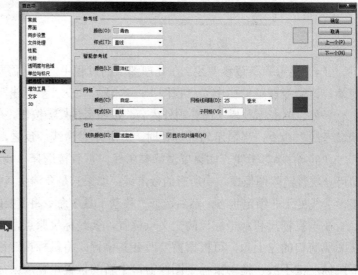

图 1-14

3．改变图像的显示比例

要改变图像的显示比例，方法一：使用 🔍 （缩放工具），呈现 🔍 状态时在画布上单击将放大图像；按 Alt 键，呈现 🔍 状态时在画布上单击将缩小图像。方法二：通过 Ctrl++快捷键对图像进行成倍放大，通过 Ctrl+ -快捷键对图像进行成倍缩小。

另外，选择"视图"→"放大"命令，可放大显示当前图像；选择"视图"→"缩小"命令，可缩小显示当前图像；选择"视图"→"按屏幕大小缩放"命令，可满屏显示当前图像；选择"视图"→"实际像素"命令，可以 100%的倍率显示当前图像。

1.2 项 目 解 析

1.2.1 任务 1——图像属性设置

本任务中将通过更改图像的像素、分辨率，放大位图和矢量图，以及更改图像的颜色模式和图像的格式，学习图形、图像处理中最基本的概念。在学习过程中，读者要特别注意原始图像与调整后的图像之间的效果对比。

子任务1 **更改图像的像素**

（1）选择"文件"→"打开"命令或按 Ctrl+O 快捷键，弹出"打开"对话框，在其中找到并选择素材图片"卡通.jpg"，将其打开。

（2）选择"图像"→"图像大小"命令或按 Ctrl+Alt+I 组合键，在弹出的"图像大小"对话框中，可以看到其尺寸的"宽度"为"8.67 厘米"、"高度"为"6.5 厘米"，如图 1-15 所示。然后将图像的"宽度"改为"5 厘米"、"高度"改为"3.75 厘米"，如图 1-16 所示。

图 1-15　　　　　　　　　　　　　　　　　　　图 1-16

（3）单击"确定"按钮后，可以发现图片变小了，其尺寸由原来的 8.67 厘米×6.5 厘米变成了 5 厘米×3.75 厘米。

要点解析

（1）在"图像大小"对话框中更改像素大小时，注意对话框中的⚙（约束比例）按钮，可以根据需要选中或取消选中。

（2）在"宽度"和"高度"栏后的下拉列表框中，可以更改图像大小的单位，如毫米、像素等。

子任务2　更改图像分辨率

（1）选择"文件"→"打开"命令或按 Ctrl+O 快捷键，弹出"打开"对话框，在其中找到并选择素材图片"蝶恋花.jpg"，将其打开。

（2）选择"图像"→"图像大小"命令或按 Ctrl+Alt+I 组合键，在弹出的"图像大小"对话框中，将图像的分辨率改为 72 像素/英寸，如图 1-17 所示。

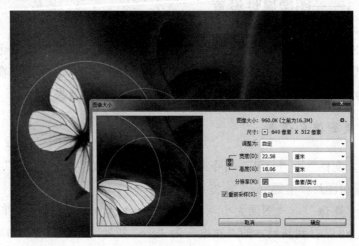

图 1-17

（3）更改后，图片的"分辨率"由原来的"300 像素/英寸"变成了"72 像素/英寸"。这时，如果将原图和更改后的图同时打印出来，会发现它们虽然大小一样，但原图更清晰，更改后的图则要粗糙一些。

要点解析

（1）更改图像的分辨率不但会造成图像的宽度和高度发生变化，还会改变图像所占用磁盘空间的大小。分辨率越低，图像文档所占用的磁盘空间也越小。

（2）注意分辨率的单位在默认状况下是"像素/英寸"。

子任务3　放大位图和矢量图

（1）选择"文件"→"打开"命令或按 Ctrl+O 快捷键，弹出"打开"对话框，在其中找到并选择素材图片"化妆.jpg"，将其打开。

（2）选择"缩放工具"命令，在图像右部的化妆盒上连续单击，将图像放大，如图 1-18

所示为图像放大前后的对比图。

图 1-18

（3）原图十分清晰，但将其放大到 600%时，可以看到图像上有很明显的噪点，边缘出现了锯齿。

（4）下面来对比一下矢量图形放大前后的效果。选择素材文件 105.jpg，在 Illustrator 软件中将其打开，如图 1-19 所示为放大其第 2 排右侧图像前后的对比图。

图 1-19

（5）很明显，矢量图形即使被放大到 1000%，依然十分清晰。

要点解析

（1）使用"缩放工具"既可将图像放大，也可将图像缩小。将图像缩小的方法是在使用"缩放工具"的同时按 Alt 键。

（2）Photoshop CC 处理的主要是位图图像，对矢量图形的绘制和编辑则具有一定的局限性。因此，绘制矢量图形时可使用专门的矢量绘图软件，如 Illustrator 或 CorelDRAW。

子任务 4　更改颜色模式

（1）选择"文件"→"打开"命令或按 Ctrl+O 快捷键，弹出"打开"对话框，在其中找到并选择素材图片"花鸟.jpg"，将其打开，如图 1-20 所示。

（2）选择"图像"→"模式"→"CMYK"命令，在弹出的对话框中单击"确定"按钮，则图片的颜色模式由 RGB 颜色模式转为 CMYK 颜色模式，如图 1-21 所示。

（3）选择"图像"→"模式"→"灰度模式"命令，在弹出的对话框中单击"确定"按钮，则该图的颜色模式由 CMYK 颜色模式转为灰度模式，如图 1-22 所示。

图 1-20　　　　　　　　　　　图 1-21　　　　　　　　　图 1-22

要点解析

（1）仔细比较图 1-20 和图 1-21，会发现更改后的图像色彩稍显暗淡，而原图则较鲜艳，这是因为 RGB 颜色模式模拟的是光的调色原理，色域广，因而颜色更鲜艳；而 CMYK 颜色模式代表的是油墨的色彩，色彩相对较少，因而颜色略显暗淡。

（2）RGB 颜色模式或 CMYK 颜色模式的图在转化为灰度模式后，色彩会丢失；同样，灰度模式也可以转化为 RGB 颜色模式或 CMYK 颜色模式，但色彩却不可逆转，即转化后仍然是黑白图片。

子任务 5　更改图像格式

（1）选择"文件"→"打开"命令或按 Ctrl+O 快捷键，弹出"打开"对话框，在其中找到并选择素材图片"蝴蝶.psd"，将其打开，如图 1-23 所示。

（2）选择"文件"→"存储为"命令，弹出"另存为"对话框，如图 1-24 所示。设置保存格式为"TIFF"，设置好其他选项后，单击"保存"按钮，会弹出"TIFF 选项"对话框，直接单击"确定"按钮，采用默认设置。此时就会在保存目录下多出一个后缀名为.tif 的文件。

图 1-23

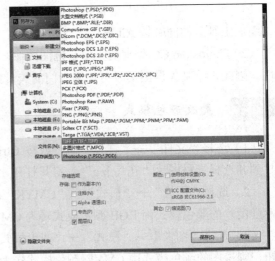

图 1-24

（3）选择"文件"→"存储为"命令，弹出如图 1-25 所示的"另存为"对话框，选择 JPEG 格式，设置好其他选项后，单击"确定"按钮。

（4）接下来会弹出如图 1-26 所示的"JPEG 选项"对话框，将品质设置为"12 最佳"，单击"确定"按钮，此时就将 TIFF 格式的图像转化为 JPEG 格式。

图 1-25

图 1-26

要点解析

（1）在"另存为"对话框的"保存类型"下拉列表框中包含多种文件格式选项，其中，PSD 格式和 PDD 格式是 Photoshop CC 的专用格式，其他格式可以根据需要进行选择。

（2）存储为 JPEG 格式时，可以在"品质"选项的下拉列表框中选择"低""中""高""最佳"4 种图像压缩品质选项。压缩品质越高，图像质量越好，占用的磁盘空间也就越大。

1.2.2　任务 2——图像的合成

子任务 1　**简单合成操作**

（1）选择"文件"→"打开"命令或按 Ctrl+O 快捷键，弹出"打开"对话框，按 Ctrl 键的同时选择素材文件"苹果（106）.psd"和"面具（107）.jpg"，单击"确定"按钮打开文件。

（2）将鼠标指针放在工具箱中的 ![移动工具图标]（移动工具）图标上并单击，即可选中该工具，然后将鼠标指针放在文件 106.psd 中，按下鼠标左键不放，拖动鼠标到文件 107.jpg 窗口中，当鼠标指针呈现 ![图标]形状时释放鼠标。此时，106.psd 中的苹果就被移动到了 107.jpg 中。操作过程如图 1-27 所示。

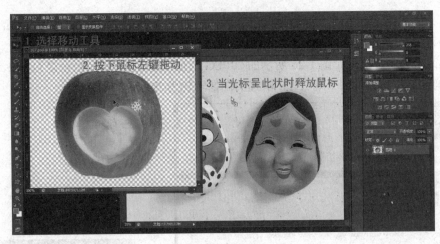

图 1-27

要点解析

（1）在工具箱中选择工具时，直接用鼠标单击即可。

（2）使用"移动工具"合成图像时，一定要把鼠标指针放在图像上拖动，不要放在图像的标题栏上拖动。

子任务 2　图像变换

（1）打开素材文件"花瓣.psd"和"盒子.jpg"，如图 1-28 和图 1-29 所示。其中，"花瓣.psd"文件中除了背景图层外，还有 3 个花朵图层。

图 1-28

图 1-29

（2）使用"移动工具"将文件"花瓣.psd"中的 3 个花朵图层分别拖入"盒子.jpg"文件中，放置在如图 1-30 所示的位置。

（3）通过复制、变形等操作制作出各种形态的花朵。在"图层"面板上，选择蓝色花朵所在的图层,并将其拖到"创建新图层"按钮上进行复制。使用"移动工具"将复制出的花朵移动到另一个位置,如图 1-31 所示。

（4）按 Ctrl+T 快捷键,将鼠标指针放在变形框内右击,在弹出的快捷菜单中选择"缩放"命令,在按 Shift 键的同时拖动如图 1-32 所示的控制点,将花朵等比例缩放。

图 1-30　　　　　　　　　　图 1-31　　　　　　　　　　图 1-32

（5）再次在变形框内右击,在弹出的快捷菜单中选择"旋转"命令,将鼠标指针放在控制点的周围,当鼠标指针变为形状时,按下鼠标左键拖动,将花朵旋转一定的角度,如图 1-33 所示,按 Enter 键确认变形。

（6）在"图层"面板上选择红色花朵所在的图层,并将其拖到"创建新图层"按钮上进行复制。使用"移动工具"将复制出的花朵移动到另一个位置,如图 1-34 所示。

（7）按 Ctrl+T 快捷键,将鼠标指针放在变形框内右击,在弹出的快捷菜单中选择"水平翻转"命令,将花朵按水平方向翻转,如图 1-35 所示。

图 1-33　　　　　　　　　　图 1-34　　　　　　　　　　图 1-35

（8）再次在变形框内右击,在弹出的快捷菜单中选择"斜切"命令,使用鼠标拖曳右边上、下的两个控制点，如图 1-36 所示，按 Enter 键确认变形，得到如图 1-37 所示的效果。

（9）用同样的方法，在"图层"面板上复制另一个粉色花朵，并调整其位置，如图 1-38 所示。

图 1-36   图 1-37   图 1-38

（10）按 Ctrl+T 快捷键，将鼠标指针放在变形框内右击，在弹出的快捷菜单中选择"变形"命令，使用鼠标拖动变形控制线，如图 1-39 所示，然后按 Enter 键确认变形。

（11）依照相同的方法，再复制几个花朵，尝试自由变换中的其他命令，制作出其他形态的花朵，如图 1-40 所示。

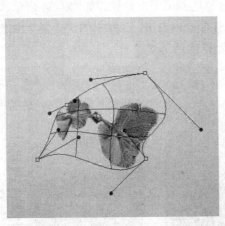

图 1-39   图 1-40

（12）选择其中的一个花朵，复制后不要移动位置，按 Ctrl+T 快捷键，选择"垂直翻转"命令；然后再向下稍作移动，按 Ctrl 键的同时，单击该图层的缩览图按钮，载入选区，设置前景色为"黑色"，按 Alt+Delete 快捷键填充选区。按 Ctrl+D 快捷键取消选区后，在"图层"面板上将该图层的图层混合模式调整为 30%，并将该投影图层拖到花朵图层的下面，得到如图 1-41 所示的投影效果。

（13）依照相同的方法，制作出其他花朵的投影，如图 1-42 所示。

图 1-41　　　　　　　　　　　　　　　　　图 1-42

要点解析

对图像大小、方向等进行调整，方法一：可以选择"编辑"→"变换"命令，其中包含了"缩放""旋转""斜切""扭曲""透视""变形"等命令。方法二：按 Ctrl+T 快捷键，对图像进行自由变换，当图像四周显示变形定界框后，将鼠标指针放在变形框内右击，可以快捷地选择相应的命令。

子任务 3　合成广告招贴

（1）选择"文件"→"打开"命令，选择素材文件"背景.jpg"，单击"确定"按钮打开文件，如图 1-43 所示。

图 1-43

（2）打开素材文件"人物.psd"，使用"移动工具"将其拖入"背景.jpg"文件中，放在如图 1-44 所示的位置；打开素材文件"水.psd"，使用"移动工具"将其拖入"背景.jpg"文件中，放在如图 1-45 所示的位置。

图 1-44

图 1-45

（3）继续打开素材文件"太阳.psd"，使用"移动工具"将其拖入"背景.jpg"文件中；然后按 Ctrl+T 快捷键，此时，在太阳图像的四周会显示变形定界框，如图 1-46 所示；按 Shift 键的同时，使用鼠标向内拖动变形框四角的点，将其等比例缩放到原来的一半大小，并按 Enter 键确认变形，放在如图 1-47 所示的位置。

图 1-46

图 1-47

（4）打开素材文件"热气球.psd"，使用"移动工具"将其拖入"背景.jpg"文件中；然后按 Ctrl+T 快捷键，此时，在气球图像的四周会显示变形定界框，如图 1-48 所示；将鼠标指针放在变形框四角的点旁边，当鼠标指针变为双向弧形箭头时，逆时针拖动鼠标，将图像旋转 20°左右，按 Enter 键确认变形，放在如图 1-49 所示的位置。

图 1-48

图 1-49

（5）打开素材文件"笔记本 1.psd"和"笔记本 2.psd"，使用"移动工具"分别将其拖入"背景.jpg"文件中，放在如图 1-50 所示的位置。

图 1-50

（6）依次打开素材文件"墨镜.psd""拖鞋.psd""游泳圈.psd"，使用"移动工具"分别将其拖入"背景.jpg"文件中，放在如图 1-51 所示的位置。

图 1-51

（7）打开素材文件"广告语.psd"和"标识.psd"，使用"移动工具"分别将其拖入"背景.jpg"文件中，放在如图 1-52 所示的位置。

图 1-52

（8）至此，整个广告合成效果完成，按 Ctrl+S 快捷键，将文件保存为"神舟笔记本广告.psd"。

要点解析

（1）本任务的制作主要是为了让读者掌握图像合成的基本操作，因此素材都是经过事先处理的，且均为.psd 格式，只需要用"移动工具"拖入目标文件即可。而在实际工作中，采集的素材是需要经过合理处理后才能应用的，后续的项目制作中会详细地介绍相关内容。

（2）制作过程中要认真体会"图层"的概念和相关操作，并熟练应用 Ctrl+T 快捷键对图像执行缩放、旋转等操作。

1.2.3　任务 3——绘制简单图形

子任务 1　**绘制选区与设置颜色**

（1）选择"文件"→"新建"命令或按 Ctrl+N 快捷键，在打开的"新建"对话框中设置"宽度""高度"都为"600 像素"，"分辨率"为"72像素/英寸"，"颜色模式"为"RGB 模式"，"背景内容"为"白色"，单击"确定"按钮新建文档。

（2）在工具箱中选择"矩形选框工具"命令，然后在画布上随意绘制一个矩形选区，如图 1-53 所示。

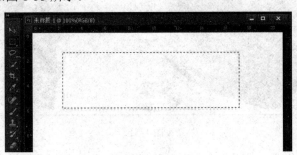

图 1-53

（3）在工具箱中单击"设置前景色"颜色框，在弹出的如图 1-54 所示的"拾色器（前景色）"对话框中选择"红色（#ff0000）"命令，单击"确定"按钮后，按 Alt+Delete 快捷键填充选区；接着按 Ctrl+D 快捷键取消选区，得到如图 1-55 所示的效果。

图 1-54

图 1-55

（4）在工具箱中选择"椭圆选框工具"命令，然后在画布上再次绘制一个椭圆选区，如图 1-56 所示。

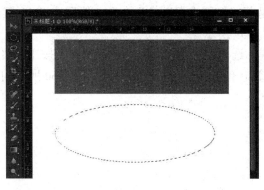

图 1-56

（5）在工具箱中单击"设置背景色"颜色框，弹出如图 1-57 所示的"拾色器（背景色）"对话框，选择"黄色（#ffff00）"命令，单击"确定"按钮后，按 Ctrl+Delete 快捷键填充选区；接着按 Ctrl+D 快捷键取消选区，得到如图 1-58 所示的效果。

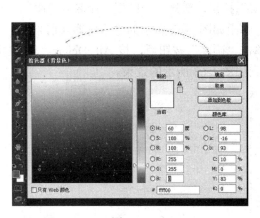　　　　　

图 1-57　　　　　　　　　　　　　　　　　　图 1-58

要点解析

（1）图像处理中，最常见的颜色设置就是设置前景色和背景色，既可以在"拾色器"对话框中设置，也可以在"色板"和"颜色"面板中设置。一定要牢记：使用前景色填充的快捷键是 Alt+Delete，使用背景色填充的快捷键是 Ctrl+Delete。

（2）颜色的表示方式有多种，可以使用颜色值表示，例如，红色为#ff0000；也可以使用 RGB 值来表示，例如，红色对应的 RGB 值分别为 255、0、0。

子任务2　绘制卡通头像

（1）选择"文件"→"新建"命令或按 Ctrl+N 快捷键，在打开的"新建"对话框中设置"宽度""高度"都为"600 像素"，"分辨率"为"150

像素/英寸"，"颜色模式"为"RGB 模式"，"背景内容"为"白色"，单击"确定"按钮新建文档。

（2）在工具箱中选择"椭圆选框工具"命令，然后按 Shift 键的同时，在画布上绘制出一个正圆选区，如图 1-59 所示。

（3）在"椭圆工具"选项栏上单击██（与选区交叉）按钮，然后继续使用"椭圆选框工具"绘制一个圆形选区，使之与第一个圆形形成如图 1-60 所示的交叉，释放鼠标后，形成如图 1-61 所示的选区。

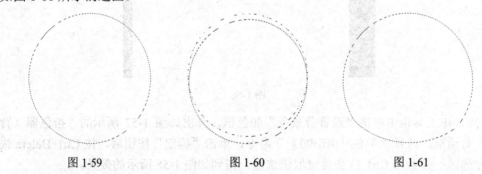

| 图 1-59 | 图 1-60 | 图 1-61 |

（4）在"图层"面板上单击"创建新图层"按钮，新建一个图层，命名为"脸"。然后，在工具箱中单击"设置前景色"颜色框，弹出如图 1-62 所示的"拾色器（前景色）"对话框，选择"浅粉色（#fef4ea）"命令，单击"确定"按钮后，按 Alt+Delete 快捷键填充选区；接着按 Ctrl+D 快捷键取消选区，得到如图 1-63 所示的效果。

| 图 1-62 | 图 1-63 |

（5）继续使用"椭圆选框工具"，按 Shift 键，在脸上绘制出一个小的正圆选区，如图 1-64 所示，并在"图层"面板上新建图层，命名为"眼"。然后，在工具箱中单击"设置前景色"颜色框，弹出"拾色器（前景色）"对话框，选择"褐色（#773d01）"命令，单击"确定"按钮后，按 Alt+Delete 快捷键填充选区；接着按 Ctrl+D 快捷键取消选区，得到如图 1-65 所示的效果。

（6）在"椭圆选框工具"选项栏中单击██（添加到选区）按钮，然后在眼睛上分别绘制出 3 个不同大小的圆形选区，如图 1-66 所示。在"图层"面板上新建图层，命名为"眼高光"。然后，设置前景色为"白色"，单击"确定"按钮后，按 Alt+Delete 快捷键填充选区；接着按 Ctrl+D 快捷键取消选区，得到如图 1-67 所示的效果。

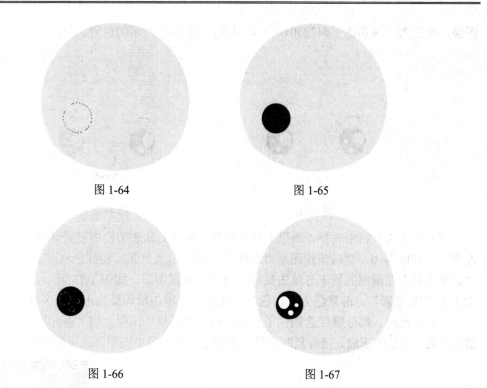

图 1-64   图 1-65

图 1-66   图 1-67

（7）在"图层"面板上，同时选择"眼"和"眼高光"两个图层，按 Shift+Alt 快捷键的同时，使用"移动工具"将眼睛水平向右拖动，复制出第二个眼睛，如图 1-68 所示。

（8）在"椭圆选框工具"选项栏中单击█（从选区中减去）按钮，然后先在画布上绘制出一个小的圆形选区，再绘制出一个与之相交叠的另一个选区，释放鼠标后得到如图 1-69 所示的月牙状选区。在"图层"面板上新建图层，命名为"眉"。然后，设置前景色为"深褐色（#472401）"，单击"确定"按钮后，按 Alt+Delete 快捷键填充选区；接着按 Ctrl+D 快捷键取消选区，将其放在如图 1-70 所示的位置。

图 1-68   图 1-69   图 1-70

（9）在按 Shift+Alt 快捷键的同时，使用"移动工具"将眉水平向右拖动，复制出第二个眼眉，并按 Ctrl+T 快捷键，将鼠标指针放在变形框内右击，在弹出的快捷菜单中选择"水平翻转"命令，按 Enter 键确认变形后，得到如图 1-71 所示的效果。

（10）使用步骤（8）、步骤（9）的方法，再次绘制一个月牙状的选区，并新建"嘴"

图层，填充为"深褐色（#472401）"，放在如图 1-72 所示的位置。

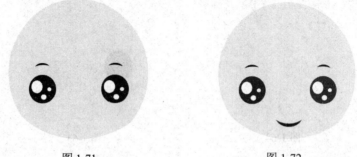

图 1-71　　　　　　　　　　　　　图 1-72

（11）在工具箱中选择"画笔工具"命令，在其工具选项栏中设置其画笔大小为"120 像素"，硬度为 0，然后新建图层"腮红"，设置前景色为"粉红色（#fcbaba）"，使用 "画笔工具"在眼部的斜下方单击鼠标，绘制出腮红图形，如图 1-73 所示。接着更改画笔 大小为"20 像素"，前景色为"白色"，在腮红上单击鼠标绘制出高光区域。

（12）此时，部分腮红遮挡住了眼睛，可在"图层"面板上将"腮红"图层向下拖动， 放在"眼"图层的下面。接着复制出第二个腮红，效果及"图层"面板状态如图 1-74 所示。

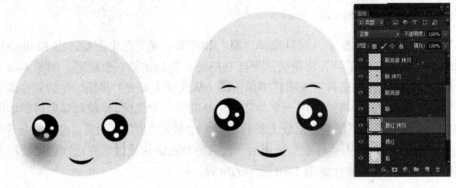

图 1-73　　　　　　　　　　　　　图 1-74

（13）结合"多边形套索工具""椭圆工具"等选区工具，灵活应用"添加到选区" "从选区中减去"等选项，绘制出如图 1-75 所示的选区。新建图层"头发"，填充颜色为 "橙灰色（#ce7e3d）"，如图 1-76 所示。

图 1-75　　　　　　　　　　　　　图 1-76

（14）在"脸"图层的下面新建图层"头发 2"，绘制出如图 1-77 所示的选区，同样填充为"橙灰色（#ce7e3d）"，如图 1-78 所示。

（15）综合应用选区绘制工具，分别在头发上绘制出高光选区，填充为"浅橙色（#eab88e）"，暗部选区填充为"褐色（#924302）"，如图 1-79 所示。

图 1-77　　　　　　　　　　　图 1-78　　　　　　　　　　　图 1-79

（16）至此，卡通头像绘制完成，按 Ctrl+S 快捷键保存为"卡通头像.psd"。

要点解析

（1）绘制不同图形时一定要新建图层，确保每个图形都有独立的图层，这样可以灵活调整图形的位置而不影响到其他图形。

（2）绘制选区的工具主要有"矩形选框工具"组和"套索工具"组，每个工具都要灵活应用，结合 ▦▦▦▦ 这 4 个选项，可以绘制出丰富的选区形状。对于选区的详细介绍，可参考项目 2。

1.3　技　能　实　战

综合使用工具箱中的基本工具，绘制如图 1-80 所示的卡通桌面效果。

图 1-80

1．设计任务描述

（1）绘制时要注意该效果是用来作计算机桌面的，而计算机桌面中的各种图标往往放置在左边，所以要将主体图形安排在画面的右边。

（2）文档的尺寸为 1024 像素×768 像素。

（3）注意画面整体色彩的把握，应深浅相宜、色调和谐。

（4）每个图形的比例和形状要协调，能够突出画面的整体美观度。

（5）工具应用熟练，画面效果有创新。

2．评价标准

评价标准如表 1-1 所示。

表 1-1

序　号	作品考核要求	分　值
1	文档规格符合要求、元素齐全	10
2	画面各元素布局合理	20
3	色彩协调	20
4	图形比例协调、美观	30
5	工具应用的熟练程度	10
6	作品的创新度	10

项目2 抠图基础

将图像的某一部分选取出来进行操作或者进一步运用，就必须把这部分图像从原图像上"抠取出来"，这个过程叫作抠图。针对原图像的不同特点，可以选择不同的方法进行抠图操作。

本项目结合选区、魔棒、快速选择、通道、滤镜、蒙版等应用，详细地介绍几种具有代表性的图像抠图方法，并在此过程中进一步熟悉 Photoshop CC 的基本操作。

2.1 知识加油站

2.1.1 抠图基础

1. 什么是选区

对于选区，Adobe 给出的解释是："建立选区是指分离图像的一个或多个部分。通过选择特定区域，可以编辑效果和滤镜，并将效果和滤镜应用于图像的局部，同时保证未选定区域不会被改动。"

由此可见，选区是用来定义操作范围的。选区边界内部的图像被选择，之后的修改操作只针对选区内的区域，选区外部的图像受到保护。选区的操作是图像处理关键的第一步，界定了选区，就可以对局部图像进行处理；如果没有选区，则编辑操作将对整个图像产生影响。例如，将图 2-1 所示的白色背景用"魔棒工具"建立选区后，可以使用"油漆桶工具"填充其他颜色，如图 2-2 所示。

图 2-1

图 2-2

2. 什么是抠图

在编辑图像时，用选区能够将对象选中，如果再将选中的对象从原有的图像中分离出来，这便是抠图。如图 2-3～图 2-5 所示，将图中木桶及杂志选中并抠取出来。抠图是一个很形象的动词，就像将不干胶贴纸从玻璃上揭开。其道理虽然相似，但抠图的过程却要复杂得多。在接下来的课程中，将会介绍多种抠图的方法。

　　　图 2-3　　　　　　　　　　　图 2-4　　　　　　　　　　　图 2-5

3. 选区的创建

1）建立单一选区

（1）选框工具组。Photoshop CC 的选框工具组包括"矩形选框工具""椭圆选框工具""单行选框工具""单列选框工具"。这 4 种工具在工具箱中位于同一个按钮组中，可以根据指定的几何形状来建立选区，如图 2-6 所示。

使用"矩形选框工具"或"椭圆选框工具"可以创建外形为矩形或椭圆的选区，如图 2-7 所示，建立的选区以闪动的虚线框表示。

　　　图 2-6　　　　　　　　　　图 2-7

在拖动鼠标绘制选框的过程中，可以结合一些辅助按钮来达到某些特殊的效果，方法如下。

① 拖动鼠标时，按 Shift 键可将选框限制为正方形或圆形。

② 通常拖动的起点处会被作为选框的一个顶点，如果要将拖动起点作为选框的中心，可以在拖动鼠标时按 Alt 键。

③ 如果在创建选区的过程中（正在拖动鼠标）想改变整个选区的位置，可以在释放鼠标左键之前按 Space 键，此时拖动鼠标所产生的效果并不是改变选区的大小，而是移动选区。

此外，在工具箱中选择了"矩形选框工具"命令或"椭圆选框工具"命令后，可以在工具选项栏中选择以下几种方式控制选框的尺寸和比例。

① 正常——默认方式，完全根据鼠标拖动的情况确定选框的尺寸和比例。

② 固定长宽比——选择该选项后，可以在后面的"宽度"和"高度"文本框中输入具体的宽、高比，拖动鼠标绘制选框时，选框将自动符合该宽高比。

③ 固定大小——选择该选项后，可以在后面的"宽度"和"高度"文本框中输入具体的宽、高数值，然后在图像窗口中单击即可在单击位置创建一个指定尺寸的选框。

"单行选框工具"和"单列选框工具"专门用于选中只有一个像素高的行或者一个像素宽的列。单行选区的宽度实际上就是画布的宽度，也就是说选区选中了图像中位于这一行的所有像素；单列选区的高度则是画布的高度。

（2）套索工具组。Photoshop CC 的套索工具组包括"套索工具""多边形套索工具""磁性套索工具"，如图 2-8 所示。

"套索工具"适合于创建以手画线为主的选区，如图 2-9 所示。

"多边形套索工具"以绘制直线段为主，在图像窗口中单击即可在各个单击点间绘制出直线段。如果要绘制手画线，则需先按 Alt 键，然后拖动鼠标，如图 2-10 所示。

图 2-8   图 2-9   图 2-10

"磁性套索工具"是一种功能非常强大的选区工具，不但可以根据鼠标指针的运动轨迹绘制选框，还可以自动在鼠标指针移动轨迹附近检测图像中对比度较强烈的边缘，并使用一种称为磁性线段的框线自动"吸附"在边缘上。这有利于用户根据颜色差异来选择图像，如图 2-11 所示。

（3）魔棒工具组。Photoshop CC 的魔棒工具组包括"魔棒工具"和"快速选择工具"，如图 2-12 所示。"快速选取工具"主要用于一些颜色相近的图像的选取。

图 2-11   图 2-12

"魔棒工具"的主要功能是根据图像中相近颜色的像素来确定选取范围。在进行选取时，所有在允许值范围内的像素都会被选中。可在"魔棒工具"选项栏的容差中设置容差范围，输入数值的范围为 0～255，设置的数值越大，选取的颜色相近程度就越大，如图 2-13 所示。

图 2-13

如图 2-14 和图 2-15 所示分别是容差值设置为 30 和 80 后的魔棒选择效果。可见，容差值是影响"魔棒工具"性能最重要的选项。当该值较低时，只选择与鼠标单击点像素非常相似的少数颜色；该值较高时，对像素相似程度的要求就低，因此可以选择的颜色范围就广。

"快速选择工具"可以像绘画一样涂抹出选区。使用"快速选择工具"创建选区时，选区范围会随着鼠标指针的移动而自动向外扩展，并自动跟随图像定义选区边缘。与"魔棒工具"不同的是，"快速选择工具"是根据设置画笔的大小来创建选区的，"魔棒工具"则是根据设置容差值来创建选区的。

画笔按钮中包括"大小""硬度""间距"3 个参数，如图 2-16 所示。

图 2-14　　　　　　　　　　图 2-15　　　　　　　　　　图 2-16

画笔越大，选取的范围就越大；画笔越小，则选取的范围也越小。画笔硬度的大小决定了选取的选区范围，硬度越大，选取的选区范围就越小；硬度越小，选取的选区范围就越大。间距的大小决定了选取选区的连续性。图 2-17～图 2-19 显示了使用"快速选择工具"抠图的过程。

图 2-17　　　　　　　　　　图 2-18　　　　　　　　　　图 2-19

2）建立组合选区

在工具箱中选择了某种选区工具后，工具选项栏中会显示 4 个相邻的按钮，从左向右分别是"新选区""添加到选区""从选区减去""与选区交叉"，如图 2-20 所示。在每次建立一个新选区前，可以使用这些按钮设置新建立的选区与图像中原有选区间的关系。

（1）新选区。这是 Photoshop CC 的默认选项，当"新选区"按钮处于选中状态时，新建的选区将取代原有的选区。如图 2-21 所示，图像中原有一个矩形选区，单击"新选区"按钮并建立一个椭圆选区后，原有的矩形选区自动消失。

图 2-20　　　　　　　　　　　图 2-21

（2）添加到选区。新绘制的选区将与原有选区合并（取两者的并集），得到结果选区。即使没有单击该按钮，只要在开始绘制新选区前按 Shift 键，也可以指定以该种方式绘制选区。在已有一个矩形选区的基础上按该方式绘制一个椭圆选区后，如图 2-22 所示。

（3）从选区减去。系统将从原有的选区中减去新绘制的选区，得到结果选区。即使没有单击该按钮，只要在开始绘制新选区前按 Alt 键，也可以指定以该种方式创建新选区。在已有一个矩形选区的基础上按该方式绘制一个椭圆选区后，如图 2-23 所示。

（4）与选区交叉。系统将新绘制的选区与原有选区所共有的部分作为结果选区（取两者的交集）。即使没有单击该按钮，只要在开始绘制新选区前按 Shift+Alt 快捷键，也可以指定以该种方式创建新选区。在已有一个矩形选区的基础上按该方式绘制一个椭圆选区后，如图 2-24 所示。

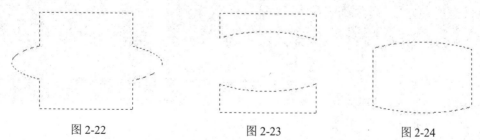

图 2-22　　　　　　　　　图 2-23　　　　　　　　　图 2-24

4．选区操作

1）移动选区

建立选区后，将鼠标指针移动到选区内，指针会变为形状，此时拖动鼠标即可移动选区。在拖动过程中，如果按 Shift 键，则可以将选区的移动方向限制为 45°的倍数。不过需要注意的是，移动前需要确认在工具箱中选中了用于建立选区的工具，并且在工具选项栏中单击了"新选区"按钮，否则无法移动选区。

2）变换选区

选择"选择"→"变换选区"命令可以在选区周围显示一个矩形框，通过对这个矩形框的操作可以调整选区的外形。

3）选框调整

建立选区后，可以通过一些菜单命令对选区的边框进行调整，包括扩展选区、收缩选区、扩边选区、平滑选区、扩大选取和选取相似等。

（1）扩展、收缩选区。在图像中建立了选区后，可以将选区向外扩展或向内收缩指定的像素数。

（2）扩边选区。指将原有选区的边框向内收缩一定距离得到内框，向外扩展一定的距离得到外框，从而将内框和外框之间的区域作为新的选区，如对图 2-23 中的选区选择"选择"→"修改"→"边界"命令，设置边界选区"宽度"为"8 像素"，可得到如图 2-25 所示的效果。

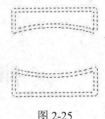

图 2-25

（3）平滑选区。在使用魔棒等工具建立选区时，经常出现一大片选区中有一些小块未被选中的情况，选择"选择"→"修改"→"平滑"命令，可以方便地去除这些小块，使选区变完整。

（4）扩大选取和选取相似。扩大选取是指在现有选区的基础上，将所有符合魔棒选项中指定容差范围的相邻像素添加到现有选区中。选取相似是指在现有选区的基础上，将所有符合容差范围的像素（不一定相邻）添加到现有选区中。

扩大选取和选取相似的操作方法是选择"选择"→"扩大选取"命令或选择"选择"→"选取相似"命令。如图 2-26 所示是第一次使用"魔棒工具"建立的选区，如图 2-27 所示是选择"扩大选取"命令后的选区，如图 2-28 所示是选择"选取相似"命令后的选区。

图 2-26　　　　　　　　　　图 2-27　　　　　　　　　　图 2-28

4）羽化选区

通常使用选框工具建立的选区的边缘都是"硬"的，也就是说选区边缘以内的所有像素都被选中，而选区边缘以外的所有像素都不被选中。而羽化则可以在选区边缘附近形成一条过渡带，这个过渡带区域内的像素逐渐由完全选中过渡到完全不选。过渡边缘的宽度即为羽化半径，以像素为单位。

（1）选前羽化。在工具箱中选中了某种选区工具后，工具选项栏中会出现一个 羽化：0像素 （羽化）文本框，输入羽化半径数值后，即可为将要创建的选区设置羽化效果。

（2）选后羽化。对于已经建立的选区，可以选择"选择"→"修改"→"羽化"命令，设置羽化半径。

创建了羽化选项后，并没有立即看到羽化效果，这是因为背景仍然存在。选择"选择"→"反向"命令，按 Delete 键删除背景后即可看到羽化效果，如图 2-29 所示。

图 2-29

2.1.2 复杂图像的抠图

抠图的概念包含两层含义：一是运用 Photoshop CC 的各种工具、命令和编辑方法选中对象，二是将所选对象从背景中分离出来。也就是说，一般情况下，抠图要经历从选择到抠出这两个阶段，前面介绍的用选框、套索、魔棒等工具抠图都符合这一特征。但是对于复杂图像来说，不能够简单地直接选择对象，这时就要找出对象与背景之间存在哪些差异，
再使用其他工具让差异更加明显，让对象和背景更加容易区分，进而更方便地将对象选取并抠出。

1．蒙版

蒙版在抠图中非常实用，其最大的优点就是可编辑性，不管操作了多少步或是已经保存过的文件，再次打开都可以对图像进行二次或者更多次的修改，掌握这些功能可以使抠图变得更加容易。蒙版分为快速蒙版、矢量蒙版和图层蒙版。

1）快速蒙版

快速蒙版允许通过半透明的蒙版区域对图像的部分区域加以保护，没有蒙版的区域则不受保护。在快速蒙版模式中，可以使用黑色或白色绘制以缩小或扩大非保护区。当退出快速蒙版模式时，非保护区域就会转换为选区。

创建快速蒙版的方法非常简单，在工具箱底部单击▣（以快速蒙版模式编辑）按钮即

可创建快速蒙版。单击后该按钮将显示为凹陷状态，变成 （以标准模式编辑）按钮。在标准模式下，单击该按钮将快速蒙版取消，没有蒙版的区域将会转换为选区。

使用快速蒙版的最大优点就是可以通过绘图工具进行调整，以便在快速蒙版中创建复杂的选区。编辑快速蒙版时，可以使用黑、白、灰等颜色来编辑蒙版选区效果。常用修改蒙版的工具为"画笔工具"和"橡皮擦工具"。下面来讲解这些工具的使用方法。

- 前景色为黑色时，使用"画笔工具"在非保护区（即选择区域）上拖动，可以增加更多的保护区，即减少选择区域。而此时如果使用的是"橡皮擦工具"，则操作正好相反。
- 前景色为白色时，使用"画笔工具"在保护区上拖动，可以减少保护区，即增加选择区域。而此时如果使用的是"橡皮擦工具"，则操作正好相反。
- 如果将前景色设置为介于黑色与白色之间的灰色，使用"画笔工具"在图像中拖动时，Photoshop CC 将根据灰度级别的不同产生带有柔化效果的选区；如果将这种选区填充，将根据绘图级别出现不同深浅的透明效果。而此时如果使用的是"橡皮擦工具"，则不管灰度级别，都将增加选择区域。

（1）打开配套资源中的素材"陶罐.jpg"文件，如图 2-30 所示。

（2）选择工具箱中的 （磁性套索工具）命令，在工具选项栏中单击"新选区"按钮，设置羽化值为"0 像素"。

（3）沿陶罐的边缘将最左侧的陶罐选中。选中后可以发现，在陶罐的左下角部分，由于颜色差异，边缘的选择不尽人意，如图 2-31 所示。对于这样的区域，就可以使用快速蒙版进行修改。

图 2-30

图 2-31

（4）单击工具箱底部的 （以快速蒙版模式编辑）按钮，启用快速蒙版。

（5）选择工具箱中的"画笔工具"命令，在工具选项栏中打开"画笔预设"选取器面板，选择硬笔圆笔触，并设置其"大小"为"10 像素"，如图 2-32 所示。

（6）将前景色设置为"白色"，使用"画笔工具"将陶罐左下角少选的部分用鼠标进行加选，如图 2-33 和图 2-34 所示，这里其实就是将瓷器左下角半透明的红色擦去，以增加选区。如果擦除错误，可以将前景色修改为"黑色"，使用"画笔工具"再将其擦除回来，以减少选区。

图 2-32

图 2-33

图 2-34

（7）单击工具箱底部的 （以标准模式编辑）按钮，即可退出快速蒙版模式，返回到正常模式，此时可以看到陶罐被完整选中的效果。退出快速蒙版后，如果看到有些区域没有被完整选中，可以再切换到快速蒙版模式继续修改，最终选中效果如图 2-35 所示。

（8）选择"图层"→"新建"→"通过拷贝的图层"命令，此时以选区为基础复制一个新的图层。

（9）单击"背景"层左侧的眼睛图标，将其隐藏，可以看到抠图后的效果，如图 2-36 所示。

图 2-35

图 2-36

2）矢量蒙版

矢量蒙版和图层蒙版一样，是一种非破坏性的蒙版，简单地说，就是无论怎样都可以返回并重新编辑蒙版，而不会丢失蒙版隐藏的图像。

矢量蒙版与分辨率无关，可使用"钢笔工具"或"形状工具"创建。在"图层"面板中，矢量蒙版显示为图层缩览图右边的附加缩览图。矢量蒙版缩览图代表从图层内容中剪下来的路径。矢量蒙版可在图层上创建锐边形状，无论何时想要添加边缘清晰分明的设计元素时，矢量蒙版都非常有用。

按 Alt 键单击"图层"面板底部的 （添加矢量蒙版）按钮，或选择"图层"→"矢量蒙版"→"隐藏全部"命令，可以创建隐藏整个图层的矢量蒙版。

如果要根据路径创建矢量蒙版，可以在"图层"面板中选择要添加矢量蒙版的图层，然后选择一条路径或某一种形状或用"钢笔工具"绘制工作路径，按 Ctrl+Alt 快捷键的

同时单击"图层"面板底部的 ▣（添加矢量蒙版）按钮，或选择"图层"→"矢量蒙版"→
"当前路径"命令，即可创建矢量蒙版。

- ❑　要编辑矢量蒙版，只需要像编辑路径一样编辑矢量蒙版上的路径即可。
- ❑　要在"背景"图层中创建矢量蒙版，首先将此图层转换为常规图层，双击背景层或选择"图层"→"新建"→"背景图层"命令即可将背景层转换为普通层。
- ❑　栅格化图层中的矢量蒙版，可以将其转换为图层蒙版。

要删除矢量蒙版，可以将该矢量蒙版缩览图拖动到"图层"面板底部的 🗑（删除图层）按钮上，或在"图层"面板中单击矢量蒙版缩览图，然后在"属性"面板中单击 🗑（删除蒙版）按钮。

要停用或启用矢量蒙版，可以选择包含要停用或启用的矢量蒙版的图层，并单击"属性"面板中的 👁（停用/启用蒙版）按钮；也可以按 Shift 键并单击"图层"面板中的矢量蒙版缩览图或选择包含要停用或启用的矢量蒙版的图层并选择"图层"→"矢量蒙版"→"停用"命令或"图层"→"矢量蒙版"→"启用"命令。当蒙版处于停用状态时，"图层"面板中的蒙版缩览图上会出现一个红色的叉，并且会显示出不带蒙版效果的图层内容。下面以一个实例进行说明。

（1）打开配套资源中的素材"沙发椅.jpg"文件。

（2）选择工具箱中的 🖋（自由钢笔工具）命令，在选项栏中选择"路径"命令，选中"磁性的"复选框。沿沙发的边缘，使用"磁性钢笔工具"将沙发选中。选择后发现很多地方选择得并不理想，如图 2-37 所示。

（3）在"图层"面板中，拖动"背景"图层到面板底部的"创建新图层"按钮上，复制出一个新的图层"背景 拷贝"，如图 2-38 所示。

图 2-37

图 2-38

（4）打开"路径"面板，选择工作路径。

（5）选择"图层"→"矢量蒙版"→"当前路径"命令，创建矢量蒙版，如图 2-39 所示。创建矢量蒙版后，在"图层"面板中可以看到"背景 拷贝"图层的右侧出现了一个矢量蒙版缩览图，如图 2-40 所示。

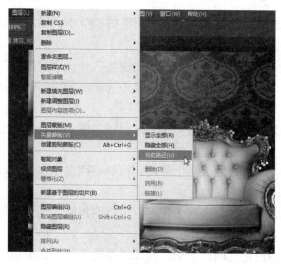

图 2-39   图 2-40

（6）单击"背景"图层左侧的眼睛图标，将其隐藏。仔细查看沙发，可以看到沙发的很多地方都是缺失的，说明抠图不到位，如图 2-41 所示。

（7）选择工具箱中的"直接选择工具"命令，配合"添加锚点工具""删除锚点工具""转换点工具"将路径沿沙发的边缘进行细节调整，如图 2-42 所示，可以看到抠图后的效果。

图 2-41   图 2-42

（8）抠图完成后，在"图层"面板中可以看到整个图像并没有任何的破坏，这就是矢量蒙版的优势。

3）图层蒙版

可以向图层添加蒙版，然后使用此蒙版隐藏部分图层并显示下面的图层。图层蒙版是一项重要的复合技术，可用于将多张照片组合成单个图像，也可用于局部的颜色和色调校正。

图层蒙版不同于快速蒙版，它与矢量蒙版相似，是一种非破坏性的蒙版。图层蒙版是在当前图层上创建一个蒙版层，该蒙版层与创建蒙版的图层只是链接关系，所以无论如何修改蒙版，都不会对该图层上的原图像造成任何影响。所以在所有的蒙版中，图层蒙版是应用最为广泛的一种蒙版，在抠图中占有非常重要的地位。

- ❑ 在"图层"面板中选择要创建蒙版的图层，然后选择"图层"→"图层蒙版"→"显示全部"命令，或者单击"图层"面板底部的 ▣（添加图层蒙版）按钮，即可创建一个图层蒙版。

- ❑ 在图层蒙版中，要想修改图层蒙版效果，需首先单击蒙版缩览图，选择蒙版层；然后，才可进行蒙版的修改。

- ❑ 前景色为黑色时，使用"画笔工具"在蒙版层上拖动，可以将图像擦除；而此时如果使用的是"橡皮擦工具"，结果正好相反。

- ❑ 前景色为白色时，使用"画笔工具"在蒙版层上拖动，可以将擦除的图像还原；而此时如果使用的是"橡皮擦工具"，结果正好相反。

- ❑ 如果将前景色设置为介于黑色和白色之间的灰色，使用"画笔工具"在蒙版层上拖动，Photoshop CC 将根据灰度级别的不同使图像产生不同深浅的透明效果。而此时如果使用的是"橡皮擦工具"，则不管灰度级别，都将擦除图像。

- ❑ 在创建图层蒙版的同时，在"通道"面板中将自动创建一个以当前图层为基础的通道，并以"当前图层+蒙版"为通道命名。要显示或隐藏图层蒙版，可以在"通道"面板中单击其左侧的眼睛图标。

- ❑ 停用蒙版即将蒙版关闭，以查看不添加蒙版时的图像效果，并不是将其删除。选择"图层"→"图层蒙版"→"停用"命令，即可将蒙版停用。停用后的蒙版缩览层将显示一个红叉效果，而且此时的图像显示不再受蒙版的影响。如果要启用蒙版，可以再次选择"图层"→"图层蒙版"→"启用"命令，将停用的蒙版再次启用，蒙版效果将再次影响图像效果。

下面举例说明。

（1）打开配套资源中的素材"戒指.jpg"文件。

（2）选择工具箱中的 ▣（磁性套索工具）命令，单击选项栏中的"添加到选区"按钮，分两次沿戒指外边缘将两个戒指选中，如图 2-43 所示。

（3）单击选项栏中的"从选区中减去"按钮，使用"磁性套索工具"将戒指的中间部分选中并减去，如图 2-44 所示。

图 2-43　　　　　　　　　　　　　　　　　图 2-44

（4）创建选区后，单击"图层"面板底部的■（添加蒙版）按钮，为"背景"图层添加蒙版。添加蒙版后可以看到"背景"图层右侧出现一个蒙版的缩览图。因为戒指和背景比较接近，可以看到抠图的效果不理想，如图 2-45 所示。

（5）设置工具箱中的"画笔工具"，选择硬边圆，"大小"为"30 像素"，如图 2-46 所示。

图 2-45　　　　　　　　　　　　图 2-46

（6）将前景色设置为"白色"，使用"画笔工具"将戒指缺少的部分涂抹出来。将前景色设置为"黑色"，使用"画笔工具"将戒指多余的部分擦除，如图 2-47 和图 2-48 所示。

（7）如果使用"画笔工具"擦除不太好的操作，也可以使用"钢笔工具"沿边缘绘制路径，然后将其转换为选区并填充白色或黑色，可更加精细地修复。使用"画笔工具"结合"钢笔工具"修复完成后，就可以看到完美的抠图效果了，如图 2-49 所示。

图 2-47　　　　　　　　　图 2-48　　　　　　　　　图 2-49

2．通道

在 Photoshop CC 中，通道是较为重要且比较难掌握的技术之一。在通道中可以对单个通道的颜色进行调整设置，还可以抠取较为复杂的图像。特别是抠取边缘不光滑或有很多小细节的图像；或者是有些图像与背景过于接近，抠取图像时非常不方便，使用通道来抠取就比较容易。

"通道"面板如图 2-50 所示。

❑　◉（眼睛）图标：用于显示和隐藏通道。

❑　▣（将通道作为选区载入）按钮：可将通道中的内容转换为选区。

❑　▣（将选区存储为通道）按钮：可以将图像中的选区转换为蒙版，保存在新增的 Alpha 通道中。

❑　▣（创建新通道）按钮：可以创建一个新的 Alpha 通道。

❑　🗑（删除当前通道）按钮：删除选中的通道。

通道的分类如图 2-51 所示。

图 2-50　　　　　　　　　　　　图 2-51

❑　复合通道：即 RGB 通道，用于浏览及编辑整个图像颜色的一个快捷通道，始终以彩色显示。

❑　颜色通道：即红通道、绿通道、蓝通道，在打开新图像时自动创建，可对整个图像进行不同颜色的调整。

❑　图层蒙版：若在图层中创建了蒙版，在"通道"面板中会自动生成该通道。

❑　专色通道：指定用于专色油墨印刷的附加印版。

❑　Alpha 通道：利用 Alpha 通道可以将选区存储为灰度图像。

通道的创建方法如下。

❑　在"通道"面板下方单击▣（创建新通道）按钮，即可创建一个 Alpha 通道。

❑　单击"通道"面板右上角的扩展按钮，在弹出的菜单中选择"新建通道"命令。

❑　单击"通道"面板右上角的扩展按钮，在弹出的菜单中选择"新建专色通道"命令。

❑　在"图层"面板中，为一个图层添加一个图层蒙版，则在"通道"面板会自动生成一个图层蒙版通道。

载入通道选区如下。

❑　在"通道"面板中，按 Ctrl 键单击任意通道，即可载入该通道选区。

❑　单击"通道"面板下侧的▣（将通道作为选区载入）按钮，即可载入该通道选区。

1）利用黑白场对比抠图

（1）打开配套资源中的素材"人物 2.jpg"文件，如图 2-52 所示。

（2）选择"选择"→"全选"命令，将图像全部选中，按 Ctrl+C 快捷键复制选区中的图像，切换到"通道"面板，单击"创建新通道"按钮，新建 Alpha 1 通道，如图 2-53

所示；按 Ctrl+V 快捷键粘贴图像，得到如图 2-54 所示的图像效果。此时的"通道"面板，如图 2-55 所示。

（3）选择"图像"→"调整"→"色阶"命令，弹出"色阶"对话框，如图 2-56 所示；进行色阶参数的调整，调整完毕后单击"确定"按钮应用调整，得到调整色阶后的图像效果，如图 2-57 所示。

| 图 2-52 | 图 2-53 | 图 2-54 |

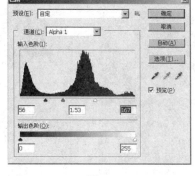

| 图 2-55 | 图 2-56 | 图 2-57 |

（4）选择工具箱中的"画笔工具"命令，将前景色设置为"黑色"，将图像中所有的人物区域涂满黑色，如图 2-58 所示。

（5）按 Ctrl 键单击 Alpha 1 通道缩览图，调出其选区，切换回"图层"面板，图像效果如图 2-59 所示。保持选区不变，按 Delete 键删除选区中的图像，删除后按 Ctrl+D 快捷键取消选择，得到如图 2-60 所示的图像效果。至此，完成抠图的全过程。

| 图 2-58 | 图 2-59 | 图 2-60 |

2）利用通道差异性抠图

（1）打开配套资源中的素材"冰激凌.jpg"文件，如图 2-61 所示。

图 2-61

（2）打开"通道"面板，选择"绿"通道选项，可以看到面包下面的包装纸显示为深色，如图 2-62 所示。选择 （快速选择工具）命令，在面包纸上进行涂抹，创建选区，如图 2-63 所示。

图 2-62 图 2-63

（3）选择"蓝"通道选项，可以看到面包上方显示为深色，同样选择 （快速选择工具）命令，同时按 Shift 键在面包上方涂抹，创建选区，如图 2-64 所示。

（4）完成后选择 RGB 通道选项，回到"图层"面板，选择"选择"→"反选"命令，反选选区，按 Delete 键删除选区图像，取消选区，完成抠图后效果如图 2-65 所示。

图 2-64 图 2-65

2.2 项目解析

2.2.1 任务 1——简单图像抠图

任务分析

　　简单图像的抠图比较容易实现，针对不同特征的图像可以选择"魔棒工具"命令、"磁性套索工具"命令、"魔术橡皮擦工具"命令或选择"快速选择工具"命令进行抠图操作。方法多样，但各有其优劣性。例如，"磁性套索工具"在对图像和背景色色差明显、背景色单一、边界清晰的图像进行抠图时效果较好，但在对图像背景色单一而图像边界不清晰（如头发）的图像进行抠图时，处理效果就不尽人意。所以在抠图时，必须根据图像的特点选用最快捷、最有效的方法。

任务实施

　　下面通过若干个子任务介绍具体的抠图操作。

子任务1　使用"魔棒工具"抠图

　　（1）选择"文件"→"打开"命令，弹出"打开"对话框，选择背景简单的素材图像，单击"打开"按钮打开素材文件"相机.jpg"，如图 2-66 所示。
　　（2）选择工具栏中的 （魔棒工具）命令，设置容差值为10，选中"连续"复选框。
　　（3）使用"魔棒工具"在白色背景处单击，选取背景区域，如图 2-67 所示。

图 2-66　　　　　　　　　　　　　　　　　图 2-67

　　（4）在"图层"面板上双击"背景"图层，并在如图 2-68 所示的对话框中单击"确定"按钮，将"背景"图层解锁。此时按 Delete 键，即可删除背景，抠出相机，如图 2-69 所示。

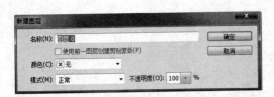

图 2-68　　　　　　　　　　　图 2-69

子任务 2　使用"魔术橡皮擦工具"抠图

（魔术橡皮擦工具）集中了"魔棒工具"和"橡皮擦工具"的特点，适用于对背景颜色单一的图像进行抠图。

（1）打开素材图片"小熊.jpg"，如图 2-70 所示。

（2）选择工具箱中的"魔术橡皮擦工具"命令，在工具选项栏中设置其容差值为 20，在背景处单击即可将背景图像直接清除。如果单击一次不能够完全清除，可以多次使用"魔术橡皮擦工具"单击需要清除的部分，抠图效果如图 2-71 所示。

图 2-70　　　　　　　　　　图 2-71

（3）打开一张背景素材图片"沙发.jpg"，选择工具箱中的"移动工具"命令，将小熊图片移动到背景图片上，并进行适当的缩放操作，放置到合适位置，如图 2-72 所示。

图 2-72

子任务3 **使用"磁性套索工具"抠图**

（磁性套索工具）可以根据鼠标指针的运动轨迹绘制选框，还可以自动在鼠标指针移动轨迹附近检测图像中对比度较强烈的边缘，并自动"吸附"在边缘上，使图像与背景分离。

（1）打开素材图片"凉鞋.jpg"，如图2-73所示。

（2）选择"磁性套索工具"命令，沿高跟鞋的边缘拖动鼠标，"磁性套索工具"会自动寻找边缘使其与背景分离，如图2-74所示。在最后闭合处寻找起始点，完成选区绘制，如图2-75所示。

图2-73　　　　　　　　　图2-74　　　　　　　　　图2-75

（3）选区中需要将高跟鞋中间镂空的部分减去。在菜单栏下方的工具选项栏中单击"从选区减去"按钮，使用"磁性套索工具"沿镂空边缘进行选择，如图2-76所示。

（4）选择"选择"→"反选"命令，选择除鞋子以外的背景，按Delete键删除，即可将高跟鞋抠出，如图2-77所示。

图2-76　　　　　　　　　　　　　　图2-77

子任务4 **使用"快速选择工具"抠图**

"快速选择工具"的使用方法基于画笔模式，可以"画"出所需的选区。如果要选取离边缘比较远的较大区域，就要使用主直径大一些的画笔；如果要选取边缘，则换成主直径较小的画笔，这样才能尽量避免选取背景像素。

（1）选择"文件"→"打开"命令，弹出"打开"对话框，选择非洲菊素材图像"非洲菊.jpg"，单击"打开"按钮，如图2-78所示。

（2）选择（快速选择工具）命令，在非洲菊的边缘拖动鼠标，"快速选择工具"会自动调整所涂画的选区大小，并寻找到边缘使其与选区分离，如图2-79所示。

图 2-78　　　　　　　　　　　　　　　　　　　图 2-79

（3）继续使用"快速选择工具"，直至将菊花全部选中。在选项栏中有"调整边缘"按钮，单击该按钮会打开一个对话框，如图 2-80 所示。在该对话框中可以对所做的选区进行精细调整。例如，可以控制选区的半径和对比度、羽化选区、通过调节光滑度去除锯齿状边缘等，同时并不会使选区边缘变模糊以及以较小的数值增大或减小选区。

（4）在调整这些选项时，可以实时地观察选区的变化，确保所做的选区精确无误。单击"确定"按钮建立选区。

（5）选中图像后，选择"滤镜"→"艺术效果"→"塑料包装"命令，可以将非洲菊变成另一种风格，如图 2-81 所示。

图 2-80　　　　　　　　　　　　　　　　　　　图 2-81

要点解析

（1）有部分功能相似的工具集合在工具箱里。工具图标右下角带有黑色小三角时，单击以后会出现小菜单，用以选择没有显示的一部分工具。例如，选择"磁性套索工具"命令时，可以在工具箱中单击 ![套索工具] （套索工具）按钮，在出现的菜单中选择 ![磁性套索工具] （磁性套索工具）

命令。

（2）容差值用来控制擦除颜色的范围，数值越大，则每次擦除的颜色范围就越大；如果数值比较小，则只擦除和取样颜色相近的颜色。

（3）滤镜是 Photoshop CC 中功能最丰富、效果最奇特的工具之一。滤镜是通过不同的方式改变像素数据，以达到对图像进行抽象、艺术化的特殊处理效果。通常只需一到两步就可以做出很多神奇的效果。

2.2.2 任务 2——毛发的抠图

任务分析

人物一般都是有头发的，对付发丝这样细微的图像，"魔棒工具"就不一定能胜任了，而使用"套索工具""快速选择工具"进行抠图也是不切实际的，此时就可以考虑使用 Alpha 通道抠图或者调整边缘抠图法。这两种抠图方法比较适合处理毛发较多、背景颜色较单一的图像。通道抠图在前面的内容中已经讲过，本实例使用调整边缘抠图法进行毛发的抠图。

任务实施

（1）选择"文件"→"打开"命令，弹出"打开"对话框，选择并打开素材图像"美女.jpg"，如图 2-82 所示。不难发现，若要将图像中的人物抠出，难度是相当大的，因为有非常多的毛发区域，此时可以选择调整边缘进行抠图。

（2）将人物图层进行复制，建立图层副本。新建图层，将图层填充为红色向黄色的渐变，作为最终效果图的背景，如图 2-83 所示。

图 2-82

图 2-83

（3）将"图层 0"和"图层 1"隐藏，只留下"图层 0 副本"。首先使用"快速选择工具"，配合"魔棒工具""多边形套索工具"把人物大体选出来，如图 2-84 所示。

（4）单击工具选项栏中"调整边缘"按钮，打开如图 2-85 所示的对话框。此时使用鼠标在头发边缘处进行涂抹，即可自动识别发丝边缘，如图 2-86 所示。

图 2-84

图 2-85

图 2-86

（5）在"调整边缘"对话框中设置输出到"选区"，可以将头发和人物选区选中，反选后，删除背景部分，如图 2-87 所示。

（6）如果觉得抠图效果不够理想，可以在"图层 0"上重复上述步骤再次进行边缘调整，完成后将隐藏背景显示，得到最终效果，如图 2-88 所示。

图 2-87

图 2-88

要点解析

（1）调整边缘是专门为选区增加的一个精确调整工具。创建选区后，属性栏的"调整边缘"选项会被激活。"矩形选框工具""多边形选择工具""魔棒工具"等多个选区工具中都有"调整边缘"选项，在具体的使用中可以配合多种选区工具先选择整体部分，再使用"调整边缘"进行细节处的调整。

（2）如果觉得一次调整效果不够好，可以重复使用"调整边缘"，直到满意为止。

2.2.3 任务 3——半透明图像的抠图

任务分析

在抠图过程中,会遇到像玻璃、婚纱等半透明图像的抠取,在这种情况下,可以综合使用路径、图层混合模式、图层蒙版来进行操作。

任务实施

(1)选择"文件"→"打开"命令,弹出"打开"对话框,选择素材图片"婚纱.jpg""背景.jpg",单击"打开"按钮,如图 2-89 和图 2-90 所示。

图 2-89   图 2-90

(2)利用"磁性套索工具"将婚纱人物抠出,如图 2-91 所示。移动选中部分到"背景.jpg"上,按 Ctrl+T 快捷键将人物等比例缩放,如图 2-92 所示。

图 2-91   图 2-92

(3)在"图层"面板上将"图层 1"拖到 (创建新图层)按钮上,得到"图层 1 拷贝"。单击"图层 1"缩览图前的 (可视性)按钮,将其隐藏。选择"图层 1 拷贝",

将其图层混合模式设置为"滤色"，得到更改图层混合模式后的图像效果，发现人物和婚纱部分都已经进行了滤色处理，如图 2-93 所示。单击"图层 1"缩览图前的👁（可视性）按钮，将其显示。

（4）在"图层"面板上选择"图层 1"，单击▢（添加图层蒙版）按钮，分别将前景色和背景色设置为"黑色"和"白色"；选择工具箱中的✐（画笔工具）命令，在透明婚纱的部分进行涂抹，目的是用图层蒙版蒙住"图层 1"上的婚纱部分，如图 2-94 所示。此时的"图层"面板如图 2-95 所示。

　　　图 2-93　　　　　　　　　　　图 2-94　　　　　　　　　　　图 2-95

（5）选择"图层 1 拷贝"，在"图层"面板上将其图层"不透明度"更改为"65%"，得到婚纱透明的效果，如图 2-96 所示。

要点解析

（1）利用"画笔工具"进行蒙版时，难免因为失误蒙住了不必要的区域，此时只需将前景色设置为"白色"，再利用"画笔工具"在图像中涂抹，即可恢复未蒙版前的图像效果。前景色与背景色互换的快捷键为英文状态下的 X 键。

（2）涂抹时如果需要，可以适当更改画笔的粗细，即在画笔的工具栏选项中进行相关设置，如图 2-97 所示。同时还可以将图像放大，方便操作细节。

 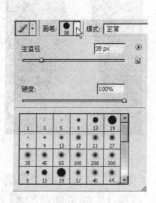

　　　　图 2-96　　　　　　　　　　　　图 2-97

2.2.4　任务 4——综合运用抠图技术制作合成效果

任务分析

　　本实例是将一张普通的人物照片、部分装饰素材通过综合使用 Photoshop CC 中的路径技术、通道技术等抠图方法将素材抠取出来，制作成具有艺术效果的创意海报作品。

任务实施

　　(1) 选择"文件"→"新建"命令，弹出"新建"对话框，设置尺寸为"1500 像素×918 像素"，"分辨率"为"72 像素/英寸"，"名称"为"创意海报"，如图 2-98 所示。

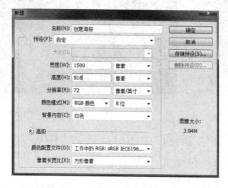

图 2-98

　　(2) 设置前景色为"灰色（#969696）"，按 Alt+Delete 快捷键，用前景色填充背景图层。

　　(3) 选择"滤镜"→"滤镜库"→"纹理"→"纹理化"命令，在弹出的对话框中设置缩放为 100%，凸显值为 6，如图 2-99 所示，单击"确定"按钮。

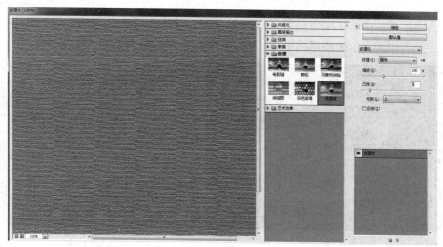

图 2-99

（4）打开配套光盘中的素材文件"人物.jpg"，选择"魔棒工具"命令，设置容差值为 20，配合选择"添加到选区"命令和选择"从选区减去"命令，将人物抠出，如图 2-100 所示。

（5）使用"移动工具"将选区内的人物图像拖动至第（1）步新建的文件中，得到"图层 1"图层，按 Ctrl+T 快捷键调出自由变换控制框，按 Shift 键等比例调整图像大小和位置，按 Enter 键确认操作，如图 2-101 所示。

图 2-100   图 2-101

（6）在"图层 1"的下方新建一个图层，得到"图层 2"，设置前景色为"黑色"，按 Alt+Delete 快捷键，用前景色填充"图层 2"。

（7）选择"图层 2"为当前图层，单击"添加图层蒙版"按钮，为"图层 2"添加图层蒙版；切换到"路径"面板，单击面板底部的"创建新路径"按钮，新建一个路径，得到"工作路径"；使用"钢笔工具"在其工具选项栏中选择"路径"命令，在图像中绘制两条如图 2-102 所示的闭合的路径。

（8）按 Ctrl+Enter 快捷键将路径转换为选区，然后切换到"图层"面板，选择"图层 2"的图层蒙版缩览图，设置前景色为"黑色"；然后使用"画笔工具"设置适当的画笔大小和不透明度后，在选区上方边缘的图层蒙版中涂抹绘制，涂抹完成后按 Ctrl+D 快捷键取消选区，得到如图 2-103 所示的效果。

图 2-102   图 2-103

（9）切换到"路径"面板，单击面板底部的"创建新路径"按钮，得到"路径1"；选择"钢笔工具"命令，在其工具选项栏中单击"路径"按钮，再在图像中绘制如图2-104所示的两条闭合路径。

（10）按 Ctrl+Enter 快捷键将路径转换为选区，然后切换到"图层"面板，选择"图层 2"的图层蒙版缩览图，设置前景色为"黑色"；然后使用"画笔工具"设置适当的画笔大小和不透明度后，在选区上方边缘的图层蒙版中涂抹绘制，涂抹完成后按 Ctrl+D 快捷键取消选区，得到如图2-105所示的效果。

图 2-104 　　　　　　　　　　　　　　　图 2-105

（11）打开配套光盘中本章实例素材图像文件"曲线.psd"，使用"移动工具"将图像拖动到第（1）步新建的文件中，得到"图层3"。按 Ctrl+T 快捷键调出自由变换控制框，按 Shift 键等比例调整图像大小和位置，按 Enter 键确认操作。设置"图层3"的图层混合模式为"叠加"，得到如图2-106所示的效果。

（12）单击（添加图层蒙版）按钮，为"图层3"添加图层蒙版，设置前景色为"黑色"；然后使用"画笔工具"设置适当的画笔大小和不透明度后，在图层蒙版中涂抹绘制，将不需要的部分隐藏起来，如图2-107所示。

图 2-106 　　　　　　　　　　　　　　　图 2-107

（13）单击"添加图层样式"按钮，在弹出的菜单中选择"渐变叠加"命令，在弹出的"渐变叠加"界面中单击"渐变"右侧的渐变编辑框，在弹出的"渐变编辑器"对话框中选择七彩的"色谱"预置颜色，此时的"图层样式"对话框如图2-108所示。设置完"渐变叠加"参数后，单击"确定"按钮，即可得到如图2-109所示的效果。

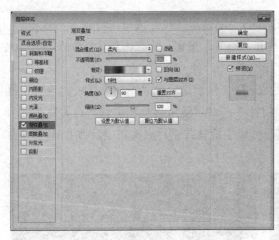

图 2-108　　　　　　　　　　　　　　　　　　图 2-109

（14）打开配套光盘中本章实例素材"纹理 1.jpg"图像文件，使用"移动工具"将图像拖到文件"创意海报.psd"中，得到"图层 4"。调整该图层到人物下方，按 Ctrl+T 快捷键调出自由变换控制框，按 Shift 键等比例调整图像大小和位置，按 Enter 键确认操作，如图 2-110 所示。

（15）设置"图层 4"的图层混合模式为"柔光"，单击 ▣（添加图层蒙版）按钮，为"图层 4"添加图层蒙版，设置前景色为"黑色"；然后使用"画笔工具"设置适当的画笔大小和不透明度后，在图层蒙版中涂抹绘制，将不需要的部分隐藏起来，如图 2-111 所示。

图 2-110　　　　　　　　　　　　　　　　　　图 2-111

（16）打开配套光盘中本章实例素材"纹理 2.jpg"图像文件，使用"移动工具"将图像拖动到文件"创意海报.psd"中，得到"图层 5"。按 Ctrl+T 快捷键调出自由变换控制框，按 Shift 键等比例调整图像大小和位置，按 Enter 键确认操作，如图 2-112 所示。

（17）设置"图层 5"的图层混合模式为"叠加"，单击 ▣（添加图层蒙版）按钮，为"图层 5"添加图层蒙版，设置前景色为"黑色"；然后使用"画笔工具"设置适当的画笔大小和不透明度后，在图层蒙版中涂抹绘制，将不需要的部分隐藏起来，如图 2-113 所示。

图 2-112   图 2-113

（18）选择"文件"→"新建"命令，弹出"新建"对话框，设置尺寸为"6 像素×6 像素"，"背景内容"为"透明"，如图 2-114 所示。由于新建的文件太小，无法进行精确的操作，所以必须使画面以 3200%的比例显示。设置前景色为"黑色"，选择"铅笔工具"命令，在工具选项栏中设置适当的参数后，绘制如图 2-115 所示的图像。

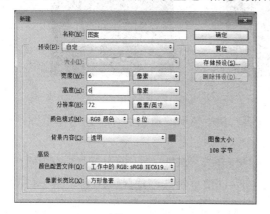

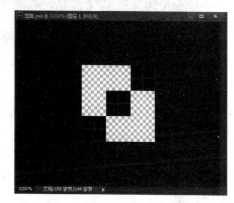

图 2-114   图 2-115

（19）选择"编辑"→"定义图案"命令，弹出"图案名称"对话框，在"名称"文本框中输入图案的名称后，单击"确定"按钮，将图像转换为图案，如图 2-116 所示。

（20）新建一个图层，得到"图层 6"，选择"编辑"→"填充"命令，在弹出的菜单中选择第（19）步中定义的图案，得到如图 2-117 所示的效果。

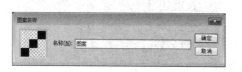

图 2-116   图 2-117

（21）设置"图层 6"的图层混合模式为"叠加"，单击 ▣（添加图层蒙版）按钮，为"图层 6"添加图层蒙版，设置前景色为"黑色"；然后使用"画笔工具"设置适当的画笔大小和不透明度后，在图层蒙版中涂抹绘制，将不需要的部分隐藏起来，如图 2-118 所示。

（22）打开配套光盘中本章实例素材"火焰.tif"图像文件，切换到"通道"面板，按 Ctrl 键，单击"红"通道缩览图，载入其选区。切换到"图层"面板，设置前景色为"红色"，然后新建一个图层，得到"图层 1"。按 Alt+Delete 快捷键用前景色填充选区，按 Ctrl+D 快捷键取消选区，得到如图 2-119 所示的效果。

图 2-118

图 2-119

（23）隐藏"图层 1"，切换到"通道"面板，按 Ctrl 键单击"绿"通道缩览图，载入其选区。

（24）切换到"图层"面板，设置前景色为"绿色"，新建一个图层，得到"图层 2"。按 Alt+Delete 快捷键，用前景色填充选区，按 Ctrl+D 快捷键取消选区，得到如图 2-120 所示的效果。

（25）隐藏"图层 2"，切换到"通道"面板，按 Ctrl 键单击"蓝"通道缩览图，载入其选区。切换到"图层"面板，设置前景色为"蓝色"，新建一个图层，得到"图层 3"。按 Alt+Delete 快捷键用前景色填充选区，按 Ctrl+D 快捷键取消选区，得到如图 2-121 所示的效果。

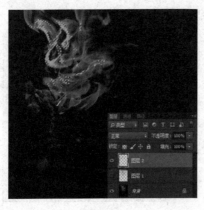

图 2-120

图 2-121

（26）隐藏"背景"图层，显示"图层 1""图层 2""图层 3"，并设置"图层 2""图层 3"的图层混合模式为"滤色"，得到如图 2-122 所示的效果。

（27）选择"图层 1""图层 2""图层 3"，按 Shift+Ctrl+Alt+E 组合键执行"盖印图层"操作，将得到的新图层重命名为"图层 4"，隐藏"图层 4"下方的所有图层，如图 2-123 所示。

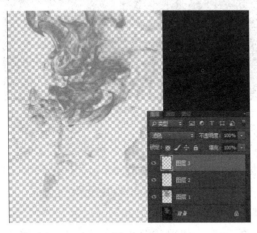
图 2-122

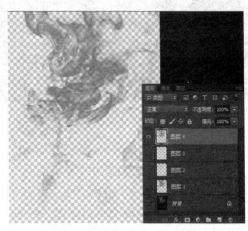
图 2-123

（28）使用"移动工具"，将"图层 4"中的图像拖到文件"创意海报.psd"中，得到"图层 7"。按 Ctrl+T 快捷键调出自由变换控制框，按 Shift 键等比例调整图像大小和位置，按 Enter 键确认操作，如图 2-124 所示。

（29）单击▣（添加图层蒙版）按钮，为"图层 7"添加图层蒙版，设置前景色为"黑色"；然后使用"画笔工具"设置适当的画笔大小和不透明度后，在图层蒙版中涂抹绘制，将不需要的部分隐藏起来，如图 2-125 所示。

图 2-124

图 2-125

（30）打开配套资源中本章实例素材"符号.psd"，使用"移动工具"将图像拖动到文件"创意海报.psd"中，得到"图层 8"。按 Ctrl+T 快捷键调出自由变换控制框，按 Shift 键等比例调整图像大小和位置，按 Enter 键确认操作，如图 2-126 所示。

（31）单击▣（添加图层蒙版）按钮，为"图层 8"添加图层蒙版，设置前景色为"黑色"；然后使用"画笔工具"设置适当的画笔大小和不透明度后，在图层蒙版中涂抹绘制，将不需要的部分隐藏起来，如图 2-127 所示。将"图层 8"复制，并调整其位置和方向。

图 2-126　　　　　　　　　　　　　　　　　图 2-127

（32）打开配套资源中本章实例素材"火苗 1.jpg"，重复本实例步骤（22）～（27）的抠图方法，将图抠出并使用"移动工具"将图像拖动到文件"创意海报.psd"中，得到"图层 9"，复制"图层 9"得到"图层 9 拷贝"。按 Ctrl+T 快捷键调出自由变换控制框，按 Shift 键等比例调整图像大小和位置，按 Enter 键确认操作，如图 2-128 所示。

（33）打开配套资源中本章实例素材"火苗 2.jpg"，使用前面介绍的方法将火焰图像抠取出来，拖动到文件"创意海报.psd"中，得到"图层 10"。按 Ctrl+T 快捷键调出自由变换控制框，调整图像大小和位置，按 Enter 键确认操作。单击 ◙（添加图层蒙版）按钮，为"图层 10"添加图层蒙版，设置前景色为"黑色"；然后使用"画笔工具"设置适当的画笔大小和不透明度后，在图层蒙版中涂抹绘制，将不需要的部分隐藏起来，如图 2-129 所示。

图 2-128　　　　　　　　　　　　　　　　　图 2-129

（34）使用同样的方法，将给出的素材图片"火苗 3.jpg"～"火苗 5.jpg"拖动到文件"创意海报.psd"中，并调整好位置及图层顺序，如图 2-130 所示。

（35）设置前景色为"橙红色（#ff4302）"，新建一个"图层 14"并填充前景色，设置其图层混合模式为"柔光"，调整"图层 14"至人物上方，如图 2-131 所示。按 Ctrl+Alt+G 组合键执行创建剪贴蒙版操作，按 Ctrl+J 快捷键复制出"图层 14 拷贝"图层。

图 2-130

图 2-131

（36）设置前景色为"橙色（#e77904）"，新建"图层 15"并填充前景色，设置其图层混合模式为"叠加"。按 Ctrl+Alt+G 组合键执行创建剪贴蒙版操作，使用"画笔工具"设置适当的画笔大小和不透明度后，在"图层 15"中进行涂抹绘制，得到如图 2-132 所示的效果。

（37）打开配套资源中本章实例素材"光环.psd"，拖动"图层 1"到人物上合适位置，新建"图层 16"，为"图层 16"添加图层蒙版，设置前景色为"黑色"，用"画笔工具"涂抹"图层 16"中不需要的区域，最终的画面效果如图 2-133 所示。

图 2-132

图 2-133

要点解析

（1）本任务的制作过程相对复杂，综合运用了魔棒、路径、通道、图层混合模式、图层蒙版等知识来完成海报作品。在使用过程中，要根据不同图像各自的特点，综合使用多种方法进行抠图和图像合成。

（2）在制作海报作品的过程中，想要做出特别的效果，常常使用多层叠加的方法处理，平时应多注意收集装饰素材。

2.3　技　能　实　战

使用通道抠取透明玻璃瓶的方法，对前面所学知识融会贯通，配合如图 2-134 所示的素材，参考综合实例的制作方法，完成如图 2-135 所示的平面作品。

图 2-134　　　　　　　　　　图 2-135

1．设计任务描述

（1）能够应用素材合成如图 2-135 所示的背景效果。

（2）正确应用半透明图像的抠图方法抠取瓶子。

（3）背景及瓶子颜色的协调处理。

（4）瓶身高光、阴影等部位的质感表现。

（5）叶子、蝴蝶等素材的处理和应用。

（6）使用笔刷绘制图形并调整颜色。

（7）瓶子倒影的制作。

2．评价标准

评价标准如表 2-1 所示。

表 2-1

序　号	作品考核要求	分　值
1	背景的制作	10
2	瓶身的抠取	20
3	整体颜色的处理	15
4	瓶身质感的表现	20
5	素材的应用	15
6	笔刷的应用及颜色调整	10
7	倒影的制作	10

项目 3　文字的艺术加工

在招贴、海报、广告等平面视觉艺术设计中，主题性的文字总是以美妙的艺术处理起到了强调、醒目的作用。其中最常见的有渐变和立体，可以通过添加"图层样式"轻松实现。艺术文字的效果可以一步一步制作出来，也可以利用 Photoshop CC 自带或者下载的"样式""滤镜"直接生成。

本项目主要介绍文字工具的应用和文本编辑的方法，以及图层样式、钢笔工具等知识点在制作广告文字、立体文字等效果中的应用方法。

3.1　知识加油站

3.1.1　点文本与段落文本的创建

选择文字工具后，在画面中单击，会出现一个闪烁的光标，输入文字即可创建点文本。点文本适合处理字数较少的标题等内容，其换行需要按 Enter 键来进行。

如果使用文字工具在画面中单击并拖出一个矩形框（其大小决定了文字的范围），释放鼠标后，在框内输入文字则可以创建段落文本，如图 3-1 所示。段落文本适合处理文字量较大的文本段落，可以自动换行。当调整文本定界框的大小或者对定界框进行旋转和倾斜时，文本会在新的定界框内重新排列，如图 3-2 所示。

图 3-1

图 3-2

3.1.2　字符与段落的编辑

1．字符的编辑

对字符的编辑主要包括字体、大小、间距、缩放、比例间距和文字颜色等。在对文字编辑之前，必须先选中要编辑的文字，可以将鼠标指针放在文字上，然后单击并拖动鼠标即可选择文字，被选择的文字呈高亮显示；如果要选择某个文本图层上的所有文字，则双击该图层即可。

文字被选择之后，就可以通过图 3-3 所示的文本选项栏、图 3-4 所示的"字符"面板设置字符属性。其中，在对文本的行间距和字符间距调整时，可选中文字之后，按键盘上的 Alt 键和↓、→、↑、←4 个方向键进行调整。

2．段落的编辑

对文本段落的编辑主要包括段落的对齐方式、缩进值、段前或段后添加空格等，如图 3-5 所示。可以为选择的单个段落设置格式，也可以选择多个段落或全部段落设置格式。

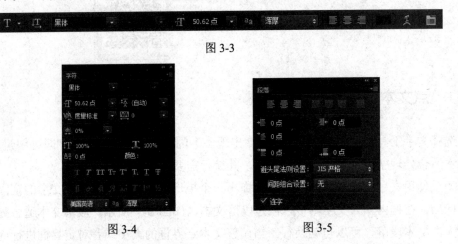

图 3-3

图 3-4　　　　　　　　　　　　　　图 3-5

3.1.3　变形文字与路径文字的创建

1．变形文字

当创建了文本后，在"图层"面板中会自动生成一个文字图层，选择文字图层；然后选择"图层"→"文字"→"文字变形"命令，可以打开"变形文字"对话框，在"样式"下拉列表框中选择一个变形样式选项，可以将文字处理为扇形、拱形、波浪等效果。调整"水平扭曲"和"垂直扭曲"参数，可以使文本产生透视效果。例如，图 3-6 所示为原文字，图 3-7 所示为"变形文字"对话框及创建的变形文字。

如果要修改文字的变形效果，可以调出"变形文字"对话框，重新设置样式或更改当前所用样式的数值。如果在"样式"下拉列表框中选择"无"选项，则可以取消文字的变形效果。

图 3-6　　　　　　　　　　　　　　　　　　　　　图 3-7

2. 路径文字

（1）当将文字工具放在路径上时，鼠标指针会变为 ⬩ 形状，单击路径会出现垂直于路径的闪烁光标，如图 3-8 所示即为输入文字的起始点，此时输入的文字会沿着路径的形状进行排列，如图 3-9 所示。

图 3-8　　　　　　　　　　　　　　　　　　　　　图 3-9

（2）文字输入完成后，在"路径"面板上会自动生成文字路径层，如图 3-10 所示。该文字路径层和"图层"面板上相应的文字图层是相链接的，删除文字图层时，文字的路径层也会自动被删除。

（3）输入文字后如果对文字的排列形状不满意，可以对文字路径进行修改。选择"路径选择工具"命令，将鼠标指针放在文字上，指针会变为 ⬩ 形状，如图 3-11 所示。单击并沿着路径拖动鼠标，可以移动文字，如图 3-12 所示。

图 3-10　　　　　　　　　　　　图 3-11　　　　　　　　　　　　图 3-12

（4）在移动文字时，如果向路径外部拖动鼠标，可以沿路径翻转文字，如图 3-13 所示。

（5）创建路径绕排文字后，如果对文字弯曲的方向、弧度不满意，可以使用"直接选择工具"，在路径上选择锚点后，移动锚点位置或者拖曳手柄修改路径的形状，如图 3-14 所示。文字会按照修改后的路径进行排列，如图 3-15 所示。

图 3-13   图 3-14   图 3-15

3.1.4 图层样式

Photoshop CC 提供了多种图层样式以供选择，可以单独为图像添加一种样式，也可以同时为图像添加多种样式。应用"图层样式"命令可以为图像添加投影、外发光、斜面和浮雕等效果，用于制作特殊效果的文字和图形。

1. 预设图层样式

（1）在 Photoshop CC 中自带一些图层样式，选择"窗口"→"样式"命令，将弹出"样式"面板，在其中直接单击所需的图层样式，即可将该样式添加到图层中，不需要单独设置，使用很方便。如图 3-16 所示为应用"绿色玻璃"样式制作了一个按钮。

（2）从网络上下载 Photoshop CC 的图层样式时，可以单击"样式"面板右边的小箭头，在弹出的菜单中选择"载入样式"命令，选择下载解压后的样式载入即可。

图 3-16

2. 图层样式

选择"图层"→"图层样式"→"混合选项"命令或双击图层，可打开"图层样式"对话框，如图 3-17 所示。其中各选项的含义如下所述。

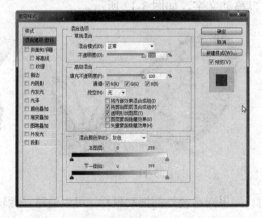

图 3-17

❑　混合选项：默认情况下显示该项。

❑　斜面和浮雕：对图层添加高光与阴影的各种组合效果。

❑　描边：使用颜色、渐变或图案在当前图层上描画对象的轮廓。

❑　内阴影：紧靠在图层内容的边缘内添加阴影，使图层具有凹陷的外观。

❑　外发光和内发光：添加从图层内容的外边缘或内边缘发光的效果。

❑　光泽：用于创建光滑光泽的内部阴影。

❑　颜色叠加、渐变叠加和图案叠加：用颜色、渐变或图案填充图层内容。

❑　投影：在图层内容的后面添加阴影。

（1）斜面和浮雕

斜面和浮雕（Bevel and Emboss）可以说是 Photoshop CC 图层样式中最复杂的效果。

样式：包括"内斜面""外斜面""浮雕效果""枕状浮雕""描边浮雕"5 个选项，虽然每一选项的设置基本一样，但是制作出来的效果却大相径庭。如图 3-18～图 3-21 所示分别为内斜面、外斜面、浮雕、枕状浮雕的效果对比图。

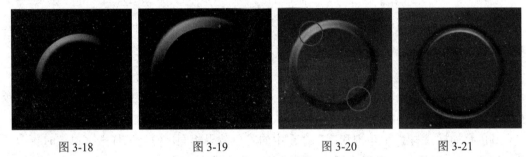

图 3-18　　　　　　　图 3-19　　　　　　　图 3-20　　　　　　　图 3-21

方法：包括"平滑""雕刻柔和""雕刻清晰"3 个选项。其中，"平滑"是默认选项，可以对斜角的边缘进行模糊，从而制作出边缘光滑的高台效果。

深度：必须和"大小"选项配合使用。"大小"选项值一定的情况下，改变深度值可以调整高台的截面梯形斜边的光滑程度。

方向：方向的设置值只有"上"和"下"两种，其效果和设置角度是一样的。在制作按钮时，"上"和"下"可以分别对应按钮的正常状态和选中状态，比使用角度进行设置更方便也更准确。

大小：用来设置高台的高度，必须和深度选项配合使用。

柔化：一般用来对整个效果进行进一步的模糊，使对象的表面更加柔和，减少棱角感。

角度：这里的角度设置要复杂一些。圆圈中不是一个指针，而是一个小小的十字，通过前面的介绍可以知道，角度通常和光源联系起来，对于斜角和浮雕效果也是如此，而且作用更大。斜角和浮雕的角度调节不仅能够反映光源方位的变化，而且可以反映光源和对象所在平面所成的角度，具体来说，就是圆中十字和圆心所成的角度以及光源和层所成的角度（后者就是高度）。其设置既可以在圆中拖动十字进行，也可以在旁边的文本框中直接输入数值。

等高线：斜面和浮雕样式中的等高线容易让人混淆，除了在对话框右侧有等高线设置外，在对话框左侧也有。其实仔细比较一下就可以发现，对话框右侧是光泽等高线选项，只会影响"虚拟"的高光层和阴影层；而对话框左侧的等高线则是用来为对象（图层）本身赋予条纹状效果的。

首先用斜面和浮雕样式做出一个立体按钮，如图 3-22 所示。

加入斜面和浮雕中的锥形等高线效果，如图 3-23 所示。

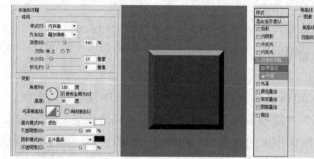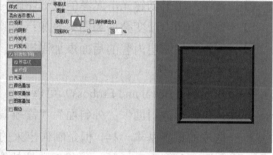

图 3-22   图 3-23

纹理：用来为图层添加材质，其设置比较简单。首先在"图案"下拉列表框中选择合适的纹理选项，然后针对纹理的缩放、深度等属性进行设置。

（2）颜色叠加

颜色叠加是一个既简单又实用的样式，相当于为图像着色，其参数只有混合模式、颜色和不透明度，默认颜色为红色。

颜色叠加样式与"色相/饱和度"命令中的着色效果相同，但是该样式可以随时更改效果，如图 3-24 和图 3-25 所示为添加该样式前、后的对比效果。

图 3-24   图 3-25

（3）渐变叠加

渐变叠加和颜色叠加的原理完全一样，只不过填充的是渐变色而不是纯色。使用渐变叠加样式的效果如图 3-26 所示。

（4）图案叠加

图案叠加样式的设置方法与斜面和浮雕样式中的纹理选项的设置一样，但效果却截然不同，纹理是将图案的颜色去掉，以类似于叠加的方式印在图像上，而图案叠加是保留图案的原本颜色，如图 3-27 所示。

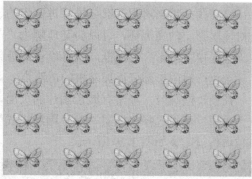

图 3-26　　　　　　　　　　　　　　　　图 3-27

　　图案叠加与选择"编辑"→"填充"命令后应用"图案"填充的功能相同，不过图案叠加更灵活，更便于修改。

　　（5）描边

　　在平面设计过程中，描边样式具有突出主体效果的作用。选择描边选项，在其右侧相对应的选项中可设置描边的大小、位置、不透明度、混合模式等，如图 3-28 所示为设置描边的效果。

　　（6）投影

　　添加投影效果后，图层的下方会出现一个轮廓和图层内容相同的"影子"，这个影子有一定的偏移量，默认情况下会向右下角偏移。阴影的默认混合模式是"正片叠底"，"不透明度"为"75%"。

　　投影效果的选项有以下几项。

　　混合模式：由于阴影的颜色一般都是偏暗的，因此这个选项通常保持默认设置"正片叠底"，不必修改。

　　颜色设置：单击混合模式右侧的颜色框可以对阴影的颜色进行设置。

　　不透明度：默认值是 75%，通常不需要调整。如果想要阴影的颜色深一些，应当增大这个值，反之则减少这个值。

　　角度：设置阴影的方向。如果要进行微调，可以直接在右边的文本框中输入角度值。在圆圈中，指针指向光源的方向；显然，相反的方向就是阴影出现的位置。

　　距离：设置阴影和图层内容之间的偏移量。值越大，光源的角度越低，反之越高，如傍晚时太阳照射出的影子总是比中午时的长。

　　扩展：用来设置阴影的大小。其值越大，阴影的边缘显得越模糊，可以将其理解为光的散射程度比较高（如白炽灯）；其值越小，阴影的边缘越清晰，如同探照灯照射一样。注意，扩展的单位是百分比，具体的效果会和大小选项的设置相关，扩展的设置值的影响范围仅在大小选项所限定的像素范围内，如果大小选项的值设置得比较小，扩展的效果就不明显。

　　大小：此值可以反映光源距离图层内容的距离。其值越大，阴影越大，表明光源距离层的表面越近；反之阴影越小，表明光源距离层的表面越远。

等高线：用来对阴影部分进行进一步的设置。等高线的高处对应阴影上的暗圆环，低处对应阴影上的亮圆环，可以将其理解为"剖面图"。如果不理解等高线的效果，取消选中"图层挖空投影"复选框，就可以看到等高线的效果了。

杂色：对阴影部分添加随机的透明点。

在设计网页时，经常有展示图片的页面，如果只为图片添加默认的投影样式，会显得过于单调。可以选择"图层"→"图层样式"→"创建图层"命令将其与所在图层分离，单独调整投影，如图 3-29 所示。

图 3-28　　　　　　　　　　　　　　　　　　图 3-29

图层样式的优点在于可以随时套用。要想真正运用图层样式，熟悉图层混合模式、等高线原理是非常重要的。

3.2　项　目　解　析

3.2.1　任务 1——制作健康骑行海报文字

任务分析

海报文字是平面设计中常用的字体形式，具有代表性。制作途径有以下几种：一是使用钢笔工具、路径选择工具等对笔画进行绘制或者变形，二是使用画笔的花纹笔刷直接绘制，三是直接找些 JPG 格式的花纹素材拼贴。另外也有借助滤镜命令得以实现的。本例的笔画处理主要采用钢笔工具中的删除锚点工具和路径工具对笔画进行修改变化，绘制装饰图形替换文字的部分笔画对文字进行设计。

本任务将制作如图 3-30 所示的"健康骑行"海报文字效果。

任务实施

（1）按 Ctrl+N 键，在弹出的"新建"对话框中设置各项参数，如图 3-31 所示。

图 3-30　　　　　　　　　　　　　　　图 3-31

（2）按 Ctrl+Shift+S 组合键，存储文件为"健康骑行海报文字.psd"。选择"横排文本工具"命令，输入文字"健康骑行"，设置字体为"汉仪海纹"，字号为"150 点"，字体颜色为"绿色（＃059b55）"。按"Ctrl+T"快捷键，拉长字体，设置效果如图 3-32 所示。

（3）在"文字图层"上单击鼠标右键，转化为形状，选择"删除锚点工具"命令，删除"健"字上多余的笔画；选择"直接选择工具"命令，把"康"字的广字头上的"点"和"骑"字的"口"字部分删除，"骑"字的弯钩拉长，把"行"字的双人旁的竖缩短，如图 3-33 所示。

图 3-32　　　　　　　　　　　　　　　图 3-33

（4）选择矩形工具命令，按 Alt 键，把"行"字的弯钩和双人旁左侧的多余部分减去，如图 3-34 所示。选择"路径选择工具"命令，在如图 3-35 所示的位置单击"组合路径组件"按钮，此时的效果如图 3-36 所示。选中"健"字向右移动，选中"行"字向左移动，调整字距，整体效果如图 3-37 所示。

图 3-34　　　　　　　　　　　　　　　图 3-35

图 3-36　　　　　　　　　　　　　　　　　　图 3-37

　　（5）选择"椭圆工具"命令，按 Shift 键绘制一个正圆形状，填充颜色为"无"，描边为绿色，描边宽度为 5 点；新建图层，在圆中绘制一根粗细为 6 点的绿色直线，同时选择圆圈图层和直线图层，然后选择移动工具，设置水平居中对齐和垂直居中对齐，如图 3-38 所示。按 Ctrl+J 快捷键，复制直线图层并按 Ctrl+T 快捷键，设置旋转 45 度，按两次 Shift +Ctrl+Alt+T 组合键再制快捷键，完成车轮的绘制，如图 3-39 所示。

图 3-38　　　　　　　　　　　　　　　　　　图 3-39

　　（6）选择车轮所有图层，按 Ctrl+G 快捷键将其放在同一组，并命名为"大车轮"。选中"大车轮"组，调整车轮在"健"字上的位置及大小，如图 3-40 所示。根据车轮的位置，调整"健"字中对应的竖的长短至"车轮"中部，如图 3-41 所示。

图 3-40　　　　　　　　　　　　　　　　　　图 3-41

　　（7）选中"大车轮"组，按 Ctrl+J 快捷键复制大车轮组，命名为"小车轮"，按 Ctrl+T

快捷键缩放至合适大小，放置到"康"字广字头"点"的位置，调整圆的描边粗细为 4 点，效果如图 3-42 所示。选择"钢笔工具"命令，设置为"形状"，在大车轮和小车轮间绘制一条曲线，关闭填充颜色，描边为绿色，描边宽度为 4 点，调整位置如图 3-43 所示。

图 3-42　　　　　　　　　　　　　　　图 3-43

（8）选中"小车轮"组，按 Ctrl+J 快捷键复制小车轮组，命名为"小车轮 2"，按 Ctrl+T 快捷键缩放至合适大小，放置到"骑"字"口"的位置，调整圆的描边粗细为 4 点，如图 3-44 所示。

（9）按 Ctrl+R 快捷键打开标尺，拖出一根水平参考线，和"骑"字弯钩对齐。选中"大车轮"组，按 Ctrl+J 快捷键复制大车轮组，命名为"大车轮 2"，将车轮放置对齐在参考线上；拖出第二根水平参考线，放置在车轮的中心线上。将"行"字的右侧的竖画延长至车轮中心并按 Ctrl+T 快捷键旋转合适度数，如图 3-45 所示。

图 3-44　　　　　　　　　　　　　　　图 3-45

（10）选择"钢笔工具"命令，设置为"形状"，在大车轮和小车轮间绘制一条曲线，关闭填充颜色，描边为绿色，描边宽度为 4 点，调整位置如图 3-46 所示。

（11）隐藏背景图层和"健康骑行"文字图层，按 Shift+Ctrl+Alt+E 组合键盖印可见图层，如图 3-47 所示。

图 3-46　　　　　　　　　　　　　　　图 3-47

（12）为盖印图层添加"斜面和浮雕"图层样式，设置参数如图 3-48 所示。显示背景图层和"健康骑行"文字图层，完成"健康骑行"海报文字的制作，如图 3-49 所示。

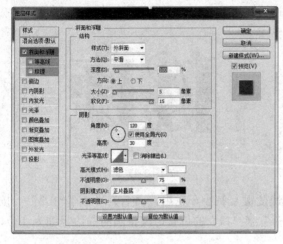

　　　　图 3-48　　　　　　　　　　　　　　　　　　　　图 3-49

要点解析

（1）在"文字图层"上单击鼠标右键，转化为形状，可以利用删除锚点、添加锚点、直接选择工具等工具，变化出样式多样、漂亮的文字效果。

（2）在重复多次相同变换的情况时，可以使用 Shift +Ctrl+Alt+T 组合键再制快捷键，快速而准确地实现无数次的重复变换。

（3）为了方便后期的修改和变化，不建议合并图层，可以用成组和盖印可见图层的方法对图层进行整合。

3.2.2　任务 2——制作金属电商文字

任务分析

互联网经济时代，电子商务飞速发展，线上营销的需求越来越大，竞争也越来越激烈，电商文字作为电商重要的营销元素，在设计过程中常用的有渐变文字效果，各种描边文字效果以及立体效果、质感文字效果等。本任务是制作金属质感的立体化电商文字，主要使用形状工具、剪切图层、快捷复制、画笔预设等工具。

本实例将制作如图 3-50 所示的立体化金属质感的电商文字效果。

任务实施

（1）按 Ctrl+N 快捷键，在弹出的"新建"对话框中设置各项参数，如图 3-51 所示。按 D 键恢复前景色为黑色，背景色为白色；按 Alt+Delete 快捷键将背景色填充为黑色，按 Ctrl+Shift+S 组合键，存储文件为"金属电商文字.psd"。

　　（2）选择"横排文本工具"命令，设置字体为"迷你简菱心"，字号为"180 点"，字体颜色为"白色（# ffffff）"，分别输入"低价""狂欢节"；调整字号大小为"45 点"，输入"年终大促"；设置字体为"Arial"，字号为"90 点"，输入"618"。拖动组合文字位置如图 3-52 所示。

　　（3）在"低价"文字图层上单击鼠标右键，转化为形状，选择"直接选择工具"命令把"低"字的单人旁进行笔画变形，如图 3-53 所示。

图 3-50

图 3-51

图 3-52

图 3-53

　　（4）选择所有文字图层，按 Ctrl+E 快捷键合并所有图层，命名为"文字图层"。按 Ctrl+T 快捷键进行自由变换，按 Ctrl 键调整文字发生倾斜，如图 3-54 所示。打开"黄金纹理"图片素材，按 Shift 键将其拖入"金属电商文字.psd"中，在该图层上单击鼠标右键，选择"创建剪切蒙版"命令，将图层命名为"黄金纹理"，如图 3-55 所示。

图 3-54

图 3-55

（5）选择"文字"图层，为文字添加"图层样式"，做出立体效果，参数设置如图 3-56 所示，设置完成后效果如图 3-57 所示。

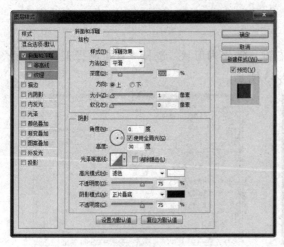

　　　　　图 3-56　　　　　　　　　　　　　　　　　　　　图 3-57

　　（6）选择"文字"图层，按 Alt 键向下拖拽复制，得到"文本副本"图层，删除"文本副本"图层的图层样式，同时按 Alt 键和数字键盘区的↓方向键和→方向键进行多次复制，得到的立体文字效果如图 3-58 所示。

　　（7）按 Shift 键全选所有"文本副本"，按 Ctrl+E 快捷键合并所有拷贝图层，按 Alt 键将"黄金纹理"图层向下拖拽复制，放置在合并后的"文本副本"图层上方，单击鼠标右键选择"创建剪切蒙版"命令，将白色的立体部分也调整为金属纹理，按 Ctrl+M 快捷键调整曲线，将立体部分的金属纹理适当调暗，如图 3-59 所示。

　　　　　图 3-58　　　　　　　　　　　　　　　　　　　　图 3-59

　　（8）在"背景"图层上方新建图层，重命名为"文字底色"。按 Ctrl 键单击"文字"图层的缩览图，得到文本选区，选择 "选择"→"修改"→"扩展：10 像素"命令，设置前景色为褐色（#553700），按 Alt+Delete 快捷键填充选区，如图 3-60 所示。

　　（9）按 Alt 键将"文字底色"向下复制一层，为其添加"图层样式"中的"颜色叠加"，颜色调整为深褐色（#1c0b00），参数设置如图 3-61 所示。

　　（10）通过键盘上的方向键将"文字底色副本"图层向右下移动合适距离，如图 3-62 所示。在"文字底色"图层上方新建"高光"图层，按 Ctrl 键单击"文字底色"图层缩览图，得到高光范围选区；设置画笔形状：柔边圆，硬度：0，不透明度：50%，设置前景色为白色（#ffffff），在文字的转角及部分边缘处涂抹，增加字体的光感效果，完成后效果如图 3-63 所示，全选删除背景外的所有图层，按 Ctrl+G 快捷键成组，重命名为"黄金文字"。

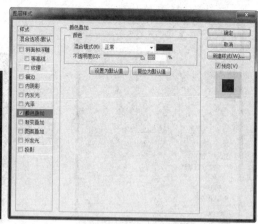

图 3-60　　　　　　　　　　　　　　　　　　　图 3-61

图 3-62　　　　　　　　　　　　　　　　　　　图 3-63

（11）新建图层，命名为"矩形边框"。选择"矩形工具"命令绘制矩形，填充颜色关闭，描边为金黄色（# c39d25），描边宽度为 10 点；选择"直接选择工具"命令把"矩形"拖拽成斜角，按 Ctrl+T 快捷键旋转角度与文字角度一致，如图 3-64 所示。

（12）将"矩形边框"向下复制一层，填充颜色：褐色（#553700），描边：关闭，右键栅格化图层，设置前景色为深褐色（#1c0b00），设置画笔形状：柔边圆，硬度：0，按 Ctrl 键单击图层缩览图载入选区，涂抹出内阴影的效果，如图 3-65 所示。

图 3-64　　　　　　　　　　　　　　　　　　　图 3-65

（13）对图层选择"滤镜"→"杂色"→"添加杂色"命令，参数如图 3-66 所示，效果如图 3-67 所示。

图 3-66　　　　　　　　　　　　　　图 3-67

（14）选择"椭圆工具"命令，按 Shift 键绘制一个小的正圆，填充白色，打开"图层样式"面板，先添加"外发光"样式，设置投影的"不透明度"为"70%"，颜色为"橙色"，"扩展"为"1"，"大小"为"9 像素"，参数设置如图 3-68 所示。添加"投影"样式，设置投影的"混合模式"为"正常"，"不透明度"为"75%"，取消选择"使用全局光"命令，"角度"为"115 度"，"距离"为"2 像素"，"扩展"为"0%"，"大小"为"8 像素"，参数设置如图 3-69 所示。

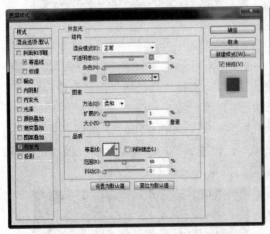

图 3-68　　　　　　　　　　　　　　图 3-69

（15）按 Alt 键多次复制移动，为矩形框添加白色霓虹灯效果，选择所有白色圆形图层，按 Ctrl+E 快捷键合并，重新命名为"白色灯"，如图 3-70 所示。

（16）新建文字图层，设置字体：微软雅黑（粗体），大小：30 点，输入文案"人牌放价　限时狂欢　满减不断　岂止 5 折"，颜色为白色。调整断句间距，将"5"的颜色改为黄色，按 Ctrl+T 快捷键调整角度，与矩形框吻合，如图 3-71 所示。

图 3-70

图 3-71

（17）文字完成，分别对黄金文字、矩形框与文案文字按 Ctrl+T 快捷键调整大小至合适，如图 3-72 所示。

（18）制作文字背景图案。在"背景"图层上方新建 "三角形"图层，选择"钢笔工具"命令，根据文字的角度画一个倒三角形，填充浅黄色（#fff0ab），如图 3-73 所示。

图 3-72

图 3-73

（19）新建图层，在其中一个角上绘制正圆，为其填充由"浅黄色（#fff0ab）"到"橘色（#fbc37a）"的径向渐变。添加"投影"样式，设置投影的"混合模式"为"正常"，"不透明度"为"75%"，取消选择"使用全局光"命令，"角度"为"135 度"，"距离"为"10 像素"，"扩展"为"0%"，大小为"20 像素"，参数设置如图 3-74 所示。按 Alt键复制两层，分别放置到另外两个角上，如图 3-75 所示。选择三角形的图层和圆的图层，按 Ctrl+G 快捷键将图层成组，并重命名为"三角形"。

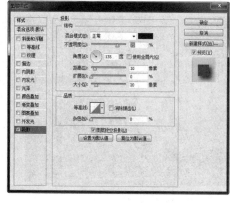
图 3-74

图 3-75

　　（20）在"背景"图层上方再次新建"背景光"图层，设置前景色为黄褐色（# be7704），在文字下方填充前景色到透明的径向渐变，如图 3-76 所示。

　　（21）在"背景光"图层上方新建"背景光点"，设置前景色为金黄色（# c39d25），预设画笔的笔尖形状参数如图 3-77 所示，设置画笔的形状动态参数如图 3-78 所示。在文字周边进行涂画，注意画笔大小的变化，绘制效果如图 3-79 所示。

图 3-76

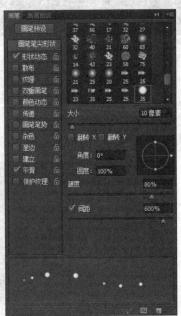

图 3-77

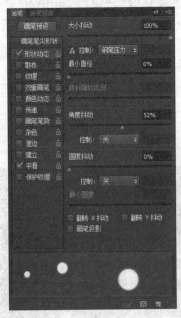

图 3-78

图 3-79

（22）单击图层面板底部的"添加图层样式"按钮，为绘制好的光点添加"外发光"图层样式，设置投影的"不透明度"为"50%"，颜色为"红色"，"扩展"为"0%"，"大小"为"20 像素"，参数设置如图 3-80 所示。调整"背景光点"图层的不透明度为40%，如图 3-81 所示。

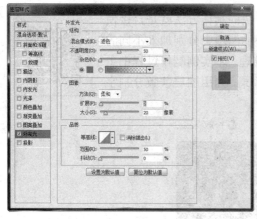

图 3-80   图 3-81

（23）添加特殊光效。打开素材文件"光效 1"和"光效 2"，分别拖入"金属电商文字.psd"文件中，调整图层顺序在最上层，设置图层的混合模式为"滤色"，按 Ctrl+T 快捷键调整大小和角度，复制两层，丰富光效，效果如图 3-82 所示。

（24）至此，金属质感的立体化电商文字效果制作完成，可根据需要对细节进行微调，整体效果如图 3-83 所示。

图 3-82   图 3-83

要点解析

（1）按 Alt 键和数字键盘区的↓方向键和→方向键是对图层进行复制的同时进行向下和向右的移动。整个制作过程中，一定要注意图层的顺序和分组。

（2）按 Ctrl+E 快捷键是合并所有可见图层，如果选择了某些图层后按 Ctrl+E 快捷键，则是合并选择的可见图层。

（3）按 Ctrl+Shift+Alt+E 组合键可以将显示的所有图层效果盖印到一个新的图层上，对图像进行统一的调整。

3.2.3　任务 3——制作星空粒子文字

任务分析

　　带纹理的字体显得非常有质感。纹理字比较快的制作方法就是直接使用纹理素材，可以在图层样式中的纹理及图案叠加两项中分别加入不同的素材，通过素材的叠加，就能生成更加特殊的纹理。本实例制作过程中主要应用添加剪切蒙版的方式，为文字增加星空效果，利用图层蒙版分割字体，另外还使用了图层样式。

　　本任务将制作如图 3-84 所示的"星空粒子"文字效果。

图 3-84

任务实施

　　（1）按 Ctrl+N 快捷键，在弹出的"新建"对话框中设置各项参数，如图 3-85 所示。设置前景色为黑蓝色（#00050a），按 Alt+Delete 快捷键将背景色填充为黑蓝色，按 Ctrl+Shift+S 组合键，存储为"星空粒子文字.psd"文件。

　　（2）选择"文本工具"命令，输入文字"X"，设置字体为"Arial""Bold"（粗体），字号为"120 点"，颜色为"白色"。按 Alt 键复制文字"X"图层，将"X 副本"图层隐藏，如图 3-86 所示。

图 3-85

图 3-86

　　（3）打开"星空"素材文件，按 Shift 键拖入"星空粒子文字.psd"文件中，放置在文字"X"图层的上面，命名为"星空"。按 Alt 键的同时，将鼠标放在文字图层和星空图层的中间，单击鼠标左键创建"剪切蒙版"，调整显示效果如图 3-87 所示。

（4）复制"星空"图层得到"星空副本"图层，把"星空副本"图层移动到背景层上方并隐藏。选择"星空"图层，按 Ctrl+L 快捷键打开"色阶"，调整左侧暗部值为"25"，右侧亮部值为"160"，参数如图 3-88 所示。

图 3-87   图 3-88

（5）此时，文字"X"的纹理明暗对比得到了提高，如图 3-89 所示。打开隐藏的文字图层，按 Ctrl+T 快捷键打开"自由变化"，同时按 Alt+Shift 快捷键进行以中心等比例缩小，如图 3-90 所示。

图 3-89   图 3-90

（6）选择"矩形选框工具"命令，框选字母左半边，在图层面板底部单击"添加图层蒙版"按钮，使用蒙版将右侧文字部分遮盖，如图 3-91 所示。同时选择"X"图层和"星空"剪切蒙版图层，按 Alt 键向最上层复制，按 Alt 键再将白色"X 副本"图层上的图层蒙版复制给"X 副本 2"图层，按 Ctrl+I 键"反向"字母的图层蒙版，如图 3-92 所示（为了看清楚方向效果，可临时隐藏"X"图层和"星空"剪切蒙版图层）。

图 3-91   图 3-92

（7）隐藏背景图层，为"X 副本 2"图层添加"投影"样式，设置投影的"不透明度"

为"80%"，"角度"为"60 度"，"距离"为"20 像素"，"扩展"为"20%"，"大小"为"35 像素"，参数设置如图 3-93 所示。选择所有文字图层按 Ctrl+G 快捷键成组，双击重命名为"星空文字"，如图 3-94 所示。

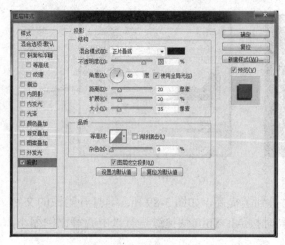
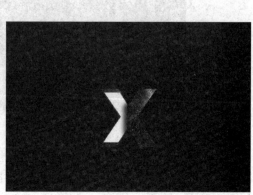

图 3-93   图 3-94

（8）按 Alt 键复制"星空"图层到最上层，重命名图层为"粒子"。选择"选择"→"色彩范围"命令，按 Shift 键对图像中的粒子进行多次选择，切记不要选择深色，完成后为其添加图层蒙版，按 Ctrl+T 快捷键，单击鼠标右键选择"垂直旋转"命令，调整效果如图 3-95 所示。

（9）复制"粒子"图层，右键单击"图层蒙版"，选择"应用图层蒙版"命令，隐藏"粒子"图层；按 Alt 键将"粒子副本"向上复制 3 层，隐藏"粒子副本""粒子副本 3"和"粒子副本 4"；选择"粒子副本 2"，按 Alt 键添加"图层蒙版"建立黑色蒙版，调整前景色为白色；使用"画笔"在蒙版上进行描画，显示出第一层粒子效果，如图 3-96 所示。使用同样的方法，为"粒子副本 3"和"粒子副本 4"制作第二层粒子效果和第三层粒子效果，最终效果如图 3-97 所示。

（10）将"粒子副本"图层调整到"星空文字"组的下方，调整"不透明度"为"15%"；按 Alt 键添加"图层蒙版"建立黑色蒙版，调整前景色为白色；使用"画笔"在蒙版上进行描画，画出粒子的背景，如图 3-98 所示。

图 3-95   图 3-96

图 3-97　　　　　　　　　　　　　　　　　图 3-98

（11）调整细节。在白色的"X 副本"图层上新建图层，调整图层的混合模式为"正片叠底"；单击鼠标右键创建"剪切蒙版"，用吸管吸取背景色，用硬度为 0 的画笔，涂抹两笔重色，如图 3-99 所示。用同样的方法为"X"图层和"X 副本 2"图层添加重色，使立体效果更加强烈，如图 3-100 所示。

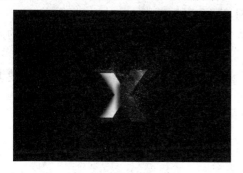

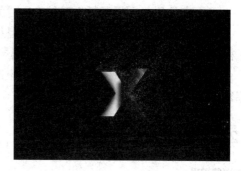

图 3-99　　　　　　　　　　　　　　　　　图 3-100

（12）选择位于图层面板上层的粒子图层，按 Ctrl+G 快捷键成组并重命名为"粒子"组。打开"光效"素材文件，拖入"星空粒子字体"，调整混合模式为：颜色减淡，按 Ctrl+T 快捷键调整大小和角度，复制一层，放置在"X"字右侧，如图 3-101 所示。

（13）按 Shift 键选择所有可视图层，按 Ctrl+G 快捷键成组，在组上单击图层面板底部的"新建调整图层"按钮，选择"自然饱和度"命令，调整"自然饱和度"为"-45"，参数如图 3-102 所示。

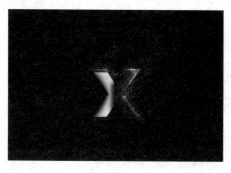

图 3-101　　　　　　　　　　　　　　　　　图 3-102

（14）再次单击图层面板底部的"新建调整图层"按钮，选择"色彩平衡"命令，调节"青色"为"-80"，参数如图 3-103 所示，效果如图 3-104 所示。至此，星空粒子文字效果制作完成。

图 3-103

图 3-104

要点解析

（1）在使用"图层蒙版"时按 Alt 键可以创建黑色图层蒙版。

（2）星空粒子的效果是利用色彩范围从图片中直接选取粒子，也可以用预设画笔的效果来模拟粒子效果，注意多做几层，做出层次。

（3）在图层面板下方单击"添加调整图层"不成功时，可以选择"图层"→"新建调整图层"菜单命令执行。

3.2.4　任务 4——制作折叠文字

任务分析

折叠文字具有强烈的透视效果，因而在个性化设计中十分常用。制作折叠文字时，因为字要有连笔和转折效果，因此要使用笔画较粗、直、硬的字体，并且需要注意每行文字的透视及行与行之间的笔画连接。本实例的制作过程中，将应用到直接选择工具、图层样式、多边形套索工具、模糊命令、再制命令等知识点。

本实例将制作如图 3-105 所示的折叠字效果。

图 3-105

任务实施

（1）按 Ctrl+N 快捷键，在弹出的"新建"对话框中设置各项参数，如图 3-106 所示。按 Ctrl+Shift+S 组合键，存储为"折叠文字.psd"文件。

（2）选择"文本工具"命令，设置字体为"微软雅黑""Bold"，字号为"120 点"，字体颜色为"黑色"，输入文字"不畏将来不念过往如此安好"；打开字符面板，设置行间距为 11 点，文字字宽为 85%，效果如图 3-107 所示。

图 3-106

图 3-107

（3）在文字图层上单击鼠标右键，转化为形状。按 Ctrl+R 快捷键打开标尺，从水平标尺上拖出两条参考线，分别放置在第一行和第二行文字的下边缘，如图 3-108 所示。

（4）选择"直接选择工具"命令对文字进行笔画变形。选择"直接选择工具"命令选中第一行的"不"字下边缘的锚点对齐到第一条参考线，用同样的方法将第二行的"不"字上边缘对齐到第一条参考线，使两个字连接起来，如图 3-109 所示。

图 3-108　　　　　　　　　　　　　　图 3-109

（5）选择"直接选择工具"命令删除"将"字下的转角部分，选择"转换点工具"命令在锚点上双击使锚点变成直角点，如图 3-110 所示。选择"直接选择工具"命令移动"过"字中"寸"的竖画和"将"字中"寸"的竖画对齐，分别向上和向下对齐到参考线，将"将"和"过"字连接到一起，如图 3-111 所示。

图 3-110

图 3-111

（6）用同样的方法，把可以连接的笔画全部连接起来，如图 3-112 所示。双击形状图层，修改颜色为浅灰色（#e8e8e8），并将图层复制一层备用，隐藏文字图层，在复制的文字副本图层上单击鼠标右键选择"栅格化图层"命令，如图 3-113 所示。

图 3-112　　　　　　　　　　　　　　　图 3-113

（7）选择"矩形选框工具"命令，框选"不畏将来"，下部边缘与参考线对齐，如图 3-114 所示，按 Ctrl+J 快捷键复制；用同样的方法复制出另外两行文字，删除栅格化的文字副本图层，同时选择复制出来的 3 个图层，按 Ctrl+G 快捷键成组，将组命名为"文字"。

（8）开始制作文字的折叠效果，打开"文字"组，选择"不畏将来"图层，按 Ctrl+T 快捷键进行变换，按 Ctrl 键进行调整，如图 3-115 所示。

图 3-114　　　　　　　　　　　　　　　图 3-115

（9）用同样的方法制作其他两个文字图层，完成效果如图 3-116 所示，并将组复制两个，得到"文字副本"和"文字副本 1"图层，然后将这两个图层隐藏备用。选择编辑好的"文字"组，单击鼠标右键选择"转换为智能对象"命令，然后单击"添加图层样式"按钮，添加"斜面和浮雕"样式，参数设置如图 3-117 所示。

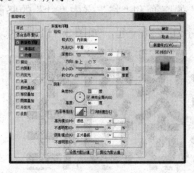

图 3-116　　　　　　　　　　　　　　　图 3-117

（10）此时，模拟出光从上打下来的效果如图 3-118 所示。但此时的明暗对比度不够明显。在"文字"组上新建图层，选择"多边形套索工具"命令，圈出"不畏将来"，底部边缘与文字底边的斜线对齐。由上向下将其填充为"浅灰色（#e2e2e2）"到透明的线性渐变，在这个新建的图层上单击鼠标右键选择"创建剪切蒙版"命令，如图 3-119 所示。

（11）用同样的方法在这个图层上完成其他两行文字的填充，如图 3-120 所示。在"文字"组下方新建图层，命名为"文字投影 1"。选择"多边形套索工具"命令，绘制出一个笔画的投影区域，底部边缘尽量对齐文字底部边缘，由上向下将其填充为"浅紫色（#c8649b）"到透明的线性渐变，如图 3-121 所示。

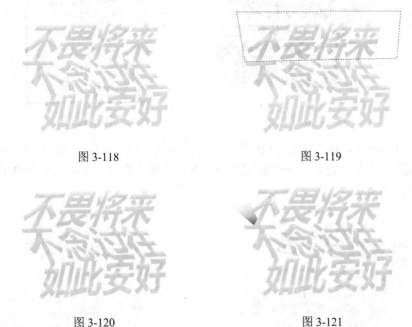

图 3-118　　　　　　　　　　　　　　图 3-119

图 3-120　　　　　　　　　　　　　　图 3-121

（12）按 Alt 键，复制并放置在每个文字合适的位置，全选所有投影图层，按 Ctrl+G 快捷键成组，命名组为"文字投影 1"，如图 3-122 所示。显示隐藏的"文字副本"组，修改组名为"文字投影 2"。选择"不畏将来"图层，打开"图层样式"面板，添加"渐变叠加"样式，将渐变色设置为"深紫色（#90476b）→浅紫色（#c886a5）"，其他参数设置如图 3-123 所示。

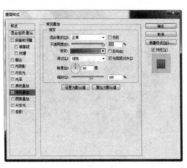

图 3-122　　　　　　　　　　　　　　图 3-123

（13）按 Alt 键，复制"渐变叠加"样式给其他两个图层，"如此安好"的"渐变叠加"角度更改为-90，调整"文字投影 2"到"文字投影 1"的上方，隐藏"文字"智能化图层后，如图 3-124 所示。

（14）在"文字副本"组中的三个文字图层上，单击鼠标右键分别选择"转化为智能对象"命令，选择"不畏将来"图层，选择"滤镜"→"模糊"→"动感模糊"命令，参数设置如图 3-125 所示。

图 3-124　　　　　　　　　　　　　图 3-125

（15）按 Alt 键，复制"动感模糊"样式给其他两个图层，如图 3-126 所示。选择"不畏将来"图层，选择"滤镜"→"模糊"→"高斯模糊"命令，设置高斯模糊半径为 5 像素，如图 3-127 所示。

图 3-126　　　　　　　　　　　　　图 3-127

（16）显示"文字"智能化图层，按 Ctrl+T 快捷键分别调整"文字投影 2"组中的三个图层，显示效果如图 3-128 所示。选择背景图层，设置渐变色为"粉色（#dca6c0）→蓝色（#9baaca）"的线性渐变，从左上角向右下角拖动鼠标进行填充，如图 3-129 所示。

图 3-128　　　　　　　　　　　　　图 3-129

（17）在背景图层上新建图层，设置前景色为白色，设置画笔大小为 1 像素，硬度为 100%，绘制一根白色斜直线；按 Ctrl+J 快捷键复制一层，按 Ctrl+T 快捷键，分别按两次数字键盘上的↓方向键和→方向键，按 Enter 键确定后，按 Shift +Ctrl+Alt+T 组合键再制快捷键，再制 23 份，如图 3-130 所示。全选所有的斜直线图层，按 Ctrl+E 快捷键合并，调整位置到左下角，如图 3-131 所示。

图 3-130

图 3-131

（18）复制一层，按 Ctrl+T 快捷键，移动到合适的位置；按 Enter 键确定后，按 Shift+Ctrl+Alt+T 组合键再制快捷键复制合适的数量，调整完成背景，如图 3-132 所示。

（19）打开"光"素材文件，将其拖入"折叠文字.psd"文件中，调整图层顺序在最上层，设置混合模式为滤色，按 Ctrl+T 快捷键调整其大小和角度，如图 3-133 所示。

图 3-132

图 3-133

（20）按 Alt 键复制，完成光的装饰，如图 3-134 所示。至此，折叠文字效果制作完成，可根据需要对细节进行微调，整体效果如图 3-135 所示。

图 3-134

图 3-135

要点解析

（1）使用 Ctrl+J 快捷键复制文字时，一定对齐到参考线。

（2）制作文字的折叠效果时要注意连接笔画的对齐，还要注意各行文字与文字投影的透视角度。

（3）为了及时显示渐变叠加的效果和文字投影效果，也可以先做出背景，再制作文字。

3.3　技　能　实　战

文字的艺术效果很丰富，关键是要根据其用途选择要制作的效果。例如，图 3-136 所示的波纹星际字、图 3-137 所示的青年节等。大家可根据本项目的知识点，在网络上选择一款自己感兴趣的文字效果进行制作。

图 3-136　　　　　　　　　　　　　　　　图 3-137

1．设计任务描述

（1）有合适的背景，能起到烘托气氛的要求。

（2）文字的质感要强，有特色。

（3）注意纹理和光影的变化。

（4）注意整体色调和色彩的协调。

（5）技术方面要能够综合应用文字的编辑和图层样式的设置。

2．评价标准

评价标准如表 3-1 所示。

表 3-1

序　号	作品考核要求	分　值
1	背景的制作	10
2	文字质感的表现	30
3	纹理的制作及光影的表现	20
4	画面整体色调的调整	20
5	技术应用熟练	10
6	创新性	10

项目 4　数码图像的修饰

在通常情况下，相机拍摄出的数码照片经常会出现各种缺陷，而 Photoshop CC 强大的图像修复工具可以轻松地帮用户将带有缺陷的照片修复成亮丽的照片。本项目主要针对常见的曝光不正常、逆光等情况对风景图和人像图造成的影响进行修复，同时也将从美化人物照片的角度讲解各种修复工具的使用方法。

4.1　知识加油站

4.1.1　修图基础

1．裁剪工具

裁剪工具组中有"裁剪工具"和"透视裁剪工具"，使用"裁剪工具"可以对图像进行裁剪，重新定义画布的大小。当需要对图像进行裁剪操作时，可以选择该工具；然后在画面中单击并拖出一个矩形定界框，按 Enter 键就可以将定界框之外的图像裁掉。

使用"透视裁剪工具"可以裁剪歪斜的图像，如翻拍的图像、扫描的图像等，能够使图像恢复原有的角度和显示比例，如图 4-1（a）所示为原图，如图 4-1（b）所示为使用"透视裁剪工具"进行裁剪及调整后的效果。

（a）

（b）

图 4-1

2．图像曝光度调整

如何辨别照片是否曝光过度或者曝光不足？可以借助于"直方图"面板，在如图 4-2

所示的直方图中，色阶分布过度集中在右侧明度处，即表示这张图像曝光过度；如图 4-3 所示的直方图中，色阶分布过度集中在左侧暗度处，即表示这张图像曝光不足。

图 4-2　　　　　　　　　　　　　　图 4-3

对于曝光过渡、曝光不足的图像的修复，可以选择"色阶"命令、"曲线"命令、"曝光度"命令等命令来调整。

1）色阶

"色阶"命令用于调整图像的对比度、饱和度和灰度，对应的快捷键是 Ctrl+L。下面结合素材 415.jpg 详细讲解如图 4-4 所示的"色阶"对话框。

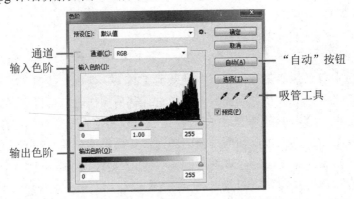

图 4-4

通道：在"通道"下拉列表框中选择要进行色调调整的通道选项。如果选择 RGB 通道选项，调整对所有通道都起作用，在处理照片时通常只调整 RGB 复合通道；若选择 R、G、B 通道中的任意单一通道，那么只对当前所选通道起作用。

输入色阶：使用"输入色阶"直方图两端的三角滑块可以设置图像中的高光和暗调。每个通道中最暗和最亮的像素分别映射为黑色和白色，从而扩大了图像的色调范围。使用中间的滑块可以更改灰色调的中间范围的亮度值，而不会显著改变高光和暗调。在移动滑块时，色阶图上方的"输入色阶"文本框中的 3 个数值会相应变化。

输出色阶："输出色阶"和"输入色阶"的功能恰好相反。在其左文本框中输入 0～225 之间的数值可以调整亮部色调，在右文本框中输入 0～255 之间的数值可以调整暗部色调。

"自动"按钮：单击"自动"按钮，Photoshop CC 将以 0.5%的比例调整图像的亮度，图像中最亮的像素向白色转换，最暗的像素向黑色转换。这样图像的亮度分布将更加均匀，但是较大的调整会造成色偏。

吸管工具：由左向右依次为黑、灰、白 3 个吸管，单击其中一个吸管图标后将鼠标指针移动到图像窗口内，在目标颜色处单击即可完成色调调整；也可以双击吸管按钮打开拾色器来拾取目标颜色。

🖋黑场吸管：单击该按钮，Photoshop CC 将图像中所有像素的亮度值减去吸管单击处的像素亮度值，使图像变暗。

🖋灰场吸管：单击该按钮，Photoshop CC 用该吸管所选中的像素中的亮度值调整图像的色彩分布。

🖋白场吸管：单击该按钮，Photoshop CC 将图像中所有像素的亮度值加上吸管单击处的像素亮度值，使图像变亮。

在"色阶"对话框中，◆为"阴影"滑块，◗为"中间调"滑块，△为"高光"滑块，左右拖动可校正图像的色调范围和色彩平衡。

2）曲线

通过调整图像色彩曲线上的任意一个像素点可以改变图像的色彩范围，对应的快捷键是 Ctrl+M。下面详细介绍"曲线"对话框，如图 4-5 所示。

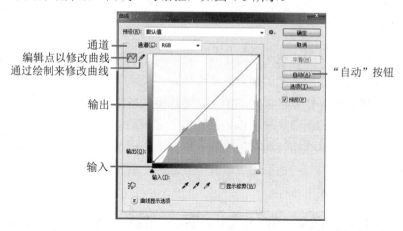

图 4-5

通道：用于选择调整图像的颜色通道。如果选择 RGB 选择，调整对所有通道都起作用；若选择 R、G、B 通道中的任意单一通道，则只对当前所选通道起作用。

编辑点以修改曲线：在默认情况下使用此工具在图表曲线上单击，可以增加控制点，拖曳控制点可以改变曲线的形状，拖曳控制点到图表外可以将其删除。

通过绘制来修改曲线：可以在图表中绘制出任意曲线，单击右侧的 平滑(M) （平滑）按钮可以使曲线变得平滑。按 Shift 键的同时使用此工具可以绘制出直线。

输出：即图表的 Y 轴，显示的是图表中光标所在位置新的亮度值。

输入：即图表的 X 轴，显示的是图表中光标所在位置原来的亮度值。

自动：可自动调整图像的亮度。

在对"曲线"对话框操作时，要注意以下两点。

（1）在曲线上单击可增加一个点，拖动控制点就可以增加或者减少图像的亮度。对于较灰的图像可以创建 S 形曲线，这种曲线可以增加图像的对比度。

（2）调整曲线过程中如果对结果不满意，可以按 Alt 键，此时"取消"按钮会变成"复位"按钮，单击"复位"按钮，曲线就恢复为原始状态，这样可以不用再次选择"曲线"命令就能重新调整。此操作方法同样适用于"色阶"对话框。

3）曝光度

选择"图像"→"调整"→"曝光度"命令，在如图 4-6 所示的对话框中，适当降低或增加曝光度和位移的数值即可。其中，曝光度用于调整色调范围的高光端，对极限阴影的影响很轻微；而位移用于调整阴影和中间调，对高光的影响很轻微；灰度系数校正用来减淡或加深图片灰色部分，也可以提亮灰暗区域，增强暗部的层次感。

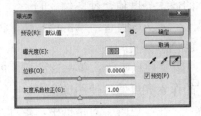

图 4-6

4.1.2 图像的修饰

1. 污点修复画笔工具

在如图 4-7 所示的"污点修复画笔工具"选项栏中，可从"模式"下拉列表框中选择自动修复的像素选项和底图之间的混合方式选项。"类型"中的"近似匹配"是复制要修复区域的边缘像素来修补修复区域内的图像，可以得到较平滑的修复效果；"创建纹理"是参考要修复区域边缘的图像纹理，作为修补修复区域的基础；"内容识别"是根据周围的像素，智能识别当前鼠标指针所在的区域，例如，周围都是蓝色的天空，识别出来的也是蓝色的天空。如果选中"对所有图层取样"复选框，会从所有可见的图层中取样；若取消选中，则只从当前图层中取样。

图 4-7

2. 修复画笔工具

在如图 4-8 所示的"修复画笔工具"选项栏中，"模式"选项可以设置修复图像的混合模式，"替换"模式比较特殊，可以保留画笔边缘处的杂色、胶片颗粒和纹理，使修复效果更加真实。"源"设置用于修复像素的来源，其中"取样"可以直接从图像上取样。选中"图案"单选按钮可在其后的下拉列表中选择一个图案作为取样来源，此效果类似于使用图案图章绘制图案。

图 4-8

3．修补工具

在如图 4-9 所示的"修补工具"选项栏，如果选中"源"单选按钮，将选区拖至要修补的区域后，会用当前选区中的图像修补原来选中的图像，如图 4-10 和图 4-11 所示；如果选中"目标"单选按钮，则会将选中的图像复制到目标区域，如图 4-12 所示。

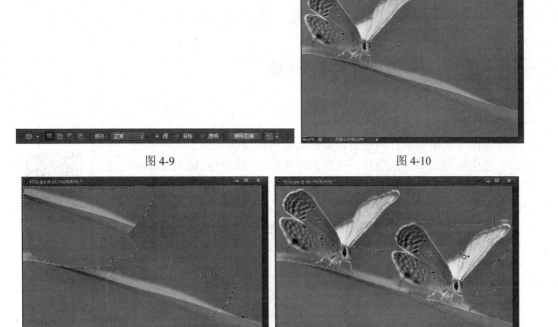

图 4-9　　　　　　　　　　　　　　　　　　　　　　　　图 4-10

图 4-11　　　　　　　　　　　　　　　　　　　　　　　　图 4-12

"透明"复选框可以使修补的图像与原图像产生透明的叠加效果。"修补工具"还可以使用图案而不是取样图像进行修补操作。选中需要修补的区域，然后单击"使用图案"按钮，即可使用指定的图案修补选中的区域。

4．内容感知移动工具

内容感知移动工具选项栏如图 4-13 所示，其中"模式"选项用来选择图像的移动方式，设置为"移动"可以改变对象的位置，设置为"扩展"可以达到复制对象的目的；"适应"选项用来设置图像修复的精度；"对所有图层取样"复选框可以在文档中包含多个图层的情况下，对所有图层中的图像进行取样。

图 4-13

5．仿制图章工具

在如图 4-14 所示的"仿制图章工具"选项栏中，"模式"选项可以设置修复图像的混合模式，"不透明度"选项可以控制修复图像的透明度，"流量"选项可以控制修复图像时画笔的流出速度。

图 4-14

4.2　项　目　解　析

4.2.1　任务 1——照片明暗度的调整

任务分析

在对图像明暗度进行调整时，要针对不同的情况采取不同的措施。对于曝光过度和曝光不足的照片，可以通过色阶、曲线对光线的分布和对比度进行调整，使其曝光正常；对于逆光图像的调整，主要是将暗部调亮，同时又要保证图像的对比度不受大的影响。

本任务通过两个实例修复曝光过度的图像和逆光图像，如图 4-15 和图 4-16 所示。

图 4-15

图 4-16

子任务 1　**修复曝光过度的图像**

摄影时如果光线太强或者曝光太久，就会导致底片进入的光量严重超出感应器真正的需要，图像仿佛覆盖上一层薄纱一样，失去细节，缺乏层次感。对于这种照片，可以使用 Photoshop CC 中的"色阶"命令进行修复。

（1）启动 Photoshop CC，打开素材文件"模特.jpg"。

（2）在"图层"面板上将"背景"图层拖到"创建新图层"按钮上，复制出一个"背景 拷贝"图层，如图 4-17 所示。

（3）选择"图像"→"调整"→"色阶"命令或按 Ctrl+L 快捷键，在打开的"色阶"对话框中向右拖动◣（阴影）滑块来调整图像阴影半径的层级，选中"预览"复选框，可发现原图中颜色已加深。如果想加减中间调灰色，可以调整对话框中间的◣（灰度滑块），如图 4-18 所示。

图 4-17　　　　　　　　　　　　　　　　图 4-18

子任务 2　修复逆光照片

逆光照片有助于突出拍摄主体、勾勒轮廓、创造出丰富的纵深感，但也造成了人物脸部有较暗的阴影。处理这类照片的方法很多，目的都是在保证图像对比度正常的基础上将暗部调亮。

（1）启动 Photoshop CC，打开素材文件"儿童.jpg"。

（2）在"图层"面板上将"背景"图层拖到"创建新图层"按钮上，复制出一个"背景 拷贝"图层，如图 4-19 所示。

（3）选择"图像"→"调整"→"去色"命令，去除图像中的色彩，如图 4-20 所示。然后按 Ctrl+I 快捷键对图像反相，如图 4-21 所示。

图 4-19　　　　　　　　　图 4-20　　　　　　　　　图 4-21

（4）在"图层"面板上将图层混合模式更改为"叠加"，得到的效果及"图层"面板状态，如图 4-22 所示。此时暗部区域明显加亮，但原本明亮的区域亮度却降低了。

（5）选择"滤镜"→"模糊"→"高斯模糊"命令，在弹出的对话框中调整模糊半径，使图像明暗过渡自然，暗部层次也更加丰富，如图 4-23 所示。

图 4-22

图 4-23

（6）对图像做细节的调整。按 Ctrl+Alt+2 组合键提取图像的高光选区，然后按 Shift+Ctrl+I 组合键进行反选，此时将选中图像中较暗的区域，如图 4-24 所示。

（7）单击"图层"面板底部的 （新建调整图层）按钮，在弹出的菜单中选择"曲线"命令，在弹出的"曲线"调整面板中进一步提高暗部区域的亮度。此时的"图层"面板及效果如图 4-25 所示。

图 4-24

图 4-25

（8）如果对图像的效果还不满意，可以重复前面的操作，重新选择高光区域，创建曲线调节层，对高光区进行调整；也可以直接创建曲线调节层对整幅图像进行调整。

要点解析

（1）对于逆光照片的调整，主要目的是提高暗部的亮度，但如果操作过度，有可能会造成亮部过度曝光的现象，所以在调整过程中最好使用 Ctrl+Alt+2 组合键将亮区提取出来，反选后单独对暗部进行操作。

（2）"模糊"命令可以使图像像素发散产生模糊效果。利用这个命令可以模拟相机的景深效果，使画面主体清晰，而以外的区域产生模糊的感觉。

4.2.2 任务 2——风景图的修饰

任务分析

对于风景图的修饰，除了前面所述的简单明暗度调整外，还可以根据个人需求对图像的细节、层次感，以及色调等进行调整，使原本平淡无奇的图像光鲜亮丽起来。

本任务中，将调整出如图 4-26 和图 4-27 所示的风景图像。

图 4-26   图 4-27

子任务 1 **调出温暖的夕阳余晖效果**

图像处理过程中，可以利用 Photoshop CC 中的"曲线"命令将照片调整出各种颜色特效，本实例将使用该命令将蓝色调的图像调整出温暖的夕阳余晖效果。

（1）启动 Photoshop CC，打开素材文件"夕阳.jpg"。在"图层"面板上将"背景"图层拖到"创建新图层"按钮上，复制出一个"背景 拷贝"图层，如图 4-28 所示。

（2）选择"图像"→"调整"→"曲线"命令，打开"曲线"对话框，在"通道"下拉列表框中选择"红"选项，将该通道调亮，在图像中增加红色，如图 4-29 所示。

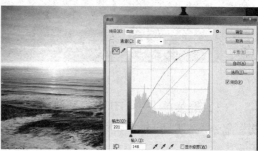

图 4-28   图 4-29

（3）在"通道"下拉列表框中选择"绿"选项，减少绿色，增加洋红色，如图 4-30 所示。

（4）选择"蓝"选项，拖动曲线减少蓝色，增加黄色；此时，画面中就会呈现出金黄色，单击"确定"按钮后就可以得到一张夕阳余晖的效果图了，如图 4-31 所示。

 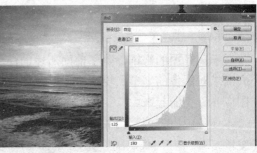

图 4-30　　　　　　　　　　　　　　图 4-31

子任务 2　调出通透的风景照片效果

风景摄影中，由于天气原因难免会将风景拍得灰蒙蒙的，可以选择"色阶"命令、"亮度/对比度"命令等命令调整其整体亮度，接着选择"可选颜色"等命令调整局部色调，使图像变得通透一些。

（1）启动 Photoshop CC，打开素材文件"天空.jpg"。在"图层"面板上将"背景"图层拖到"创建新图层"按钮上，复制出一个"背景 拷贝"图层，如图 4-32 所示。

（2）在"图层"面板上单击"创建新的填充或调整图层"按钮，在弹出的菜单中选择"色阶"命令，在打开的"色阶"调整面板中将右侧的白场滑块向左边拖动，稍微提高整体色彩，如图 4-33 所示。

图 4-32　　　　　　　　　　　　　　图 4-33

（3）继续单击"创建新的填充或调整图层"按钮，在弹出的菜单中选择"亮度/对比度"命令，在打开的"亮度/对比度"调整面板中适当提高图像的亮度和对比度，如图 4-34 所示。

（4）继续选择"色相/饱和度"命令，在打开的调整面板中加深天空的蓝色，提高整体色彩饱和度，如图 4-35 所示。

图 4-34　　　　　　　　　　　　　　　　　　　　图 4-35

（5）继续选择"可选颜色"命令，在打开的调整面板的"颜色"选项中，分别对"青色""蓝色""黄色""绿色"进行调整，提高局部色彩的饱和度，如图 4-36～图 4-39 所示。

图 4-36　　　　　　　　　　　　　　　　　　　　图 4-37

图 4-38　　　　　　　　　　　　　　　　　　　　图 4-39

（6）至此，原本灰蒙蒙的图像就变得色彩斑斓了。按 Ctrl+S 快捷键保存。

4.2.3　任务 3——人像图的修饰

任务分析

平面图像处理中，常常会遇到素材图片上有污点或有其他瑕疵需要去除的情况，特别是影楼照片中常有许多的不完美。例如，脸上的痘痘或油光、光线或色彩不足等。此时就可以利用 Photoshop CC 的修复工具，不但可以改善照片中的不完善之处，还能增强图像的视觉效果。

子任务 1　**去除人物面部的痘痘**

（1）选择"文件"→"打开"命令，打开素材文件"人物 1.jpg"，如图 4-40 所示。

图 4-40

（2）在"图层"面板中将"背景"图层拖到"创建新图层"按钮上再释放鼠标，此时将复制"背景"图层，生成"背景 拷贝"图层。

（3）选择"污点修复画笔工具"命令，并在选项栏中设置画笔大小，画笔的直径最好能比要修复的区域稍微大一些，以便在单击鼠标时能够一次覆盖。将模式设为"正常"，类型设为"近似匹配"。

（4）拖动鼠标将设置好的画笔笔头放在要去除的痘痘上并单击鼠标左键，如图 4-41 所示，即可将图像中的瑕疵部分抹平。依照相同的方法去除其他痘痘，最终效果如图 4-42 所示。

图 4-41

图 4-42

子任务 2　**去除人物眼角的鱼尾纹**

原图中的人物眼角有明显的鱼尾纹，修复时可以使用"修补工具"圈选有皱纹的皮肤区域，然后拖动到皮肤比较光滑的区域，即可将皱纹覆盖。

（1）启动 Photoshop CC，打开素材文件"人物 2.jpg"，如图 4-43 所示。

（2）在工具箱中选择"修复画笔工具"命令，并在工具选项栏中选择"画笔"选项，打开"画笔"调板，然后在调板中设置画笔的直径"大小"为"50 像素"，"硬度"为"0%"。

　　（3）在工具选项栏中选中"取样"单选按钮。然后按 Alt 键，在图像中单击脸部的光滑皮肤，将其作为取样位置，如图 4-44 所示。

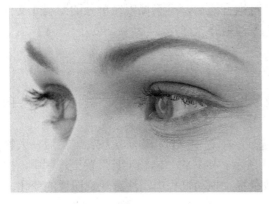
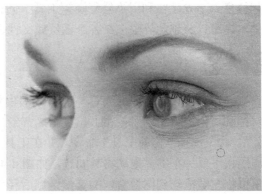

图 4-43　　　　　　　　　　　　　　　　　　　　　　图 4-44

　　（4）将鼠标指针移动到眼部下面的鱼尾纹上拖动鼠标，鼠标拖过的位置即会按照取样位置进行修复，如图 4-45 所示。拖动鼠标的过程中，要注意观察十字光标的位置，不要让画面上出现不该出现的图像。

　　（5）将眼部下面的鱼尾纹去除后，接着去除眼角的鱼尾纹，可在脸部其他的光滑位置再次按 Alt 键单击取样，然后将鼠标指针放在眼角的鱼尾纹上拖动鼠标，直至将鱼尾纹全部覆盖。如果对效果不满意，可以多次变更取样点，并拖动鼠标，直至将脸部的鱼尾纹较完美地去除。最终结果如图 4-46 所示。

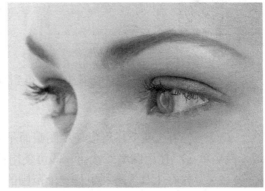

图 4-45　　　　　　　　　　　　　　　　　　　　　　图 4-46

要点解析

　　（1）"修复画笔工具"是定义要仿制的区域，然后复制源图像周围的像素部分进行修补，并结合源图像的纹理、光源、透明度和阴影等属性以匹配正在修复的图像，这样不但可以完美地修补瑕疵，而且还可以将修补的部分充分融合在周围图像中。

　　（2）使用"修复画笔工具"时，如果要去除的对象处于两种或两种以上的背景中，例如，要去除的对象上半部分在天空中，下半部分在草地上，那么就要根据对象所处的环境更换取样点，而不能仅仅取样一次就企图去除整个对象。

（3）使用"修复画笔工具"时，如果选中选项栏中的"对齐"复选框，取样点就会随鼠标指针的移动而随时改变；如果取消选中，即使移动鼠标，也以最初的取样点为基础进行修复。另外，在利用"修复画笔工具"创建好取样点后，不只局限在单独的图层或文件里，还可以跨越此界限，在各个图层或文件里方便地修改图片。

子任务 3　修补工具

（1）启动 Photoshop CC，打开素材图像"儿童 1.jpg"。按下鼠标左键将"背景"图层拖到"创建新图层"按钮上，复制"背景"图层。

（2）选择"修补工具"命令，并在工具选项栏中选中"目标"单选按钮，然后在人物周围按下鼠标左键并拖动将其圈选，如图 4-47 所示。接着将"修补工具"置于选区中，按下鼠标左键拖动到图像右侧的空白区域后释放鼠标。拖动过程中，注意观察图像的变化，如图 4-48 所示。

图 4-47　　　　　　　　　　　　　　　　图 4-48

（3）按 Ctrl+D 快捷键取消选区，得到复制的图像效果。

要点解析

（1）"修补工具"还可以使用图案而不是取样图像进行修补操作。选中需要修补的区域，然后单击"使用图案"按钮，即可使用指定的图案修补选中的区域。

（2）"修补工具"是利用另一个范围的图像或像素修复选择的区域，其功能和"修复画笔工具"类似，也会在修复的同时保留原图像的纹理、光源、透明度和阴影等属性。

子任务 4　内容感知移动工具

内容感知移动工具可以将选中的对象移动或扩展到图像的其他区域后重组和混合对象，产生出色的视觉效果。

（1）按 Ctrl+O 快捷键，打开素材文件"儿童 2.jpg"，如图 4-49 所示。

（2）选择内容感知移动工具，在工具选项栏中将模式设置为"移动"，然后将鼠标指针放在移动对象的周围单击并拖动将其选中，如图 4-50 所示。

图 4-49　　　　　　　　　　　　　　　　　图 4-50

（3）将鼠标指针放在选区中，单击鼠标左键并向画面左侧拖动鼠标，如图 4-51 所示，释放鼠标后，对象将移动到新位置，并填充空缺的部分，取消选区后效果如图 4-52 所示。

图 4-51　　　　　　　　　　　　　　　　　图 4-52

（4）在第（2）步中，如果将模式设置为"扩展"，那么将鼠标指针放在选区内，单击鼠标左键并向画面左侧拖动鼠标，就可以复制出人物图像，如图 4-53 所示。

图 4-53

子任务 5　**去除图像中多余的内容**

"仿制图章工具"可以从图像中复制信息，将其应用到其他区域或者其他图像中，该工具常用于复制图像内容或去除照片中的缺陷。

（1）启动 Photoshop CC，打开素材文件"人物 3.jpg"，如图 4-54 所示。

（2）在工具箱中选择"仿制图章工具"命令，并在工具选项栏中选择"画笔"选项打开"画笔"面板，然后在面板中设置画笔的直径"大小"为"100 像素"，"硬度"为"0%"。

（3）在源选项栏中设置模式为"替换"，并选中"取样"单选按钮。按 Alt 键，在图像中单击腿部周围的落叶，将其作为取样位置，如图 4-55 所示。

图 4-54　　　　　　　　　　　　　　　图 4-55

（4）将鼠标指针移动到图像上多余的腿部位置拖动鼠标，鼠标拖过的位置即会按照取样位置进行修复，如图 4-56 所示。拖动鼠标的过程中，要注意观察十字光标的位置，不要让画面上出现不该出现的图像。

（5）为了避免落叶出现重复，可在其他位置的落叶处再次取样，然后继续拖动鼠标，将腿部图像全部覆盖。如果对效果不满意，可以多次变更取样点，并拖动鼠标，直至将图像上多余的腿部较完美地去除。最终结果如图 4-57 所示。

图 4-56　　　　　　　　　　　　　　　图 4-57

要点解析

（1）为了使仿制的图像看起来更精确，需要不断按 Alt 键来变换取样点，并不断更改画笔的半直径和硬度数值大小。而且在使用"仿制图章工具"进行仿制操作时，要用不断单击鼠标左键的方式，而不用拖动鼠标的方式。

（2）在该实例的操作中，大家会注意到"仿制图章工具"的使用方法和"修复画笔工具"的使用方法相似，它们的区别是："仿制图章工具"的效果可以人为控制，出现非预期效果的概率较小；而"修复画笔工具"是把周围的环境色融合，比较难以控制。但正因如此，"修复画笔工具"还可将样本像素的纹理、光照、透明度和阴影与源像素进行匹配，从而使修复后的像素不留痕迹地融入图像的其余部分。对于本实例的操作，可以尝试使用"修复画笔工具""修补工具"完成。

（3）在仿制图章工具组中还有一个"图案图章工具"，该工具可以利用 Photoshop CC 提供的图案或用户自定义的图案进行绘画。其中，"对齐"选项可以保持图案与原始起点的连续性；选择印象派效果，可以模拟出印象派效果的图案。

4.3　技 能 实 战

根据基本的修饰原理，灵活应用修饰方法，制作一组数码修饰的照片。

1．设计任务描述

（1）自己用数码相机或手机拍摄图像，风景图和人像图各一张。

（2）根据实际情况对风景图、人像图进行裁剪、画面整体布局的调整，达到突出主体的目的。

（3）根据实际情况对风景图、人像图进行调色、明暗度调整、瑕疵修复等操作。

（4）可根据需要对图像进行二次合成，如更换背景等。

（5）注意图像整体的美观程度。

2．评价标准

评价标准如表 4-1 所示。

表 4-1

序　　号	作品考核要求	分　　值
1	主体突出	20
2	画面整体色彩协调	20
3	图像瑕疵处理恰当	20
4	图像合成技术的应用	20
5	图像整体美观程度	20

项目 5　摄影与后期处理

5.1　知识加油站

5.1.1　关于摄影与后期处理

简单地说，摄影的前期与后期就如同生活和艺术的关系，艺术源于生活，高于生活，但根本一定是生活。摄影的前期在于真实的再现，主要涉及光的运用和构图技巧，后期在于运用 Photoshop CC 等相关软件进行处理，使摄影作品更具有艺术性，更有视觉、心理等方面的冲击力、感染力。

1. 摄影的用光与曝光

有人说摄影就是"玩光"，其实就是说摄影是离不开光的。如果要记录下大千世界的万物，没有光，那只能是黑暗一片，要想获得理想的画面，光线的运用是摄影的基础，是摄影者和后期处理者都必须掌握的重要知识和技能。

曝光的好与坏最终直接影响到照片的效果。对于同样一个被摄对象，采用同样的拍摄条件，曝光量的微小差别都会带来不同的画面影像。若是曝光出现偏差，画面影像的质量就会变差，曝光偏差越大，影像质量就越差。

2. 摄影构图

一幅照片摆在人们面前，自然会引起好与坏的评价，是漂亮、精彩，还是混乱、低下。这些不仅取决于被摄对象自身的形态，也离不开摄影者的构图安排。目前，常用的构图基本技法有以下 3 方面。

（1）黄金分割构图。它是指将整体一分为二，较大部分与整体部分的比值等于较小部分与较大部分的比值，其比值约为 0.618。这个比例被公认为是最能引起美感的比例，因此被称为黄金分割。而斐波那契螺旋线是自然界中最完美的经典黄金比例，如图 5-1 所示。一般情况下，如果将被摄主体安排于画面的中心，画面常常会给人静止的感觉，并会显得呆板，黄金分割点则最容易引起人们的注意并使画面富有动感，一般称之为趣味中心。具体将主体置于哪个点，取决于主体本身的形态和意图。

例如，雕塑断臂女神维纳斯的体型完全与黄金比相符，即以人的肚脐为分界点，上半身与下半身之比符合黄金分割，下半身与全身之比约为 0.618。这样的身体给人的感觉就是非常匀称，充满美感，如图 5-2 所示。文艺复兴时代画家列奥纳多·达·芬奇所绘的传世名作《蒙娜丽莎》（又名《永恒的微笑》）则采用的是斐波那契数列黄金螺旋曲线构图，如图 5-3 所示。

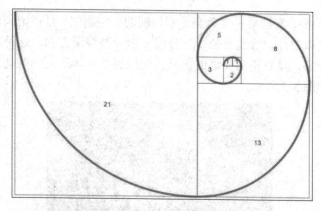

图 5-1

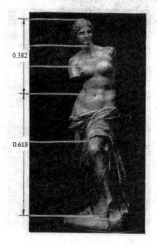

图 5-2

图 5-3

（2）九宫格构图。它又称为井字形构图，是黄金分割构图的一种演变，就是用横向和竖向各三条线把画面平均分成九块，中心块上 4 个角的点就是画面的黄金分割点，用任意一点的位置来安排被摄主体都会让画面更完美。这种构图能呈现变化与动感，让画面和谐而富有活力，如图 5-4 所示。

图 5-4

（3）三分法构图。它同样也是黄金分割构图的一种衍生，是指把画面横向或竖向平分成 3 份，被摄主体或主体边缘通常位于三分线上的一种构图方式。这种构图方式通常呈现为水平或竖直的形态，具有构图简练的优点。如果想令主体产生一些动感，可以将其稍微偏离画面中心，如图 5-5 所示。

图 5-5

3．图像后期处理的工作流程和主要任务

图像后期处理的工作流程大体上可分为导入、调整、输出 3 个环节。其中，以调整环节为最主要部分，照片的技术处理和效果处理都是在这个环节完成的。

调整环节的主要任务就是针对前期摄影所产生的各种图像问题进行构图调整、色彩调整、色调调整、人物美化、尺寸修改等，从而获得良好的视觉效果。

5.1.2 常用色彩调整命令

1．色彩平衡

选择"色彩平衡"命令调整色差，可以更改图像中整体的颜色组合，并可在调整的同时立即预览颜色校正后的结果。

如图 5-6 所示的"小鸟"图像整体偏黄绿色，选择"图像"→"调整"→"色彩平衡"命令，在弹出的对话框中设置色调平衡为"中间调"，选中"保持明度"复选框。拖动滑块增减相应的颜色，即设置颜色色阶的数值，直到色差得到纠正，然后单击"确定"按钮即可，如图 5-7 所示。

图 5-6

图 5-7

2. 色相/饱和度

"色相/饱和度"命令可以调整整个图像或图像中单个颜色成分的色相、饱和度和明度。在如图 5-8 所示的对话框中，各选项的含义如下。

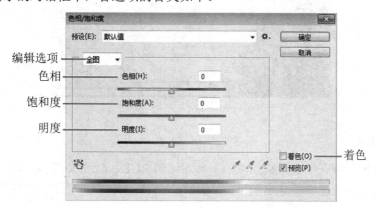

图 5-8

- □ 编辑选项：用于选取调整的色彩通道，可以在下拉列表框中选择除了"全图"以外的其他选项。
- □ 色相：调整的是整个图像各个色值的色相，拖动滑块或直接输入数值，颜色会随本身颜色的改变而改变。
- □ 饱和度：调整的是图像中颜色的饱和度，数值越高颜色越浓，数值越低颜色越浅。
- □ 明度：调整的是图像中颜色的明度，数值越高图像越亮，数值越低图像越暗。
- □ 着色：可以将黑白或彩色图像上的多色元素消除，整体渲染成单色效果，如图 5-9 所示为原图和选中"着色"复选框、取消选中"着色"复选框的效果对比图。但位图模式和灰度模式的图像不能使用该命令；如果要使用，必须先将其转换为 RGB 颜色模式或其他颜色模式。

注意，当选中"着色"复选框后，"编辑"框只能以"全图"模式进行编辑；如果在图像中包含多余的颜色，可以选择"替换颜色"命令将多余的颜色去掉。

图 5-9

3．可选颜色

"可选颜色"命令可以调整颜色的平衡，可对 RGB、CMYK 等颜色模式的图像进行分通道调整色彩，通过调整选定颜色的 C、M、Y、K 的比例，达到修正颜色的目的。如图 5-10 所示的对话框中各项的含义如下。

图 5-10

□　颜色列表框：共有 9 种颜色，可根据需要选择要调整的颜色区域，表示接下来的调整只作用于此种色域中的色素程度。

- 色值参数调节区域：共有 4 个滑块，可针对选定的颜色，调整其 C、M、Y、K 的比例，达到修正颜色的目的。
- 相对：按照总量的相对百分比更改现有的青色、洋红、黄色或黑色的量。例如，从 50%洋红的像素开始添加 10%，则 5%将添加到洋红，结果为 55%的洋红。注意，相对选项不能调整纯白色，因为白色不包含颜色成分。
- 绝对：以绝对值的形式调整颜色。例如，从 50%洋红的像素开始添加 10%，则 10%都将添加到洋红，结果为 60%的洋红。

在调整图像色彩时，要注意调整图形时的幅度，随时查看各颜色的数据，不要影响不希望改变的颜色。为了防止图像变化过大，往往采用相对方法进行调节，而且调节图像往往不是一次就能达到目的的，需要多次调节。

4. 变化

选择"变化"命令调整色差，可以利用缩略图来调整整体图像的颜色平衡、对比度和饱和度。

对如图 5-6 所示的图像，选择"图像"→"调整"→"变化"命令，在打开的"变化"对话框中，选择要增加的颜色，并在相应的缩略图上单击。例如，当前这张图像整体偏黄绿色，就应该在"加深蓝色""加深红色""加深洋红"缩略图上单击鼠标左键，如果加深一次仍达不到要求，可以再次单击鼠标左键，如图 5-11 所示。当"当前挑选"中的效果达到需要的颜色时，单击"确定"按钮即可。

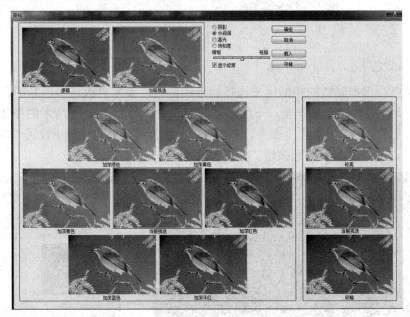

图 5-11

5. 通道混合器

选择"通道混合器"命令，可以单独针对当前图像中的红、蓝、绿通道进行色彩修正。同样针对如图 5-6 所示的图像，选择"图像"→"调整"→"通道混合器"命令，打开"通道混合器"对话框，在输出通道中分别选择"红""绿""蓝"通道选项进行调整。直到图像色差得到纠正，然后单击"确定"按钮，如图 5-12～图 5-14 所示。

图 5-12

图 5-13

图 5-14

6. 替换颜色

替换颜色会根据颜色的相似度来选择相近的颜色，单独更改这些色彩的色相、饱和度及明度，且不会失去色彩平衡。下面通过实例说明。对如图 5-15 所示的图像选择"图像"→"调整"→"替换颜色"命令，在打开的"替换颜色"对话框中设置"颜色容差"为"200"，选中"选区"单选按钮，如图 5-16 所示。

图 5-15

图 5-16

　　然后将鼠标指针移动到花朵上单击鼠标左键，选择花朵；如果一次选择不完整，可以使用 ✎（添加）的选区工具在没有选中的部分单击鼠标左键，直到花朵被完全选中。拖动"色相"选项的滑块更改颜色，如图 5-17 所示。选择好颜色后，单击"确定"按钮，即可看到图像中的花朵变成了另一种颜色，如图 5-18 所示。

图 5-17　　　　　　　　　　　　　　　　　　　　　图 5-18

5.2　项　目　解　析

5.2.1　任务 1——制作单色唯美摄影图

任务分析

　　在这个追求个性的时代，有时将一些照片和图片处理成单色效果非常炫酷好看。例如，整体单色的黑白或红、绿调，局部的色调保留和修改等。本任务将制作出如图 5-19 所示的整体单色、局部单色和用 Lab 颜色模式调出蓝色、橙色等效果。

图 5-19

图 5-19（续）

任务实施

子任务 1 整体单色效果

（1）启动 Photoshop CC，打开素材文件"风景.jpg"，如图 5-20 所示。选择"图像"→"调整"→"去色"命令，如图 5-21 所示，得到一张灰度照片。

图 5-20   图 5-21

（2）选择"图像"→"调整"→"色彩平衡"命令，在弹出的如图 5-22 所示的对话框中拖动滑块选择颜色，即可得到一张单色调图像，如图 5-23 所示。

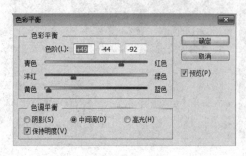

图 5-22   图 5-23

子任务 2　**局部单色效果**

（1）启动 Photoshop CC，打开素材文件"玫瑰.jpg"，如图 5-24 所示。在"图层"面板上选择"背景"图层，将其拖到"创建新图层"按钮上，得到"背景 拷贝"图层。

（2）选择"图像"→"调整"→"色相/饱和度"命令，在如图 5-25 所示的"色相/饱和度"对话框中，首先在通道选项后选择"黄色"通道选项，将其饱和度值降至最低，此时黄色通道下的图像转换为灰色图像。

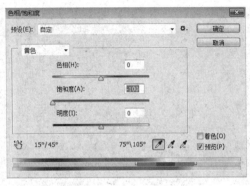

图 5-24　　　　　　　　　　　　　　　　　　　　　　　图 5-25

（3）继续在该对话框中分别选择编辑"绿色""青色""蓝色"通道选项，将各通道饱和度参数降至最低，去掉"绿色""青色""蓝色"通道中的色彩因素，然后单击"确定"按钮，得到除红色外其他均呈黑白的图像效果，此时图片中的色彩仅保留了红色一种颜色，如图 5-26 所示。

（4）如果需要修改玫瑰花朵的颜色，可以使用"快速选择工具"在玫瑰花朵上拖动进行选择，然后选择"图像"→"调整"→"色相/饱和度"命令，在弹出的"色相/饱和度"对话框中进行色相的调整，即可得到具有局部单色类型的不同颜色效果的花朵，如图 5-27所示。

图 5-26　　　　　　　　　　　　　　　　　　　　　　　图 5-27

子任务 3　用 Lab 颜色模式调出蓝色、橙色效果

（1）打开素材文件"运动.jpg"，如图 5-28 所示。选择"图像"→"模式"→"Lab 颜色"命令，将图像转换为 Lab 颜色模式，然后选择"图像"→"复制"命令，得到"运动 拷贝.jpg"，将此图像作为备用图像。

（2）激活"运动.jpg"文件窗口，打开"通道"面板，选择 a 通道选项，按 Ctrl+A 快捷键全选，如图 5-29 所示，按 Ctrl+C 快捷键复制。

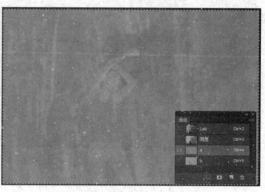

图 5-28　　　　　　　　　　　　　　　　　图 5-29

（3）选择 b 通道选项，按 Ctrl+V 快捷键将复制的图像粘贴到该通道中，如图 5-30 所示，然后按 Ctrl+D 快捷键取消选择，按 Ctrl+2 快捷键显示彩色图像，此时整个图像被调为蓝色效果，如图 5-31 所示。

图 5-30　　　　　　　　　　　　　　　　　图 5-31

（4）激活"运动拷贝.jpg"文件窗口，首先按 Ctrl+J 快捷键将"背景"图层复制，然后选择 b 通道选项，按 Ctrl+A 快捷键全选，按 Ctrl+C 快捷键复制，选择 a 通道选项，按 Ctrl+V 快捷键粘贴，得到如图 5-32 所示的橙色效果。注意观察效果图，发现橙色对人物的肤色会有影响，需要对肤色进行还原处理。

（5）单击"图层"面板底部的"添加图层蒙版"按钮，设置前景色为"黑色"，选择"画笔工具"命令，使用"柔角 150 像素"的画笔在人物的脸部和衣服上涂抹，即可恢复皮肤和衣服的颜色，如图 5-33 所示。

图 5-32　　　　　　　　　　　　　　　　　　　图 5-33

5.2.2　任务 2——照片变水墨画

任务分析

　　水墨画拥有景物虚实相衬、色彩微妙自然的特点。水墨相调，出现干湿浓淡的层次；纸墨相融，产生渗透的特殊效果。如何将一幅照片处理成水墨画呢？本任务将制作出如图 5-34 所示的水墨画效果。

任务实施

　　（1）按 Ctrl+O 快捷键打开素材文件"雄鹰.jpg"，如图 5-35 所示。将"背景"图层拖到"创建新图层"按钮上进行复制，得到"背景 拷贝"图层。

图 5-34　　　　　　　　　　　　　　　　　　　图 5-35

　　（2）选择"快速选择工具"命令将鹰整体选中，然后单击工具选项栏中的"调整边缘"按钮，打开"调整边缘"对话框，在视图选项后选择"黑底"选项，选中"智能半径"复选框，设置"半径"值为"30 像素"，如图 5-36 所示。接着使用调整半径工具在羽毛部分涂抹。释放鼠标后，软件会自动识别图像，将未选中的细节纳入选区。

　　（3）在"输出到"下拉列表框中选择"新建带有蒙版的图层"选项，然后单击"确定"按钮，将选中的对象输出到一个新的图层中，如图 5-37 所示。

　　（4）打开素材文件"背景.jpg"，选择文件"雄鹰.jpg"中的"背景 拷贝 2"图层，并拖入文件"背景.jpg"中，如图 5-38 所示。

图 5-36

图 5-37

图 5-38

（5）将"背景 拷贝 2"图层拖到"创建新图层"按钮上进行复制，得到"背景 拷贝 3"图层，然后选择"图像"→"调整"→"去色"命令，将鹰变成黑白图像，如图 5-39 所示。

（6）将"背景 拷贝 3"图层进行复制，得到"背景 拷贝 4"图层，然后对"背景 拷贝 4"图层选择"滤镜"→"风格化"→"查找边缘"命令，如图 5-40 所示。

图 5-39

图 5-40

（7）选择"滤镜"→"滤镜库"命令，在打开的"滤镜库"对话框中选择"画笔描边"→"喷溅"命令，设置"喷色半径"为"5"，"平滑度"为"3"，如图 5-41 所示。单击"确定"按钮后，设置图层混合模式为"叠加"，此时的效果如图 5-42 所示。

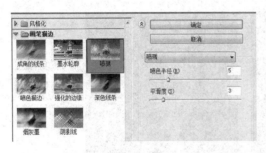

图 5-41   图 5-42

（8）对"背景 拷贝 3"图层选择"滤镜"→"模糊"→"方框模糊"命令，在弹出的对话框中设置模糊"半径"为"30 像素"，如图 5-43 所示。单击"确定"按钮后，设置图层混合模式为"柔光"。

（9）至此，一张普通的照片基本已变成了一幅水墨效果图，下面针对细节进行调整。将"背景 拷贝 2"图层的"不透明度"调为"80%"，如图 5-44 所示。

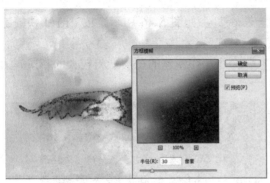

图 5-43   图 5-44

要点解析

（1）在本实例的制作中，首先需要将鹰从背景中抠取出来，制作过程中采用的是"快速选择工具"，读者也可以参考前面的学习内容尝试其他方法，但要注意"调整边缘"选项的应用，该选项可以帮助用户选取图像边缘内容，以及平滑选区。

（2）水墨画的制作应用到了"去色"命令，以及"查找边缘""方框模糊""喷溅"等滤镜效果。其中，"去色"命令也可以用"图像"→"调整"→"黑白"命令，以及"图像"→"调整"→"通道混合器（选择单色）"命令代替。

5.2.3 任务 3——缔造完美肌肤

任务分析

在日常拍摄过程中，人们总想把模特拍摄得美白无瑕，但由于肤质因人而异，总会遇到痘痘、雀斑等问题，本任务主要是讲解一个基本的缔造完美肌肤的方法，也是最常用的方法——磨皮。照片处理前后的对比如图 5-45 所示。

图 5-45

任务实施

（1）按 Ctrl+O 快捷键打开素材文件"磨皮.jpg"，如图 5-46 所示。按 Ctrl+J 快捷键进行图层复制。

（2）在工具箱中选择"污点修复画笔工具"命令，在新建的图层上将较大的雀斑、黑痣进行去除，如图 5-47 所示。

图 5-46　　　　　　　　　　图 5-47

（3）在新建的图层上选择"滤镜"→"模糊"→"高斯模糊"命令，打开"高斯模糊"对话框，设置"半径"为"4.5 像素"，如图 5-48 所示。这个值可以根据自己的需要调节，数值越大，模糊程度越大，一般以看不到雀斑印记为参考。

（4）在新建图层上选择"图层"→"图层蒙版"→"隐藏全部"命令，为图层添加黑色蒙版。使用黑色蒙版的目的是将新建图层隐藏起来，这时图像又会清晰起来，如图 5-49 所示。

（5）选择已经添加的图层蒙版，然后选择"画笔工具"命令，并将前景色设置为"白色"，大小根据画面大小选择，"不透明度"在 30%～40%为最佳，如图 5-50 所示。

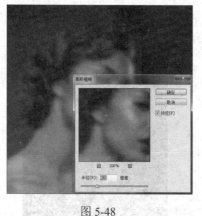 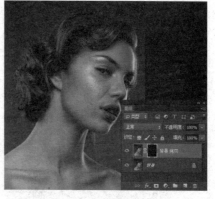

　　　　　图 5-48　　　　　　　　　　　　　　　　　图 5-49

图 5-50

　　（6）在黑色蒙版上对需要磨皮的地方进行涂抹，涂抹时一定要细致，随时注意调整画笔大小，可以在有雀斑的地方多涂抹几次，直到完全消除为止。需要注意的是，在人像的轮廓处千万不要涂抹，这样会使整个画面看起来模糊。此时经过多次涂抹，人像有雀斑的皮肤已经变得光滑无比，如图 5-51 所示。使用"多边形套索工具"选中嘴唇区域，如图 5-52 所示。

　　　　　图 5-51　　　　　　　　　　　　　　　　　图 5-52

　　（7）按 Ctrl+J 快捷键将选区内的嘴唇复制到一个新的图层，选择"图像"→"调整"→"去色"命令，将新图层中的嘴唇转为灰度图像，如图 5-53 所示，并在"图层"面板上将该图层的混合模式设置为"滤色"，如图 5-54 所示。

　　　　　图 5-53　　　　　　　　　　　　　　　　　图 5-54

（8）选择"图像"→"调整"→"阈值"命令，调整"阈值色阶"到"200"，如图 5-55 所示。单击"确定"按钮后的效果如图 5-56 所示。

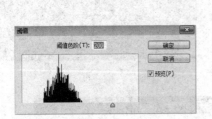

图 5-55　　　　　　　　　　　　　图 5-56

5.2.4　任务 4——Camera Raw 应用：人物照片调出温暖的淡黄色调

任务分析

Photoshop CC 之前的版本是将 Camera Raw 作为单独的插件运行，在 Photoshop CC 中则将 Camera Raw 内置为滤镜，能在不损坏原片的前提下快速处理摄影师拍摄的图片，批量、高效、专业地对白平衡、色调范围、对比度、颜色饱和度以及锐化等参数进行调整。本节的任务就是运用 Camera Raw 将一张美女照片调出温暖色调。调整前后的对比效果如图 5-57 所示。

图 5-57

任务实施

（1）按 Ctrl+O 快捷键打开素材文件"美女.jpg"，如图 5-58 所示。按 Ctrl+J 快捷键复制图层，选择"滤镜"→"CameraRaw 滤镜"命令，在弹出的对话框中设置"色温"为"+9"，"色调"为"-8"，"曝光"为"+0.10"，"对比度"为"+8"，"高光"为"+14"，"黑色"为"+16"，"清晰度"为"-6"，"自然饱和度"为"+29"，如图 5-59 所示。

图 5-58　　　　　　　　　　　　　　　　　　　　　图 5-59

（2）在"图层"面板上单击"创建新的填充与调整图层"按钮，在弹出的菜单中选择"曲线"命令，建立"曲线"调整图层，选择"红"通道选项，将曲线向右下角稍稍拖动降低红色，如图 5-60 所示；接着选择"蓝"通道选项，将曲线向右下角稍稍拖动降低蓝色，如图 5-61 所示；接着将图层混合模式改为"明度"。此时的效果如图 5-62 所示。

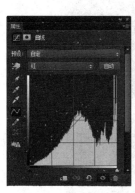 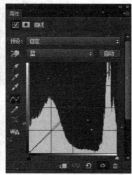 

　　图 5-60　　　　　　　　图 5-61　　　　　　　　　　图 5-62

（3）选择"画笔工具"命令，设置前景色为"黑色"，使用柔角画笔在最黑的部分擦拭，显示出头发的细节，如图 5-63 所示。

（4）在"图层"面板上单击"创建新的填充与调整图层"按钮，在弹出的菜单中选择"通道混合器"命令，建立"通道混合器"调整图层，设置"红色"为"+92%"，"绿色"为"+2%"，"蓝色"为"+6%"，如图 5-64 所示。接着将图层混合模式改为"柔光"，图层"不透明度"改为"36%"。

图 5-63　　　　　　　　　　　　　　图 5-64

（5）选择"画笔工具"命令，用黑色柔角画笔降低不透明度擦拭头发最黑的部分，如图 5-65 所示。再次单击"创建新的填充与调整图层"按钮，在弹出的菜单中选择"可选颜色"命令，建立"可选颜色"调整图层，在"红色"通道下，设置"青色"为"+8%"，"洋红"为"+35%"，"黄色"为"+24%"，"黑色"为"-9%"，如图 5-66 所示。在"绿色"通道下，设置"青色"为"+100%"，"洋红"为"-33%"，"黄色"为"+100%"，"黑色"为"+38%"，如图 5-67 所示。本步骤主要是"调整"肤色，如果需要磨皮，请参考任务 3。此时的效果如图 5-68 所示。

图 5-65　　　　　　　　　　　　　　图 5-66

图 5-67　　　　　　　　　　　　　　图 5-68

（6）再次单击"创建新的填充与调整图层"按钮，在弹出的菜单中选择"色彩平衡"命令，建立"色彩平衡"调整图层，在"色调"选项后选择"高光"选项，设置"青色"值为"+8"，"黄色"值为"+9"，让整体颜色再偏暖一些。此时的效果如图 5-69 所示。

图 5-69

（7）再次单击"创建新的填充与调整图层"按钮，在弹出的菜单中选择"色相/饱和度"命令，建立"色相/饱和度"调整图层，设置"色相"值为"-18"，"饱和度"值为"-8"，"明度"值为"+17"，如图 5-70 所示。将该图层的混合模式改为"柔光"，并选择"画笔工具"命令，使用黑色柔角画笔擦拭头发最黑的部分，让画面更通透。完成的效果如图 5-71 所示。

图 5-70　　　　　　　　　　　　　图 5-71

5.2.5　任务 5——人物彩妆

任务分析

在日常生活中，人们都比较喜欢化妆，尤其是职业平面模特，她们的妆容效果往往都很精致。如何为一幅没有化妆的人像添加精致的妆容，是本节任务要解决的问题。添加妆容后的效果如图 5-72 所示。

（1）按 Ctrl+O 快捷键打开素材文件"彩妆.jpg"，如图 5-73 所示。

 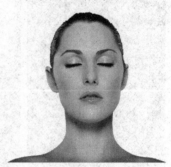

　　　　　图 5-72　　　　　　　　　　　　　　　　图 5-73

（2）选择"魔棒工具"命令在白色背景上单击鼠标左键，选取背景；然后使用 Shift+Ctrl+I 组合键进行反向选取。单击"调整边缘"按钮，在如图 5-74 所示的对话框中选择"黑底"视图，选中"智能半径"复选框，设置"半径"值为"50 像素"，对选区边缘进行涂抹，使选区边界平滑；在"输出到"下拉列表框中选择"新建带有图层蒙版的图层"选项，单击"确定"按钮。

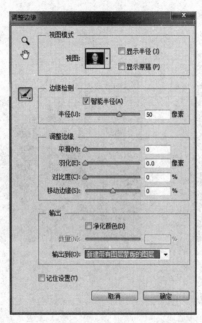

图 5-74

（3）调整中间调和高光，美白人物肤色。按 Ctrl+B 快捷键打开"色彩平衡"对话框，选中"保持明度"复选框，对中间调和高光进行调整，如图 5-75 和图 5-76 所示。

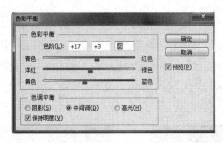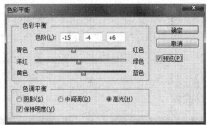

图 5-75　　　　　　　　　　　　　图 5-76

（4）调整图层曲线和蓝色通道曲线。单击"图层"面板底部的"创建新的填充或调整图层"按钮，在弹出的菜单中选择"曲线"命令，得到一个"曲线"调整图层，先将曲线向下调整，如图 5-77 所示；然后选择"蓝"通道选项，将蓝色曲线向上调整，如图 5-78所示。

图 5-77　　　　　　　　　　　　图 5-78

（5）调整眉毛色调。按 Ctrl+I 快捷键将蒙版反相，蒙版被填充为黑色，调整效果被隐藏起来。接着将前景色设置为"白色"，选择"画笔工具"命令，使用柔角 20 像素的画笔在眉毛的位置涂抹，显示眉毛色调的调整结果，如图 5-79 所示。

（6）建立眼睛选区并进行羽化。使用"多边形选框工具"在眼睛上创建选区，如图 5-80 所示。按 Shift+F6 快捷键打开"羽化"对话框，设置羽化半径为"10 像素"。

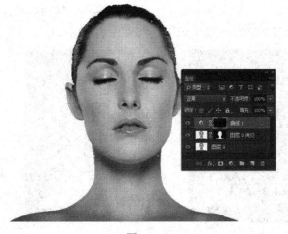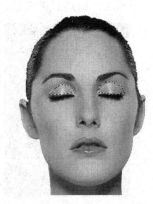

图 5-79　　　　　　　　　　　　图 5-80

（7）添加玫瑰花色的眼影效果。单击"图层"面板底部的"创建新的填充或调整图层"按钮，在弹出的菜单中选择"曲线"命令，创建"曲线"调整图层，将 RGB 曲线向下调整，如图 5-81 所示；再分别调整红、绿、蓝通道的曲线，增加红色，增加蓝色，减少绿色，分别如图 5-82～图 5-84 所示。此时人物眼影呈现玫瑰花的颜色，如图 5-85 所示。按 Ctrl+D 快捷键取消选区。

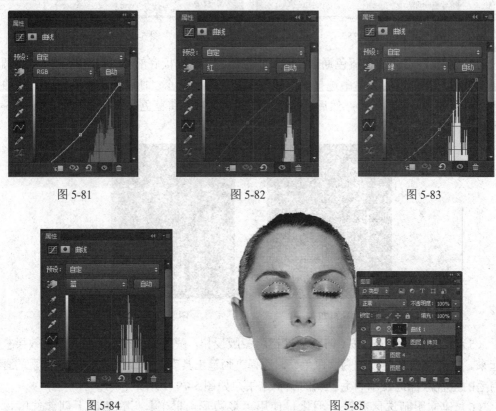

图 5-81   图 5-82   图 5-83

图 5-84   图 5-85

（8）添加玫瑰花色的嘴唇效果。接着使用同样的方法，选择"多边形套索工具"命令在人物唇部创建选区，羽化 3 像素，添加"曲线"调整图层后，分别调整 RGB 曲线和红通道、绿通道、蓝通道的曲线，使唇部色调与眼影一致，如图 5-86～图 5-90 所示。

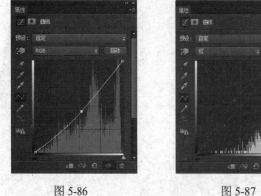

图 5-86   图 5-87   图 5-88

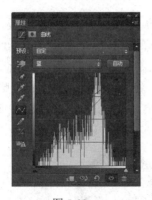

图 5-89

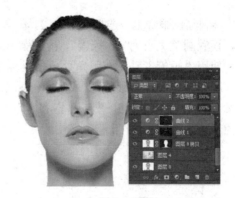

图 5-90

　　（9）添加脸部的腮红效果。接着采用同样的方法，在人物脸部绘制如图 5-91 所示的选区，羽化 10 像素后，添加"曲线"调整图层，分别调整 RGB 曲线和红通道、绿通道、蓝通道的曲线，得到如图 5-92 所示的脸部腮红效果。

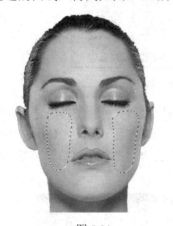

图 5-91

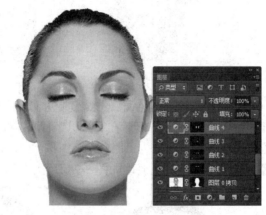

图 5-92

　　（10）绘制一只眼睛的眼线。将前景色设置为"黑色"，选择"钢笔工具"命令，在工具选项栏中选择"形状"选项，绘制眼线；然后在"图层"面板上设置图层混合模式为"正片叠底"，"不透明度"为"40%"，如图 5-93 所示。使用相同的方法，为另一只眼睛绘制眼线，如图 5-94 所示。

图 5-93

图 5-94

（11）绘制红色眼睫毛。选择"画笔工具"命令，按 F5 键打开"画笔"面板，选择"沙丘草"样本，设置画笔大小为"60 像素"，角度为"100 度"。将前景色设置为"红色（#b21500）"，新建图层，使用"画笔工具"在眼角处单击鼠标左键绘制眼睫毛，如图 5-95 所示。

（12）制作其他颜色的眼睫毛。按 Alt 键的同时，使用"移动工具"将眼睫毛向右移动复制，按 Ctrl+U 快捷键打开"色相/饱和度"对话框，设置"色相"参数为"180"，更改眼睫毛的颜色，如图 5-96 所示。

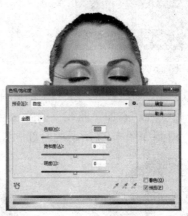

图 5-95　　　　　　　　　　　　　　　图 5-96

（13）调整眼睫毛的色调。继续复制并调整眼睫毛的位置和颜色，制作出一组彩色的眼睫毛，如图 5-97 所示；然后在"图层"面板上选择所有的眼睫毛图层，按 Ctrl+E 快捷键进行合并，将该图层命名为"眼睫毛"。按 Ctrl+M 快捷键打开"曲线"对话框，将曲线向上调整，调亮眼睫毛的色调，如图 5-98 所示。

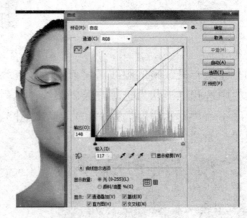

图 5-97　　　　　　　　　　　　　　　图 5-98

（14）添加另一只眼睛的眼睫毛效果。在"图层"面板上按 Ctrl 键单击"形状 1"图层，载入眼线选区，然后选择"眼睫毛"图层，按 Delete 键将选区内的眼睫毛删除，按 Ctrl+D 快捷键取消选区。复制眼睫毛图层，移动到另一只眼睛上，按 Ctrl+T 快捷键水平翻转，并调整大小和角度，使之贴近眼睛，调整后效果如图 5-99 所示。

（15）添加图层背景。按 Ctrl+O 快捷键打开素材文件"彩妆背景.jpg"，将该素材文件拖入彩妆文件中，调整图层位置，放在"背景"图层和"背景 拷贝"图层的中间，添加后效果如图 5-100 所示。

图 5-99　　　　　　　　　　　　　　　　　　　　图 5-100

要点解析

在任务 5 中多次用到调整图层，在调整图层上链接有一个空白蒙版，对空白蒙版的操作方法与图层蒙版相同。下面详细介绍图层蒙版和调整图层的使用方法。

1．图层蒙版

在进行图像合成时，图层蒙版最为灵活、有用。图层蒙版中的纯白色区域可以遮罩下面图层中的内容，从而只显示蒙版图层中的图像；蒙版中的纯黑色区域可以遮罩蒙版图层中的图像，只显示下面图层的内容；而灰色区域会根据其灰度值使蒙版图层中的图像呈现出半透明的效果，如图 5-101 所示。

图 5-101

基于以上原理，可以使用"画笔工具"等在蒙版中涂抹白色，显示出图像内容；涂抹黑色，则会隐藏图像；涂抹灰色，会使图像呈现半透明效果。用柔角画笔涂抹，或者对蒙版填充渐变色可以使图像的边缘产生羽化，图像的合成效果也将更加自然，如图 5-102 所示。

图 5-102

2. 调整图层

在 Photoshop CC 中，图像色彩与色调的调整方法主要有两种：一种是选择"图像"→"调整"命令下拉菜单中的选项，另外一种是使用调整图层。使用前一种方式调整图像时，会改变图像的数据，将图像关闭后，被修改的数据就无法修复了；而调整图层是一种特殊的图层，它本身没有任何像素，但却可以使颜色和色调的调整应用于图像，并且不会改变图像的数据，因此不会对图像造成实质性的破坏。

单击"图层"面板上的 （创建新的填充或调整图层）按钮，在弹出的菜单中包含了各种图像调整的命令，如图 5-103 所示。选择一个命令，然后在打开的面板中设置参数，单击"确定"按钮，即可创建调整图层。如图 5-104 所示为"曲线"调整面板。

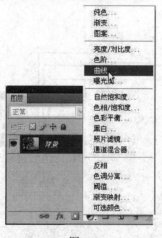

图 5-103

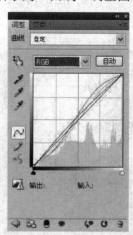

图 5-104

在创建调整图层后，调整会作用于整个图像，如果在蒙版中涂抹黑色，则涂抹区域所对应的图像将恢复到调整前的状态。如果图像中包含选区，则在创建调整图层时，调整范围会自动限定为选区内的图像。

使用调整图层时，要明白调整图层是作用于它下面的所有图层的。因此，将一个图层拖至调整图层的下面，调整便会对该图层产生影响；将调整图层下面的图层拖至调整图层上面，则会取消对该图层的影响。

5.3　技能实战

拍摄一张半身人像照片，对照片进行人物磨皮、人物妆容、整体色调等处理，使人像作品更自然。

1．设计任务描述

（1）拍摄照片应为 RAW 格式，使用 Camera Raw 滤镜对照片的曝光、对比度、清晰度和饱和度等参数进行调整，使人像肤色更加通透。

（2）调整照片构图，使照片构图更加合理。

（3）对人像进行磨皮处理。

（4）对人像进行妆容的添加。

2．评价标准

评价标准如表 5-1 所示。

表 5-1

序　号	作品考核要求	分　值
1	曝光准确	10
2	人像肤色通透	20
3	皮肤处理效果好	30
4	图片构图合理	10
5	妆容添加精致	30

项目6 数码照片排版设计

数码照片排版在日常生活中应用广泛，无论是个人日常的摄影，还是影楼专业的摄影，为了使摄影图像具有平面设计的美感，都会在后期对照片进行调色并加以排版设计，从而使数码照片的艺术性和个性化得到充分的体现。

本项目主要介绍图层蒙版和剪贴蒙版在数码照片排版中的应用方法，还会针对平面排版中常用的版式、画面布局等技巧加以分析，并结合风景摄影排版、婚纱照片排版和儿童写真挂历3个任务进行详细的讲解。

6.1 知识加油站

6.1.1 图层蒙版的应用

在进行图像合成时，图层蒙版最为灵活、有用。打开素材"小鸟.jpg"，单击"图层"面板底部的 ▣（添加图层蒙版）按钮即可在当前图层上链接一个空白的蒙版，如图 6-1 所示。在该图上由左向右依次绘制两个矩形选区，并分别填充黑色、灰色，此时图层蒙版中的纯白色区域依然显示该图层中的图像；蒙版中的纯黑色区域可以遮罩该图层中的图像，显示出下面图层的内容；而灰色区域会根据其灰度值使该图层中的图像呈现出半透明的效果，如图 6-2 所示。

图 6-1

图 6-2

　　基于以上原理，就可以使用"画笔工具"等在蒙版中涂抹白色，显示出图像内容；涂抹黑色，会隐藏图像；涂抹灰色，则会使图像呈现半透明效果。用柔角画笔涂抹，或者对蒙版填充渐变色可以使图像的边缘产生羽化，图像的合成效果也更加自然，如图 6-3 所示。

图 6-3

6.1.2　剪贴蒙版的应用

　　剪贴蒙版可以使用某个图层的内容来剪贴其上方的图层，剪贴效果由位于下面的图层决定。使用过程中，一定要注意两个图层是相邻的，图案图层在上，形状图层在下。打开素材文件"纹理.jpg""文字.psd"，如图 6-4 和图 6-5 所示；将"纹理"拖入文件"文字.psd"中，纹理图像的图层在上，文字图层在下，如图 6-6 所示；按 Ctrl+Alt+G 组合键，纹理即可创建剪贴蒙版，将纹理嵌入字体中，此时的"图层"面板状态及对应的效果如图 6-7 所示。

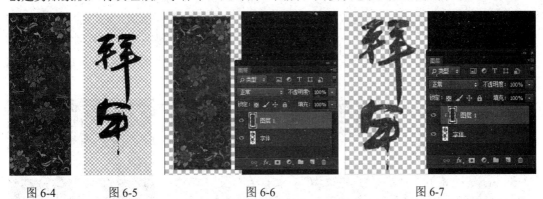

图 6-4　　　　　　图 6-5　　　　　　　　图 6-6　　　　　　　　　图 6-7

　　此时，只有文字内部显现有纹理的图像，而周边的纹理图像被暂时隐藏了，再次按 Ctrl+Alt+G 组合键即可取消。如果选择剪贴蒙版组中上方的图层，选择"图层"→"释放剪贴蒙版"命令，可将其取消。

6.1.3　平面排版常用技巧

　　一般来说，一幅平面设计作品基本就是由背景、主体、文字、装饰这 4 个元素构成的，关键在于如何运用好这些元素，使它们合理并美观地展现在同一张图片内。因此，在排版时如果能够掌握一定的排版技巧和方法，将使设计作品更加有韵味。

1．版式

平面作品版式基本可划分为中心型、中轴型、分割型、倾斜型、骨骼型和满版型。中心型排版利用视觉中心，突出想要表达的事物，在制作的图片没有太多文字，并且展示主体很明确的情况下，建议使用中心型的排版。中心型排版具有突出主体、聚焦视线等作用。如图 6-8 和图 6-9 所示即为中心型排版效果。

　　　　　图 6-8　　　　　　　　　　　　　　　　　图 6-9

中轴型排版是利用轴心对称，使画面规整稳定、醒目大方。在制作的图片满足中心型排版但主体面积过大的情况下，可以使用中轴型排版。中轴型居中对称的版面特点在突出主体的同时又能给予画面稳定感，并能使整体画面具有一定的冲击力。如图 6-10 和图 6-11 所示即为中轴型排版效果。

　　　　　　图 6-10　　　　　　　　　　　　　　　图 6-11

分割型排版利用分割线使画面有明确的独立性和引导性。当制作的图片中有多个图片和多段文字时可以使用分割型排版。分割型排版能使画面中每个部分都是极为明确和独立的，在观看时能有较好的视觉引导性和方向性；通过分割出来的体积大小也可以明确当前图片中各部分的主次关系，有较好的对比性，并使整体画面不单调和拥挤。如图 6-12 和图 6-13 所示即为分割型排版效果。

图 6-12

图 6-13

　　倾斜型排版通过主体或整体画面的倾斜编排，使画面拥有极强的律动感，刺激视觉。当制作的图片中要出现律动性、冲击性、不稳定性、跳跃性等效果，可以使用倾斜型排版。倾斜型排版可以让呆板的画面爆发活力和生机，如果图片过于死板或僵硬，尝试让画面中某个元素带点倾斜，会有出奇的效果。如图 6-14 和图 6-15 所示即为倾斜型排版效果。

图 6-14

图 6-15

　　骨骼型排版通过有序的图文排列，使画面严谨统一、具有秩序感。当制作的图片中文字较多时，通常都会应用骨骼型排版，网页设计（包含电商）中大部分都是骨骼型排版形式。骨骼型排版是较为常见的排版方式，但是比较单一。为了打破骨骼型的单一和平稳，可以尝试在规整的排列中加入一些律动强烈的素材。如图 6-16 和图 6-17 所示即为骨骼型排版效果。

图 6-16   图 6-17

满版型排版通过大面积的元素来传达最为直观和强烈的视觉刺激，使画面丰富且具有极强的带入性。当制作的图片中有极为明确的主体且文案较少时，可以采用满版型排版。常见的满版型排版有整体满版、细节满版和文字满版。如图 6-18～图 6-20 所示即为满版型排版效果。

2．画面布局

文字间距、行距如果太过统一和拥挤，画面就会显得死板，所以在文段较多的情况下，可以适当调节文段的距离来改善画面的效果，也就是加大文字间的留白。可以对比图 6-21 所示的两种排版效果。

图 6-18   图 6-19

图 6-20　　　　　　　　　　　　　　　　　　　图 6-21

　　除满版型排版以外，尽量让画面四周有足够的留白。在画面中，有些时候不必放太多装饰元素，那样反而会喧宾夺主。对比图 6-22 所示的两种效果，其实竹叶就可以表达所需的意思，而且更灵动。

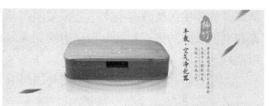

图 6-22

　　装饰元素在做飘散效果时不要集中在一个区域，那样会让某个区域留白不够，显得拥挤；尽量做得大气一些、分散开，弥补周边空旷的同时又能让画面大气。对比图 6-23 所示的两种效果。

图 6-23

　　当遇到一张图片中要放很多小图片的情况时，可以把每个图片都在基本同等大小的形状中显示，既规整又大方，如图 6-24 和图 6-25 所示。

图 6-24　　　　　　　　　　　　　　　　　　　图 6-25

6.2　项　目　解　析

6.2.1　任务 1——风景摄影排版设计

任务分析

　　风景摄影图像的排版一般都属于多图排版，在体现出摄影作品主题的同时，使多幅图像既有主次之分，又能协调共处尤为重要。因此，设计前期对画面版式的选择和画面布局的规划要做到位，才有利于图像和文字排版的顺利开展。

　　本任务将制作济源旅游摄影的画面排版效果，如图 6-26 所示。

图 6-26

任务实施

　　（1）启动 Photoshop CC，选择"文件"→"新建"命令，在弹出的对话框中新建一个"名称"为"风景摄影排版"、"宽度"为"25 厘米"、"高度"为"16 厘米"、"分辨率"为"150 像素/英寸"、"颜色模式"为"RGB"、"背景内容"为"白色"的文件，单击"确定"按钮。

　　（2）打开素材"山川.jpg"，将其拖入"风景摄影排版"文件中，按 Ctrl+T 快捷键，在选项栏中单击■（锁定长宽比）按钮，将该图片等比例缩放到原来的 35%，如图 6-27 所示。

图 6-27

　　（3）使用"移动工具"调整图片的位置，如图 6-28 所示。接着选择"视图"→"新建参考线"命令，在水平 3 厘米、13.5 厘米，垂直 13.5 厘米处创建参考线，如图 6-29 所示。

图 6-28

图 6-29

　　（4）选择"多边形套索工具"命令，依照创建的参考线，绘制如图 6-30 所示的选区。绘制过程中，图片的边缘位置可以适当外扩一些，确保将图像的边缘框选。接着，单击"图层"面板底部的"创建图层蒙版"按钮，隐藏选区之外的图像，效果及"图层"面板状态如图 6-31 所示。

图 6-30

图 6-31

（5）打开素材"王屋山.jpg"，将其拖入"风景摄影排版"文件中，按 Ctrl+T 快捷键，在选项栏中单击 （锁定长宽比）按钮，将该图片等比例缩放到原来的 30%，如图 6-32 所示。

X: 177.50 像   Y: 619.98 像   W: 30.00%   H: 30.00%   △ 0.00   度   H: 0.00   度

图 6-32

（6）使用"移动工具"调整图片的位置，如图 6-33 所示。然后在"图层"面板上按 Ctrl 键的同时，单击"山川"图层蒙版的缩览图，调出对应的选区，按 Shift+Ctrl+I 组合键将选区反向选择，如图 6-34 所示。

图 6-33   图 6-34

（7）选择"矩形选框工具"命令，在选项面板上单击"添加到选区"按钮，绘制如图 6-35 所示的选区。接着，在"图层"面板上单击"创建图层蒙版"按钮，隐藏选区之外的图像，效果及"图层"面板状态如图 6-36 所示。

图 6-35   图 6-36

（8）选择"画笔工具"命令，设置画笔为"柔角 175 像素"，前景色为"黑色"，沿着"王屋山"图像的上边缘涂抹，使天空的边缘融入后面的背景中，如图 6-37 所示。

（9）由于前后两张图像的色差较大，下面将分别对这两张图像进行调色。首先，在"图层"面板上单击"创建新的填充或调整图层"按钮，在弹出的菜单中选择"曲线"命令，在弹出的"曲线"调整面板中将曲线向上调整，使图像整体变亮，如图 6-38 所示。

图 6-37　　　　　　　　　　　　　　　　　　　图 6-38

（10）选择"山川"图层，同样在"图层"面板上单击"创建新的填充或调整图层"
按钮，在弹出的菜单中选择"曲线"命令，在弹出的"曲线"调整面板中选择 RGB 选项，
在下拉列表中选择"红"选项，将曲线向下调整，降低图像中红色像素的比例，如图 6-39
所示；接着选择"绿"选项，将曲线稍微向上调整，增加图像中绿色像素的比例，如图 6-40
所示；选择"蓝"选项，将曲线向上调整，增加图像中蓝色像素的比例，如图 6-41 所示。
调整过程中，注意观察前后两张图像颜色的融合度。

（11）选择"矩形选框工具"命令，在选项栏中设置"样式"为"固定大小"，"宽度"
为"25 厘米"，"高度"为"4 厘米"。接着在画布中单击，即可绘制出指定大小的矩形选
区，如图 6-42 所示。

图 6-39　　　　　　　　　　　　　　　　　　　图 6-40

图 6-41　　　　　　　　　　　　　　　　　　　图 6-42

（12）新建图层后，填充为白色；然后，按 Ctrl+D 快捷键取消选区，如图 6-43 所示。接着按 Ctrl+T 快捷键，将白色矩形逆时针旋转 38°，如图 6-44 所示。

 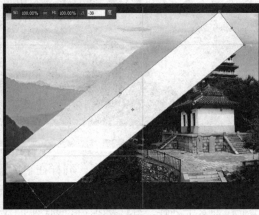

          图 6-43   图 6-44

（13）使用"移动工具"调整其位置，使其与后面两张图像的交界处对齐，如图 6-45 所示。接着拖动变形框，使其高度不变，宽度拉长，按 Enter 键确认变形后的效果，如图 6-46 所示。

          图 6-45   图 6-46

（14）打开素材"田野.jpg"，将其拖入"风景摄影排版"文件中，按 Ctrl+T 快捷键，在选项栏中单击 🔗（锁定长宽比）按钮，将该图片等比例缩放到原来的 7%，逆时针旋转 38°，确认变形后，放置在如图 6-47 所示的位置。

（15）打开素材"猴王.jpg"，将其拖入"风景摄影排版"文件中，同样将其等比例缩放到原来的 7%，逆时针旋转 38°，确认变形后，放置在如图 6-48 所示的位置。

（16）选择"矩形选框工具"命令，绘制一个"宽度"为"6 厘米"、"高度"为"8 厘米"的矩形选区，如图 6-49 所示。新建图层后，填充为白色，取消选区后效果如图 6-50 所示。

（17）按 Ctrl+T 快捷键将该矩形逆时针旋转 38°，放在如图 6-51 所示的位置。按 Enter 键确认变形后，可以使用键盘上的↑、↓方向键微调其位置，使矩形的右边缘与"猴王"图像的左边缘对齐。按 Alt 键的同时，按键盘上的←方向键复制出第二个矩形。

（18）打开素材"五彩石.jpg"，将其拖入"风景摄影排版"文件中，同样将其等比例缩放到原来的 17%，放置在如图 6-52 所示的位置。

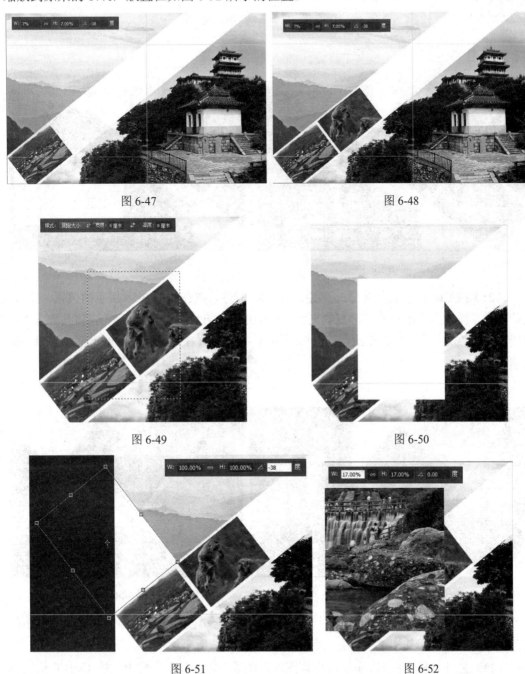

图 6-47　　　　　　　　　　　　　　　　　　　　　图 6-48

图 6-49　　　　　　　　　　　　　　　　　　　　　图 6-50

图 6-51　　　　　　　　　　　　　　　　　　　　　图 6-52

（19）按 Enter 键确认变形后，按 Ctrl+Alt+G 组合键创建剪贴蒙版；接着在"图层"面板上选择复制出的白色矩形图层，并多次按←方向键移动其位置，使图像后面的白色边与"猴王"和"田野"之间的白色边基本对齐，如图 6-53 所示。

（20）使用"矩形选框工具"绘制一个"宽度"为"6 厘米"、"高度"为"4 厘米"的矩形，新建图层后，填充为白色，如图 6-54 所示。

图 6-53　　　　　　　　　　　　　　　　　　　图 6-54

（21）按 Ctrl+T 快捷键将该矩形逆时针旋转 38°，放在如图 6-55 所示的位置。按 Alt 键的同时，按键盘上的←方向键复制出第二个矩形。打开素材"骑行.jpg"，将其拖入"风景摄影排版"文件中，将其等比例缩放到原来的 7%，放置在第二个矩形的上面，如图 6-56 所示。

图 6-55　　　　　　　　　　　　　　　　　　　图 6-56

（22）按 Enter 键确认变形后，按 Ctrl+Alt+G 组合键创建剪贴蒙版，并选择复制出的白色矩形图层，微调其位置，对齐白色边缘，如图 6-57 所示。

（23）打开素材"标识.psd"，将其拖入"风景摄影排版"文件中，按 Ctrl+T 快捷键将其逆时针旋转 38°，放在如图 6-58 所示的位置。

（24）打开素材"全域旅游.psd"，将其拖入"风景摄影排版"文件中，按 Ctrl+T 快捷键将其等比例缩放到原来的 13%，放在如图 6-59 所示的位置。

图 6-57

图 6-58

图 6-59

（25）使用"横排文本工具"输入文字"愚公故里　济水之源"，设置其字体为"锐字锐线怒放黑简"，字号为"24 点"，字体颜色为"橙色（#db6000）"，字间距为"54"，如图 6-60 所示。接着继续使用文本工具输入文字"YUGONGGULI JISHUIZHIYUAN"，设置其字体为"锐字锐线怒放黑简"，字号为"14 点"，字体颜色为"浅蓝色（#90c6fc）"，字符间距为"0"，如图 6-61 所示。

图 6-60

图 6-61

（26）打开素材文件夹里的"文字.doc"，选择前两段文字，按 Ctrl+C 快捷键复制。然后返回 Photoshop CC，在"风景摄影排版"文件里使用"横排文本工具"拖动出一个文本框，按 Ctrl+V 快捷键粘贴，并设置其字体为"微软雅黑"，字号为"5 点"，字体颜色为"黑色"，行间距为"9 点"，字符间距为"67"；在"段落"面板上，设置其首行缩进"14 点"，如图 6-62 所示。依照同样的方法，继续复制文字并粘贴在"风景摄影排版"文件里，形成如图 6-63 所示的效果。

图 6-62　　　　　　　　　　　　　　　　　　图 6-63

（27）在"图层"面板上，将这几个文本图层全部选中，然后按 Ctrl+G 快捷键将其编组，并按 Ctrl+T 快捷键将整个组逆时针旋转 38°，放在如图 6-64 所示的位置。

图 6-64

（28）按 Enter 键确认变形后，在"图层"面板上单击"创建新的填充或调整图层"按钮，在弹出的菜单中选择"曲线"命令，在弹出的调整面板中加大图像的明暗对比度，如图 6-65 所示。至此，风景摄影排版的制作就完成了。

图 6-65

要点解析

（1）本任务制作过程中，要巧妙地制定好每个图片的位置，使图片之间的白色边缘能够对齐。其中，多次使用到"逆时针旋转 38°"，就是为了将图片素材和绘制的矩形指定为相同的视觉角度。

（2）本任务中文字的排版也比较重要，以文本框的方式规划文字段落，以便于对整个文本框设置字体属性和段落属性。除了本任务中在"段落"面板中设置行间距和字符间距外，还可以按 Alt 键和键盘上的方向键进行调整，本章任务 3 将详细介绍。

6.2.2　任务 2——婚纱照片排版设计

任务分析

婚纱照片主要体现的是夫妻之间浪漫、温馨、幸福、甜蜜的感觉。本实例中将婚纱照片和花纹素材组合，突出表现了浪漫的气氛。在设计思路上，以蓝绿色和橙黄色为主体色调，搭配同色调的花纹和山水图像，映衬出时尚气息；使用"钢笔工具"绘制曲线图形，并添加艺术图形文字，增加浪漫的情调，突出主题；使用"矩形工具"和图层样式制作相框，通过两个小相框和前面大相片的对比，使设计更有层次感。

本任务中，将制作如图 6-66 所示的古典婚纱艺术效果。

图 6-66

任务实施

（1）选择"文件"→"新建"命令，在弹出的对话框中新建一个"名称"为"古典婚纱效果"、"宽度"为"25.4 厘米"、"高度"为"12.09 厘米"、"分辨率"为"200 像素/英寸"、"颜色模式"为"RGB"、"背景内容"为"白色"的文件，单击"确定"按钮。

（2）选择"渐变工具"命令，设置渐变色为"浅灰色（#f0eceb）→白色（#ffffff）"，在背景图层上由上向下拖动鼠标填充渐变色，如图 6-67 所示。

（3）打开素材文件"人物 1.psd"，使用"移动工具"将人物拖到"古典婚纱效果"文件中，按 Ctrl+T 快捷键将其等比例缩放到原来的 80%后，放在如图 6-68 所示的位置。

图 6-67   图 6-68

（4）在"图层"面板上，将其"不透明度"调为"40%"；然后单击"图层"面板底部的"添加矢量蒙版"按钮，为该图层添加图层蒙版；选择"渐变工具"命令，并在选项栏上设置渐变色为"白色→黑色"的线性渐变，如图 6-69 所示；使用鼠标由人物的左下角向右上角填充，如图 6-70 所示。

图 6-69

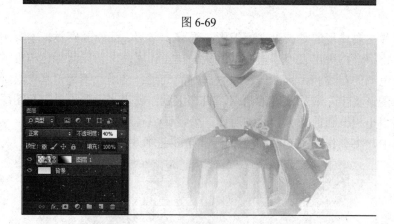

图 6-70

（5）打开素材文件"人物 2.psd"，将人物拖到"古典婚纱效果"文件中，按 Ctrl+T 快捷键将其等比例缩放到原来的 40%后，放在如图 6-71 所示的位置。

（6）在"图层"面板上将其"不透明度"调为"75%"，并选择"图像"→"调整"→"去色"命令将人物图像变为黑白色调，如图 6-72 所示。

图 6-71　　　　　　　　　　　　　　　　　图 6-72

（7）打开素材文件"花鸟画 1.psd"，将花鸟图像拖到"古典婚纱效果"文件中，放在画面右上角，将其"不透明度"调为"40%"，如图 6-73 所示。

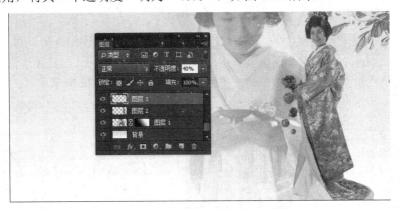

图 6-73

（8）按 Alt 键的同时，使用鼠标将花鸟图像向左边拖动，复制出第二个花鸟图像，放在如图 6-74 所示的位置。接着在"图层"面板上单击"添加矢量蒙版"按钮，为该图层添加图层蒙版，并选择"画笔工具"命令，设置前景色为"黑色"，使用"画笔工具"将遮住人物的花鸟图像擦除，如图 6-75 所示。

图 6-74　　　　　　　　　　　　　　　　　图 6-75

（9）打开素材文件"水墨画.psd"，将水墨画拖到"古典婚纱效果"文件中，放在画面左侧，如图 6-76 所示。

图 6-76

　　（10）在"图层"面板上设置混合模式为"明度"，"不透明度"为"57%"。如图 6-77 所示。接着在"图层"面板上单击"添加矢量蒙版"按钮，为该图层添加图层蒙版，使用黑色画笔在水墨画四周涂抹，使水墨画融入背景，如图 6-78 所示。

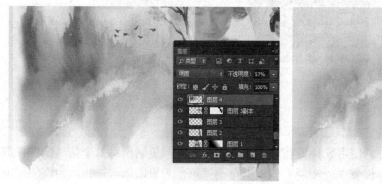

图 6-77

图 6-78

　　（11）使用相同的方法，多次拖入素材文件"水墨画.psd"，放在画面不同的位置，混合模式都设置为"明度"，不透明度可适当调整，形成深浅不同的水墨效果。添加图层蒙版后，同样使用黑色画笔在水墨画四周涂抹，融入背景，如图 6-79 所示。

图 6-79

（12）在"图层"面板上单击"创建新的填充或调整图层"按钮，在弹出的菜单中选择"曲线"命令，在弹出的调整面板中加大图像的明暗对比度，如图 6-80 所示；然后分别对"红""绿""蓝"3 个通道进行调整，如图 6-81～图 6-83 所示，此时的整个画面呈现黄色调，"图层"面板状态及效果如图 6-84 所示。

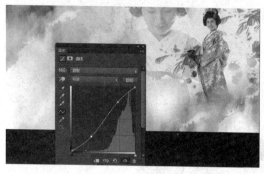
图 6-80

图 6-81

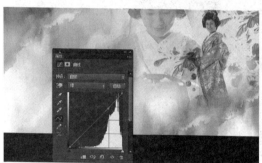
图 6-82

图 6-83

图 6-84

（13）使用"横排文本工具"输入文字"水""墨·""年华"，其中，文本"水"的字体为"方正黄草简体"，字号为"33 点"，颜色为"黑色"，放在如图 6-85 所示的位置；文本"墨"的字体为"方正黄草简体"，字号为"18 点"，颜色为"黑色"，放在文本"水"的右下角，如图 6-86 所示；文本"年华"的字体为"汉仪粗篆繁"，字号为"10点"，颜色为"黑色"，放在如图 6-87 所示的位置。

图 6-85　　　　　　　　　　　　　　　　图 6-86

图 6-87

（14）打开素材文件"花鸟画 2.psd"，拖到"古典婚纱效果"文件中，按 Ctrl+T 快捷键将其等比例缩放到原来的 40%后，放在如图 6-88 所示的位置，并在"图层"面板上调整其"不透明度"为"70%"。

图 6-88

（15）选择"画笔工具"命令，设置笔刷大小为"柔角 150 像素"，"不透明度"为"30%"，前景色为"烟灰色（#b6bdbd）"；新建图层后，使用"画笔工具"在画面右下角拖动，绘制出阴影部分，如图 6-89 所示。

图 6-89

（16）打开素材文件"印章.psd"，将两个印章图像分别拖到"古典婚纱效果"文件中，并调整其位置和大小，放在如图 6-90 所示的位置。

图 6-90

（17）至此，古典婚纱效果基本制作完毕，最后需要对色调再调整一下。再次添加"曲线"调整图层，分别对"红""蓝"两个通道进行调整，如图 6-91 和图 6-92 所示。

图 6-91　　　　　　　　　图 6-92

（18）至此，古典婚纱效果就制作完毕了，如图 6-93 所示。选择"文件"→"存储"命令，保存文件。

图 6-93

要点解析

（1）本任务的制作过程中比较难以把握的有两点：其一是画面左侧水墨画的层叠效果，可根据需要选择图像的不同部位，调整不同的不透明度，使其深浅不一、有层次感；其二是画面色调的把握，古典婚纱效果一般偏向单色调。因此，应首先对图像进行去色处理，再通过多次应用"曲线"调整图层，分别对"红""绿""蓝"3 个通道进行调整，得到合适的色彩。

（2）平面设计中，整体色彩的协调很重要，由于调整图层可以将调整结果应用于其下的所有图层，因此一般在设计后期会用到调整图层对画面整体色彩进行调整。调整过程中除了直接对 RGB 曲线调整，达到提高图像亮度或者加大明暗对比度之外，还可以分别对"红""绿""蓝"3 个通道的曲线进行调整，从而得到个性化的色调效果。

6.2.3　任务 3——儿童写真挂历设计

任务分析

　　儿童写真挂历主要是针对孩子们的生活喜好和个性特点，为其量身设计的多种新颖独特、童趣横生的个性化挂历效果。在制作中可以通过对图片、文字的合理编排，展示儿童的生活情趣，充分体现儿童快乐、幸福、纯真的童年生活。

　　本任务中，将制作如图 6-94 所示的儿童写真挂历。

图 6-94

任务实施

（1）选择"文件"→"新建"命令，在弹出的对话框中新建一个"名称"为"儿童写真挂历"、"宽度"为"1 厘米"、"高度"为"1 厘米"、"分辨率"为"150 像素/英寸"、"颜色模式"为"RGB"、"背景内容"为"透明"的文件。单击"确定"按钮，如图 6-95 所示。

（2）选择"视图"→"标尺"命令，显示出标尺，然后选择"视图"→"新建参考线"命令，打开"新建参考线"对话框，在垂直方向、0.5 厘米处创建一条参考线，如图 6-96 所示。然后依次在水平 0.5 厘米、垂直 0.25 厘米、垂直 0.75 厘米处创建参考线，如图 6-97 所示。

（3）选择"椭圆工具"命令，按 Alt 键的同时，按 Shift 键以画布中心为圆心绘制一个直径为 0.5 厘米的圆形，如图 6-98 所示。设置前景色为"白色"，按 Alt+Delete 快捷键填充，按 Ctrl+D 快捷键取消选区后的效果如图 6-99 所示。

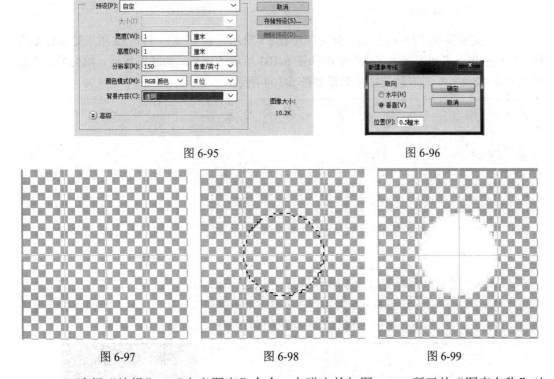

图 6-95　　　　　　　　　　　　　图 6-96

图 6-97　　　　　　图 6-98　　　　　　图 6-99

（4）选择"编辑"→"定义图案"命令，在弹出的如图 6-100 所示的"图案名称"对话框中，单击"确定"按钮，将所绘制的圆形定义为"图案 1"。

图 6-100

（5）选择"文件"→"新建"命令，在弹出的对话框中新建一个"名称"为"儿童写真挂历"、"宽度"为"75 厘米"、"高度"为"40 厘米"、"分辨率"为"150 像素/英寸"、"颜色模式"为"RGB"、"背景内容"为"白色"的文件，单击"确定"按钮。

（6）设置前景色为"浅绿色（#cfecd7）"，按 Alt+Delete 快捷键填充。新建图层，选择"编辑"→"填充"命令，在弹出的如图 6-101 所示的"填充"对话框中，设置使用"图案"、自定图案"图案 1"，单击"确定"按钮，此时的画面效果如图 6-102 所示。

图 6-101

图 6-102

（7）按照步骤（2）的方法，分别在垂直 35 厘米、40 厘米、水平 32 厘米处新建参考线，然后使用"多边形套索工具"绘制如图 6-103 所示的梯形。新建图层后，填充颜色"浅绿色（#b3ecc1）"，取消选区后效果如图 6-104 所示。

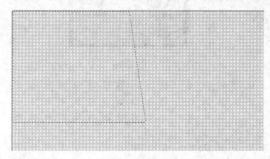

图 6-103

图 6-104

（8）在"图层"面板上选择该梯形图层，然后按 Ctrl+Alt+T 组合键拖动右边的变形框控制点稍稍向左移动，如图 6-105 所示，然后按 Enter 键确认变形。此时，该梯形会在变形的同时被复制，"图层"面板上也会出现相应的副本图层，如图 6-106 所示。

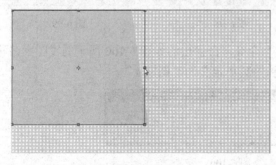

图 6-105

图 6-106

（9）打开素材"女孩 1.jpg"，将其拖入"儿童写真挂历"文件中，按 Ctrl+T 快捷键调整其大小后放置在如图 6-107 所示的位置，使女孩图片的下边缘对齐水平 31 厘米的位置，即在图片下方留出 1 厘米的绿边。然后按 Ctrl+Alt+G 组合键创建剪贴蒙版，此时的效果及"图层"面板如图 6-108 所示。

图 6-107　　　　　　　　　　　　　　　图 6-108

（10）分别在水平 21 厘米、31 厘米处新建参考线，使用"多边形套索工具"绘制如图 6-109 所示的梯形；新建图层后，填充颜色为"浅绿色（#b3ecc1）"，取消选区后效果如图 6-110 所示。

图 6-109　　　　　　　　　　　　　　　图 6-110

（11）分别在垂直 41.5 厘米、49.5 厘米、51 厘米处新建参考线，使用"多边形套索工具"绘制如图 6-111 所示的梯形；新建图层后，填充白色，取消选区后效果如图 6-112 所示。

图 6-111　　　　　　　　　　　　　　　图 6-112

（12）按 Alt 键的同时，将白色梯形水平向右移动，复制出第二个梯形，使两者相邻排列，如图 6-113 所示。按照同样的方法，复制出第三个梯形，如图 6-114 所示。接着选择第二个白色梯形图层，按 Ctrl+T 快捷键，将鼠标指针放在变形框内右击，在弹出的快捷菜单中选择"垂直翻转"命令，如图 6-115 所示。

图 6-113　　　　　　　　　　　图 6-114　　　　　　　　　　　图 6-115

（13）打开素材"女孩 2.jpg"，将其拖入"儿童写真挂历"文件中，按 Ctrl+T 快捷键调整其大小后放置在如图 6-116 所示的位置；然后在"图层"面板上将其图层位置移动到第一个白色梯形图层之上，按 Ctrl+Alt+G 组合键创建剪贴蒙版，此时的效果及"图层"面板如图 6-117 所示。

图 6-116　　　　　　　　　　　　　图 6-117

（14）依次打开素材"女孩 3.jpg""女孩 4.jpg"，并将其拖入"儿童写真挂历"文件中，调整大小后分别在第二个、第三个白色梯形上创建剪贴蒙版，此时的效果及"图层"面板如图 6-118 所示。

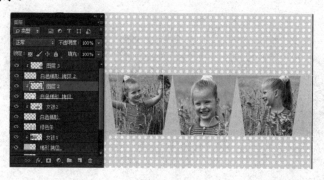

图 6-118

（15）打开素材"装饰图案.psd"，在"图层"面板上选择"幸福"图层组，将其拖入

"儿童写真挂历"文件中，放置在如图 6-119 所示的位置。接着选择"小红花"图层，将
其拖入"儿童写真挂历"文件中，放置在如图 6-120 所示的位置。

图 6-119　　　　　　　　　　　　　　　　图 6-120

（16）在"图层"面板上将"小红花"图层的"不透明度"调整为"45%"，如图 6-121
所示。

图 6-121

（17）在文件的底部制作出 2017 年 3 月份的日历效果。使用"矩形选框工具"在水平
32 厘米、38 厘米和垂直 13 厘米、68 厘米之间绘制如图 6-122 所示的矩形选区。新建图层后，
填充为白色，并在"图层"面板上将其"不透明度"调整为"70%"，如图 6-123 所示。

图 6-122

图 6-123

（18）选择"横排文本工具"命令，设置文字大小为"20 点"，颜色为"黑色"；按下鼠标左键在白色矩形上拖动，绘制一个与白色矩形基本同样大小的文本框，如图 6-124 所示。然后输入"星期日""星期一"……"星期六"的文本，注意每个日期之间加入 3 个空格将其间隔开，如图 6-125 所示；接着将该文本复制两次，形成如图 6-126 所示的效果。

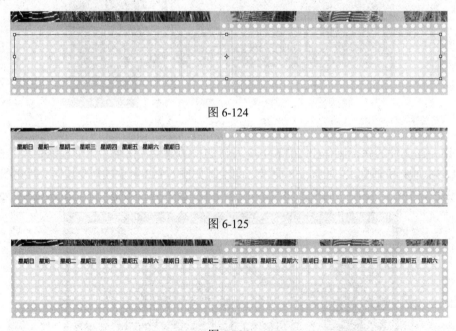

图 6-124

图 6-125

图 6-126

（19）参考计算机上的系统日历，在最后一个"星期六"的文本后按 Enter 键，将输入光标换行，然后连续按 Space 键，直至对齐第一个"星期三"文本的中央，输入数字 1；继续按 Space 键，在对齐"星期四"文本的中央处输入数字 2，如图 6-127 所示。依照此法，依次输入其他的日期数字，如图 6-128 所示。

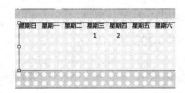

图 6-127

图 6-128

（20）双击该文本图层，然后拖动鼠标选中所有的数字，如图 6-129 所示。按 Alt 键的同时，连续按键盘上的↓方向键，将两行数字之间的行间距加大，如图 6-130 所示。

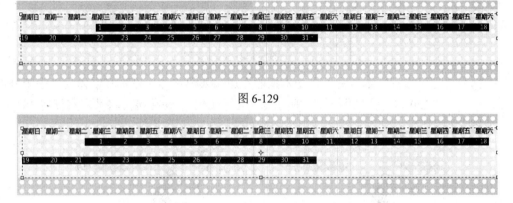

图 6-129

图 6-130

（21）按 Alt 键的同时，将整个文本框垂直向下拖动，复制出第二个文本框，如图 6-131 所示；然后将复制出的文字修改为每个日期对应的阴历日期，调整位置后效果如图 6-132 所示。

图 6-131

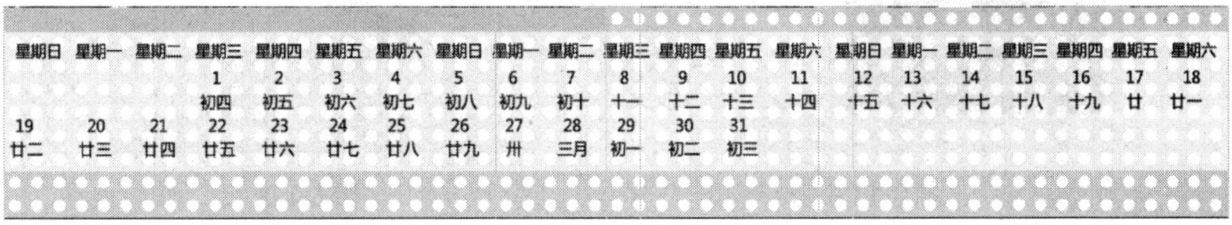

图 6-132

（22）新建图层，选择"矩形选框工具"命令，在每个"星期六""星期日"的下面绘制红色（#e32a00）矩形，如图 6-133 所示。

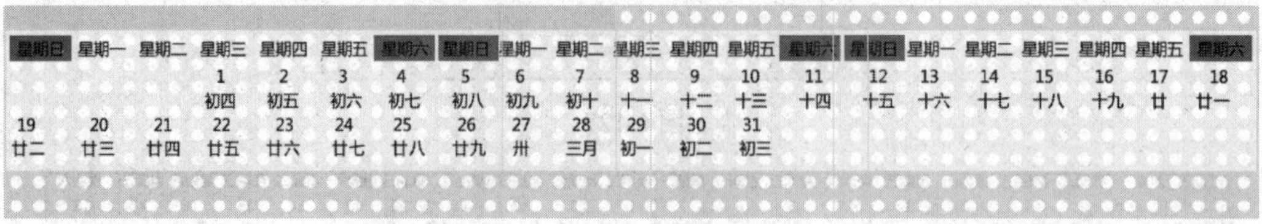

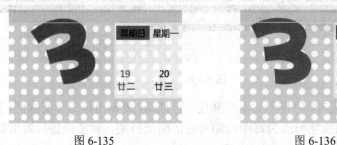

图 6-133

（23）在"图层"面板上双击文本图层，拖动鼠标将每个周末下面对应的日期选中，并将其颜色设置为"红色（#e32a00）"，如图 6-134 所示。

图 6-134

（24）使用"横排文本工具"在文本框的左边输入数字 3，设置其字体为"华康海报体"，字号为"220 点"，如图 6-135 所示。然后按 Ctrl+T 快捷键，将其向右旋转 10°左右，如图 6-136 所示。

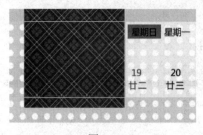

图 6-135

图 6-136

（25）打开素材"纹理.jpg"，将其拖入"儿童写真挂历"文件中，调整其大小后，放在数字 3 的上方，如图 6-137 所示。然后按 Ctrl+Alt+G 组合键创建剪贴蒙版，此时的效果如图 6-138 所示。

图 6-137

图 6-138

（26）将鼠标指针放在数字 3 的图层空白处双击，打开"图层样式"对话框，设置其

"斜面和浮雕"选项中"深度"为"83%"，"大小"为"27 像素"，"软化"为"1 像素"，"光泽等高线"为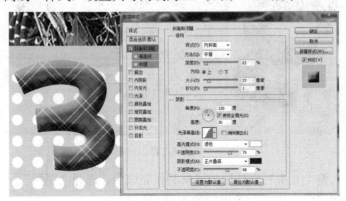，阴影模式颜色为#5c0101，"不透明度"为"68%"，如图 6-139所示；选择"等高线"样式，设置其等高线为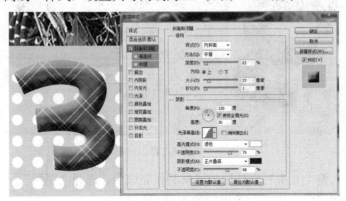，如图 6-140 所示。

图 6-139

图 6-140

（27）在"图层样式"对话框中，选择"投影"样式，设置混合模式后的颜色为#810202，"距离"为"8 像素"，"大小"为"16 像素"，如图 6-141 所示。选择"外发光"样式，设置颜色为"白色"，"扩展"为"4%"，"大小"为"18 像素"，如图 6-142 所示。

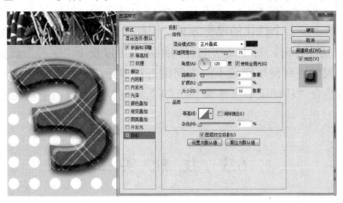

图 6-141

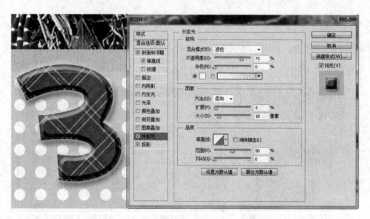

图 6-142

（28）至此，整个儿童写真挂历效果就制作完成了。选择"视图"→"显示额外内容"命令，取消显示参考线，完成的效果如图 6-143 所示。

图 6-143

要点解析

（1）在该任务的制作过程中，多次用到图层剪贴蒙版，目的是为了使图像能嵌入特定的形状中，创造出多变、个性化的视觉效果。因此，对于图层剪贴蒙版要能够灵活应用。

（2）排版日历文本时，对于文字的行间距除了可以使用"字符"面板外，还可以选中文字后，按 Alt 键的同时使用键盘上的方向键进行调整；也可以将每个日期单独作为一个文本图层，然后结合"移动工具"选项栏上的"对齐"按钮和"平均间距"按钮快速、规范地排版文本。

6.3 技 能 实 战

通过网络或者其他渠道搜集数码原照片，并设计制作出儿童写真画册或者婚纱艺术相册。

1．设计任务描述

（1）原创性设计，无仿冒。

（2）画面尺寸可为 10 寸或者 12 寸，横幅、竖幅均可。

（3）要求画面色调明快、有特色。

（4）构思精巧，风格不限，表现手法不限。

（5）必须突出人物主体，符合艺术照片设计规范。

2．评价标准

评价标准如表 6-1 所示。

表 6-1

序　号	作品考核要求	分　值
1	素材选用处理得当	15
2	画面尺寸规格符合要求	10
3	设计手法熟练、构思精巧	20
4	页面布局合理、美观	20
5	作品主体突出、主次分明	20
6	页面辅助添加的花纹和文字等元素能起到烘托整体效果的作用	15

项目 7　广告招贴的制作

7.1　知识加油站

7.1.1　广告的分类

平面广告按照媒介可以划分为杂志、报纸类广告、广播电视广告、邮寄广告、网络广告、户内广告、户外广告和交通广告（车载广告）。按照广告的性质又可以划分为公益性广告（非营利性）和商业性广告两种。图 7-1～图 7-3 所示为中国梦系列的公益公告；图 7-4～图 7-6 所示为 Selleys 胶水广告，是一则展现了超强粘合力、细节处理非常棒的广告。

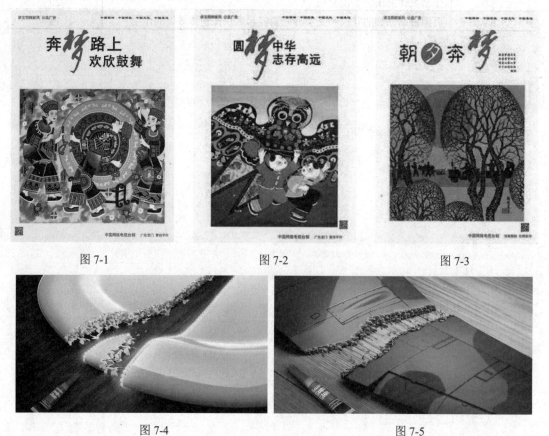

图 7-1　　　　　　　　　图 7-2　　　　　　　　　图 7-3

图 7-4　　　　　　　　　　　　　　图 7-5

图 7-6

7.1.2　色彩搭配技巧

（1）重视视觉感受：可以采用同色系、相近色、对比色和互补色。效果分别如图 7-7～图 7-10 所示。

图 7-7

图 7-8

图 7-9

图 7-10

（2）符合公司形象及文化用色要求：很多企业和品牌都有自己的企业标准色。如图 7-11、

图 7-12 所示的格力广告分别采用了格力企业的标准色——红色和蓝色。

图 7-11

图 7-12

（3）符合颜色的心理感受和象征性意义：红色象征热烈、喜庆，如图 7-13 所示的新年海报效果；绿色象征健康、环保，如图 7-14 所示的立邦净味全效乳胶漆广告；蓝色则给人冰冷、纯洁的感受，如图 7-15 所示的晶弘冰箱广告；紫色则代表了神秘，如图 7-16 所示的兰蔻香水广告。

图 7-13

图 7-14

图 7-15

图 7-16

（4）色彩不超过 3 种：黑、白、灰除外。

7.1.3　广告设计要点

（1）主题明确，信息编排要合理，一目了然。例如，天猫三八女王节家电促销广告，如图 7-17 所示。

图 7-17

（2）设计要新颖，艺术感染力强，符合主题内容的特点需要，让观看者印象深刻并乐于接受。例如，如图 7-18、图 7-19 所示的国外禁烟广告。

图 7-18　　　　　　　　　　　　　　　　图 7-19

（3）色彩应用要有逻辑性，不同内容可用不同的颜色，相同性质的内容可用相同的颜色表示，如图 7-20～图 7-22 所示。

图 7-20　　　　　　　　　图 7-21　　　　　　　　　图 7-22

7.2　项　目　解　析

7.2.1　任务 1——室外喷绘饮料广告设计

任务分析

　　室外喷绘设计一定要根据喷绘画面的大小适当调整分辨率，一般情况下喷绘设计分辨率设置为 30 像素/英寸即可；制作写真设计时，分辨率应设置为 72 像素/英寸。本任务将制作汇源果汁果乐系列的户外喷绘广告，如图 7-23 所示。本饮料广告以饮料的成分、主要销售群体和室外广告使用的季节特点进行设计与制作。

图 7-23

任务实施

　　（1）启动 Photoshop CC，选择"文件"→"新建"命令，在弹出的对话框中新建一个"名称"为"汇源果汁室外喷绘广告"、"宽度"为"360 厘米"、"高度"为"240 厘米"、"分辨率"为"30 像素/英寸"、"颜色模式"为"CMYK"、"背景内容"为"白色"的文件，单击"确定"按钮。

　　（2）打开素材"背景.jpg"，将其拖入"汇源果汁室外喷绘广告"文件中，按 Ctrl+T 快捷键调整背景大小。锁定透明像素，用"矩形选框工具"选中天空，按 Ctrl+T 快捷键后移动至顶部对齐，按 Enter 键确认变形后效果，如图 7-24 所示。

　　（3）新建图层，打开"钢笔工具"，绘制路径区域，过渡草地和天空。将路径转换为选区，设置前景色为"C：17，M：1，Y：2，K：0"，背景色为"C：2，M：5，Y：28，K：0"，从上至下进行线性渐变填充。再利用"吸管工具"吸取相应颜色，利用"画笔工具"将边缘过渡自然，合并图层，如图 7-25 所示。

　　（4）打开素材"Spring.tiff"和"饮料瓶.tiff"，将"Spring.tiff"拖入"汇源果汁室外喷绘广告"文件中，按 Ctrl+T 快捷键分别调整大小及位置，如图 7-26 所示。拖入"饮料瓶.tiff"，调整位置与大小，如图 7-27 所示。

图 7-24　　　　　　　　　　　　　　　　图 7-25

图 7-26　　　　　　　　　　　　　　　　图 7-27

（5）为饮料瓶添加外发光，参数如图 7-28 所示，最终效果如图 7-29 所示。

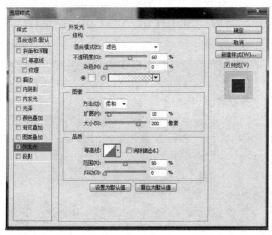

图 7-28　　　　　　　　　　　　　　　　图 7-29

（6）制作饮料瓶的倒影，选择饮料瓶图层，按 Ctrl+J 快捷键复制一层，并取消外发光效果。按 Ctrl+T 快捷键并右击，在弹出的快捷菜单中选择"垂直翻转"命令，调整位置；单击 （添加矢量蒙版）按钮，为图层添加图层蒙版并锁定透明像素；按 D 键，恢复前景色为"黑色"，背景色为"白色"，进行线性渐变填充，得到投影。倒影较之原物体应偏暗、偏模糊，按 Ctrl+U 快捷键调整"明度"为"-20"，图层"不透明度"为"70%"左右，如图 7-30 所示。

（7）打开素材"橙加苹果.tiff"，将素材拖入"汇源果汁室外喷绘广告"文件中，按 Ctrl+T 快捷键，分别调整大小及位置。新建图层增加"橙加苹果"底部阴影，绘制圆形，设置前景色为"C：75，M：95，Y：90，K：75"，为圆形填充前景色到透明的径向渐变，并按 Ctrl+D 快捷键取消选区。按 Ctrl+T 快捷键，分别调整大小、位置及图层顺序，如图 7-31 所示。

图 7-30　　　　　　　　　　　　　　　　　图 7-31

（8）为了体现绿色饮品和健康饮品的概念，在画面上增加阳光光束，同时起到调和背景、美化页面的作用。新建图层，命名为"光束"。打开"画笔工具"，设置"大小"为"200 像素"，"硬度"为"0"；按 Shift 键垂直绘制一条白色直线，按 Ctrl+T 快捷键选择斜切，制作上窄下宽的光束效果，并旋转一定的角度，调整"不透明度"为"35%"，如图 7-32 所示。

（9）按 Ctrl+Alt+T 组合键调整旋转中心点到光束的右上角，然后设置合适的旋转角度，将光束在旋转的同时进行复制，按 Enter 键确定，然后按 Shift+Ctrl+Alt+T 组合键进行连续复制，得到多个光束效果，如图 7-33 所示。

图 7-32　　　　　　　　　　　　　　　　　图 7-33

（10）调整光束的位置，选择两根光束再次复制，制作叠加的宽光束效果，按 Ctrl+E 快捷键合并光束图层。调整光束图层至"饮料瓶"图层的下方，并用"橡皮擦工具"擦去草地上多余的光束，如图 7-34 所示。

（11）加强右上角的光线强度，模拟太阳的位置。选择"画笔工具"命令，设置画笔"大小"为"600 像素"，"硬度"为"0%"，前景色为"白色"，然后使用"画笔工具"在光束右上角单击，接着调整图层"不透明度"为"90%"，如图 7-35 所示。

图 7-34　　　　　　　　　　　　　　　　图 7-35

（12）新建图层，选择"钢笔工具"命令，绘制如图 7-36 所示路径，按 Ctrl+Enter 快捷键转换为选区，设置前景色为"白色"，按 Alt+Delete 快捷键为选区填充白色，设置图层的"不透明度"为"30%"，调整位置，如图 7-37 所示。

图 7-36　　　　　　　　　　　　　　　　图 7-37

（13）新建图层，选择"画笔工具"命令，设置画笔"大小"为"100 像素"，"硬度"为"0%"。打开"画笔"面板，如图 7-38 所示，设置画笔"间距"为"600%"，选中"形状动态"复选框，设置大小抖动为"50%"，选中"散布"复选框，设置数量值为"3"，沿着光束的方向拖动鼠标，绘制出一串装饰星光，调整图层位置和"不透明度"为"45%"，如图 7-39 所示。

图 7-38　　　　　　　　　　　　　　　　图 7-39

（14）新建图层，输入广告语"我的 YOUNG　我的果汁果乐"，设置字体为"迷你简毡笔黑"，大小为"620"，并分别将每个文字设置为不同的颜色，形成彩色文字效果。打开"切换字符和段落"面板，设置行距为"620"，字距为"-100"；然后在"图层"面板上右击文字图层，在弹出的快捷菜单中选择"栅格化文字"命令，将文字转为图形；选择"编辑"→"描边"命令，在弹出的对话框中设置描边"宽度"为"20 像素"，"颜色"为"白色"，"位置"为"居外"，单击"确定"按钮。按 Ctrl+T 快捷键逆时针旋转-12°，调整位置，如图 7-40 所示。

（15）打开素材"汇源标志.tiff"，将"汇源标志.tiff"拖入"汇源果汁室外喷绘广告"文件中，按 Ctrl+T 快捷键，分别调整大小及位置，如图 7-41 所示。

图 7-40　　　　　　　　　　　　　　　　　　　图 7-41

（16）美化与丰富画面。打开素材"水果.tiff"，将"水果.tiff"拖入"汇源果汁室外喷绘广告"文件中，按 Ctrl+J 快捷键复制 5 次，分别缩小为 80%、75%、60%、50%、30%，调整水果的位置，并合并所有水果图层，至此汇源果汁室外喷绘广告制作完成，如图 7-42 所示。

图 7-42

要点解析

（1）Spring 建议读者根据艺术文字的教程进行制作，本案例采用的是为文字添加斜面和浮雕效果，按 Shift+Ctrl+Alt+T 组合键进行连续复制得到的立体文字效果。

（2）背景素材不太合适时不要一味地缩放，可以进行分离，用渐变调和过渡。

（3）模拟阳光光束除了使用演示的方法，还可以用"钢笔工具"或是"多边形套索工具"描画出上窄下宽的选区，再用硬度为 0 的画笔按 Shift 键垂直绘制白色直线，这样做出的光束边界较为清晰，别有一番效果。

（4）在装饰星光时不能因为设置了"画笔"面板参数而胡涂乱画，一定要沿着光束的方向描画，可以进行多次尝试。

7.2.2　任务 2——房地产 DM 宣传单设计

任务分析

建业联盟新城建筑采用传统的粉墙黛瓦，辅以翠竹粉桃，散发着古老而安逸的中国气息；以传统徽派建筑为蓝本，以白色墙面为主基调，以黛色屋顶、檐口为构图的要素进行组合。所以，该房地产广告为了彰显其建筑特色和"和为贵、合为乐"的生活理念，采用传统建筑中的常见元素进行设计，如图 7-43 所示。

图 7-43

任务实施

（1）启动 Photoshop CC，选择"文件"→"新建"命令，在弹出的对话框中新建一个"名称"为"联盟新城房地产广告"、选择国际标准 A4"宽度"为"21 厘米"、"高度"为"29.7 厘米"、"分辨率"为"72 像素/英寸"、"颜色模式"为"CMYK"、"背景内容"为"白色"的文件，单击"确定"按钮。

（2）打开素材"墙体.tiff"，将其拖入"联盟新城房地产广告"文件中。选择"视图"→"标尺"命令，显示出标尺；然后选择"视图"→"新建参考线"命令，打开"新建参考线"对话框，在水平方向 12 厘米处创建一条参考线；按 Ctrl+T 快捷键调整墙体宽度与纸张宽度至一致，按 Enter 键确认变形后，将墙体的最下方放置在参考线上，如图 7-44 所示。

（3）制作墙体。新建图层，命名为"墙裙"。然后选择"视图"→"新建参考线"命令，打开"新建参考线"对话框，在水平方向 11 厘米处创建一条参考线；打开"矩形选框工具"，绘制 1 厘米高的矩形选框，设置前景色为"C：90，M：85，Y：85，K：75"，按 Alt+Delete 快捷键为选区填充前景色，如图 7-45 所示。

（4）新建图层，命名"圆形"。打开"椭圆选框工具"，按 Shift 键绘制正圆，按 Alt+Delete 快捷键填充前景色，按 Ctrl+D 快捷键取消选区，按 Ctrl+T 快捷键调整大小至略小于墙体上拱门的大小。按 Ctrl 键将"圆形"图层和"墙裙"图层同时选择，单击 🖫（水平居中对齐）按钮，如图 7-46 所示。

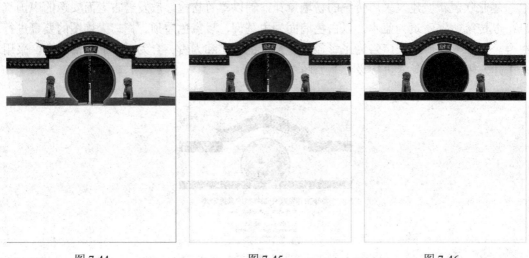

图 7-44　　　　　　　　　　　图 7-45　　　　　　　　　　　图 7-46

（5）新建图层，按 Ctrl 键的同时单击"圆形"图层的缩览图，载入圆形选区，选择"墙体"图层，按 Delete 键删除素材上的拱门部分。设置前景色为"C：90，M：85，Y：85，K：75"，选择"编辑"→"描边"命令，在弹出的对话框中设置描边"宽度"为"6 像素"，"位置"为"居外"，单击"确定"按钮；设置前景色为"C：16，M：12，Y：12，K：0"，再次选择"编辑"→"描边"命令，在弹出的对话框中设置描边"宽度"为"6 像素"，"位置"为"居内"，隐藏"圆形"图层，如图 7-47 所示。

（6）选择"视图"→"新建参考线"命令，打开"新建参考线"对话框，分别在垂直方向 9 厘米和 12 厘米处创建参考线，将这个范围内的墙裙和拱门重叠的部分删除，并用"橡皮擦工具"将"墙裙"图层和"墙体"图层在拱门位置多出的部分擦除，如图 7-48 所示。

（7）选择"墙休"图层，锁定透明像素；选择"魔棒工具"命令，设置"容差值"为"30"左右；选中墙体的白色部分，再选择"套索工具"命令，按 Shift 键的同时选中狮子、门牌，将其添加到选区中。将前景色设置为"白色"，按 Alt+Delete 快捷键为选区填充前景色。选择"画笔工具"命令将除了屋檐的部分全部涂成白色，如图 7-49 所示。

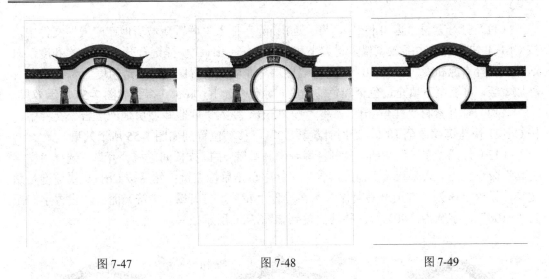

图 7-47   图 7-48   图 7-49

（8）为墙体制作水墨效果。按 Ctrl+L 快捷键打开"色阶"对话框，将暗部调整为"15"，
右侧白场滑块的数值调整为"150"，单击"确定"按钮。选择"滤镜"→"滤镜库"→"画
笔描边"→"墨水轮廓"命令，在弹出的对话框中设置"描边长度"为"4"，"深色强度"
为"10"，"光照强度"为"20"，如图 7-50 所示。

（9）制作拱门下方的透视效果。新建图层，选择"矩形选框工具"命令，设置"样式"
为"固定大小"，"宽度"为"6 像素"，"高度"为"30 像素"。设置前景色为"C：
16，M：12，Y：12，K：0"，按 Alt+Delete 快捷键为选区填充前景色，按 Ctrl+T 快捷键
右击，在弹出的快捷菜单中选择"斜切"命令，调整透视角度。按 Ctrl+J 快捷键复制图层，
按 Ctrl+T 快捷键水平翻转，移动到合适位置，删除透出来的墙裙部分，如图 7-51 所示。

（10）按 Ctrl 键，单击"圆形"图层的缩览图载入圆形选区，选择"矩形选框工具"
命令，按 Shift 键添加矩形选区，如图 7-52 所示。打开素材"户型.jpg"，按 Ctrl+A 快捷
键全选，并按 Ctrl+C 快捷键复制素材；回到"联盟新城房地产广告"文件中，按
Shift+Ctrl+Alt+V 组合键将素材粘贴到选区，按 Ctrl+T 快捷键自由缩放调整素材大小和位
置，得到如图 7-53 所示的效果。

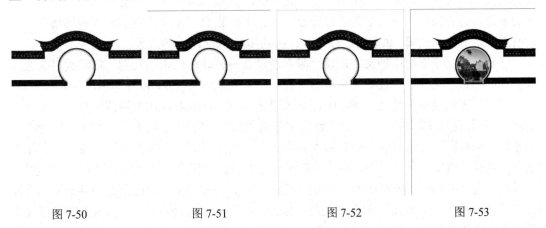

图 7-50   图 7-51   图 7-52   图 7-53

　　（11）打开素材"远山.jpg"，将"远山.jpg"拖入"联盟新城房地产广告"文件中，按 Ctrl+T 快捷键自由缩放调整素材大小和位置；按 Ctrl+U 快捷键打开"色相/饱和度"对话框，设置"饱和度"为"-30"，并在"图层"面板上设置图层"不透明度"为"30%"；添加蒙版，自上至下填充白色至黑色的渐变，虚化"远山"底部，得到如图 7-54 所示效果。

　　（12）打开素材"挂角.tiff"，将"挂角.tiff"拖入"联盟新城房地产广告"文件中，按 Ctrl+T 快捷键缩放至 10%，逆时针旋转 50°，移动位置到如图 7-55 所示效果。

　　（13）打开"文字"文档，复制"巅峰儒林墅院 中国样板间震撼公开"，选择"文字工具"命令，在"联盟新城房地产广告"文件中单击鼠标左键；然后按 Ctrl+V 快捷键粘贴文字，设置字体为"方正隶书简体"，字号为"40"，打开▦（字符）面板，设置字间距为"-100"，字宽为"80%"，移动位置到如图 7-56 所示效果。

　　　　图 7-54　　　　　　　　　　　　图 7-55　　　　　　　　　　　　图 7-56

　　（14）再次粘贴"开启你的前所未见"，设置字体为"方正隶书简体"，字号为"20"，打开▦（字符）面板，设置字宽为"90%"；新建图层，选择"矩形选框工具"命令，设置"样式"为"固定大小"，"宽度"为"40 像素"，"高度"为"2 像素"，单击得到选区并填充为"黑色"，放置在文字左边；按 Ctrl+J 快捷键复制图层，并将其水平移动到文字的右边，合并图层，并命名为"装饰线"。按 Ctrl 键将"文字"图层和"装饰线"图层同时选中，分别单击▤、▦按钮进行对齐，得到如图 7-57 所示的效果。

　　（15）将文字素材中的文字段落"限墅令颁布……联盟归来不看墅"粘贴到"联盟新城房地产广告"文件中，设置文字居中对齐，字号为 12，字宽为 90%，如图 7-58 所示。

　　（16）再次复制并粘贴"90-210m² 瞰景电梯洋房　360-410m² 巅峰儒林墅院"文字，显示成两行；打开▦（字符）面板，设置字号为"30"，行距为"30"，字距为"-75"，字宽为"80%"；新建图层，命名为"装饰框"；选择"矩形选框工具"命令，绘制矩形选框，选择"编辑"→"描边"命令，在弹出的对话框中设置描边"宽度"为"2 像素"，"颜色"为"黑色"，按 Ctrl+D 快捷键取消选区后，将遮挡文字的线条选中并删除。选择文字工具，输入"全城热销中"，设置字号为"24"，字宽为"80%"，放置在两行文字下方并垂直居中对齐，删除文字上的黑框，得到如图 7-59 所示效果。

图 7-57　　　　　　　　　　图 7-58　　　　　　　　　　图 7-59

（17）选择"文字工具"命令，输入"传统墅院 传世大宅"，打开▣（字符）面板，设置字号为"36"，字距为"-25"，字宽为"80%"，调整位置，如图 7-60 所示。

（18）选择"视图"→"新建参考线"命令，分别在水平位置 29.2 厘米、27.7 厘米和垂直位置 0.8 厘米、20.2 厘米处创建 4 条参考线；打开素材"标志.jpg"，将素材文件拖入到"联盟新城房地产广告"文件中，按 Ctrl+T 快捷键自由缩放调整素材大小和位置。将所有的文字图层进行垂直居中对齐，如图 7-61 所示。

（19）选择"文字工具"命令，输入"圆梦热线：0391-6806666"，打开▣（字符）面板，设置字号为"48"，字距为"-35"，字宽为"80%"；输入项目地址和物业管理的内容，设置字号为"30"，字宽为"80%"；按 Ctrl+T 快捷键自由缩放文字宽度与圆梦热线的文字宽度一致，如图 7-62 所示。

图 7-60　　　　　　　　　　图 7-61　　　　　　　　　　图 7-62

（20）打开素材"位置.jpg"，将素材文件拖入到"联盟新城房地产广告"文件中，按 Ctrl+T 快捷键自由缩放，调整素材大小和位置，如图 7-63 所示。至此，联盟新城房地产广告制作完成。

图 7-63

要点解析

（1）制作墙体的过程中，一定要注意拱门透视效果的制作。屋檐青瓦的处理也要配合墙体的手绘风格。

（2）在挑选拱门中粘贴入的图像时一定要注意视觉美感，最好能透出一点挂角的效果。

（3）远山可以用素材处理，也可以采用"钢笔工具"和渐变填充进行绘制，应尝试不同效果。

（4）文字排版时字体不要过多，为防止画面过于凌乱，一般不超过 3 种字体。

7.2.3　任务 3——天猫香水广告设计

任务分析

网络广告作为新型媒体已经走向成熟，它的形式多种多样，有横幅广告、全屏广告、弹窗广告、浮动广告等。随着网络购物的发展，网络美工趋于成熟，购物网站上的广告应用非常广泛。本任务采用天猫网页广告中的一个静态广告尺寸，通过图像合成、滤镜等命令完成如图 7-64 所示的天猫香水广告的设计与制作。

图 7-64

任务实施

（1）启动 Photoshop CC，选择"文件"→"新建"命令，在弹出的对话框中新建一个"名称"为"天猫香水广告"、"宽度"为"790 像素"、"高度"为"483 像素"、"分辨率"为"72 像素/英寸"、"颜色模式"为"RGB"、"背景内容"为"黑色"的文件，单击"确定"按钮。

（2）打开素材"夜景.jpg"，将其拖入"天猫香水广告"文件中。按 Ctrl+T 快捷键调整大小，单击█（添加矢量蒙版）按钮为图层添加图层蒙版，按 D 键恢复前景色为"黑色"，背景色为"白色"，进行从上至下的线性渐变填充，得到如图 7-65 所示效果。

（3）打开素材"水.jpg"，将其拖入"天猫香水广告"文件中。单击█（添加矢量蒙版）按钮，为图层添加图层蒙版，设置前景色为"黑色"，背景色为"白色"，进行从上至下的线性渐变填充，得到如图 7-66 所示效果。

图 7-65　　　　　　　　　　　　　　　　　　　　图 7-66

（4）新建图层，选择"椭圆选框工具"命令，并按 Shift 键在图层上面画一个正圆，将其填充为"黑色"，设置图层的"不透明度"和"填充"都为"50%"；在图层上右击，在弹出的快捷菜单中选择"混合选项"命令，在弹出的对话框中选中"描边"复选框，并把像素"大小"设置为"3 像素"，"位置"为"内部"，"颜色"为"黑色"，单击"确定"按钮，如图 7-67 所示。隐藏其他所有图层，选择"编辑"→"定义画笔预设"命令，在弹出的对话框中命名为"光斑"，如图 7-68 所示。

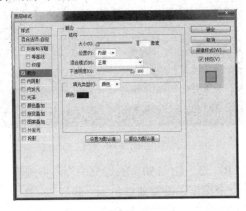

图 7-67　　　　　　　　　　　　　　　　　　　　图 7-68

（5）选择"画笔工具"命令，打开■（画笔）面板，选择"光斑"命令画笔，选择"画笔笔尖形状"选项，设置"大小"为"100 像素"，"间距"为"100%"；选择"形状动态"选项，设置"大小抖动"为"100%"，"最小直径"为"20%"；选择"散布"选项，设置"两轴"值为"500%"，"数量"为"2"，"数量抖动"为"100%"；选择"传递"选项，设置"不透明度抖动"为"50%"，"流量抖动"为"50%"。参数设置分别如图 7-69～图 7-72 所示。

图 7-69   图 7-70   图 7-71   图 7-72

（6）新建图层，设置前景色为"黄色（R：255、G：220、B：0）"，画笔"大小"可以为"30 像素"，在"夜景"和"水"交界的地方绘制圆圈。选择"滤镜"→"模糊"→"高斯模糊"命令，在弹出的对话框中将模糊半径值设置为 2，如图 7-73 所示。再新建一个图层，把画笔设置得小一点，如"20 像素"，再画圆圈，选择"高斯模糊"命令，模糊"半径"值设置为"1.5"；新建第三个图层，画笔"大小"可为"15 像素"，模糊值为"1"，再次绘制圆圈；新建第四个图层，画笔"大小"可为"10 像素"，继续绘制圆圈，如图 7-74 所示。

图 7-73   图 7-74

（7）新建图层，设置前景色颜色为"蓝色（R：25、G：150、B：255）"，将画笔"大小"调整为"20 像素"，绘制蓝色圆圈；再新建一个图层，设置前景色为"紫红色（R：210、G：20、B：230）"，调整画笔"大小"为"10 像素"，绘制紫红色圆圈，绘制如图 7-75

所示的光斑效果。

（8）打开素材"香水瓶.tiff"，按 Ctrl+T 快捷键调整大小与位置；选择"水"图层，选择"椭圆选框工具"命令，并在图层上面画一个偏长的椭圆形；选择"滤镜"→"扭曲"→"极坐标"命令，在弹出的对话框中选中"平面坐标到极坐标"单选按钮，在香水瓶底制作椭圆形波纹效果，如图 7-76 所示。

图 7-75　　　　　　　　　　　　　　图 7-76

（9）制作瓶底的折射水纹。选择"矩形选框工具"命令，选择刚刚做好的波纹，按 Ctrl+J 快捷键复制，调整图层到"香水瓶"上方，添加图层蒙版。按 Ctrl 键单击选择"香水瓶"图层缩览图命令载入选区，将瓶身外的部分填充为"黑色"，选择"画笔工具"命令，设置前景色为"黑色"，在蒙版上对瓶身多余部分的水纹进行遮盖，调整图层的混合模式为"正片叠底"，如图 7-77 所示。

（10）制作瓶身的折射图像。隐藏"香水瓶"图层，按 Shift+Ctrl+Alt+E 组合键盖印图层，重命名图层为"折射"，按 Ctrl+J 快捷键复制备用。选择"折射"图层，用"矩形选框工具"绘制一竖长矩形选区，选择"滤镜"→"扭曲"→"球面化"命令，在弹出的对话框中设置数量为80%，模式正常，如图 7-78 所示。

图 7-77　　　　　　　　　　　　　　图 7-78

（11）按 Shift+Ctrl+I 组合键反选并删除多余图像，将"香水瓶"图层显示出来，将"折射"图层移动到瓶身位置，调整图层到"香水瓶"上方；按 Ctrl+T 快捷键调整大小，添加图层蒙版，按 Ctrl 键单击"香水瓶"图层缩览图载入选区，将瓶身外的部分填充黑色；选择"画笔工具"命令，设置前景色为"黑色"，在蒙版上对瓶身多余部分的图像进行遮盖，调整图层"混合模式"为"叠加"，"不透明度"为"90%"，如图 7-79 所示。

（12）制作瓶盖的折射图像。选择"折射拷贝"图层，按 Ctrl+J 快捷键再次复制；选择"矩形选框工具"命令，按 Shift 键绘制正方形选区；选择"滤镜"→"扭曲"→"极坐标"命令，在弹出的对话框中选中"平面坐标到极坐标"单选按钮，添加图层蒙版，设置画笔颜色为"黑色"，"硬度"为"0%"，"不透明度"为"50%"；在球体中间进行适当遮盖，透出图层下方的景色，按 Ctrl+E 快捷键向下合并一层，命名为"球体"，如图 7-80 所示。

图 7-79　　　　　　　　　　　　　　　　　图 7-80

（13）选择"球体"图层，选择"椭圆选框工具"命令并按 Shift 键在图层上面画一个正圆；按 Shift+Ctrl+I 组合键反选删除多余图像，将图层移动到瓶盖位置，调整图层到"香水瓶"上方；按 Ctrl+T 快捷键垂直翻转并调整大小，删除多余部分，调整图层"混合模式"为"正片叠底"，"不透明度"为"90%"，如图 7-81 所示。

（14）选择"颜色减淡工具"命令，设置"不透明度"为"20%"，根据瓶身高光的位置，将瓶底、瓶身和瓶盖部分折射的图像进行局部提亮，最终效果如图 7-82 所示。

图 7-81　　　　　　　　　　　　　　　　　图 7-82

（15）打开素材"Dior.tiff"，将"标志"拖入"天猫香水广告"文件中，按 Ctrl+T 快捷键，分别调整大小及位置；选择文字工具，输入"迪奥 本真如我"，设置字体为"华文行楷"，字号为"48"，按 Ctrl+T 快捷键调整位置，如图 7-83 所示。

（16）最后为"香水瓶"添加外发光。选择"香水瓶"图层，添加图层样式，选择"外发光"选项，设置"不透明度"为"30%"，发光颜色为"R：135，G：45，B：255"，"大小"为"20 像素"，单击"确定"按钮，至此"天猫香水广告"制作完成，最终效果如图 7-84 所示。

图 7-83

图 7-84

要点解析

（1）制作光斑一定要理解参数调整的作用，灵活设置画笔的各项参数。

（2）光斑制作采用不同的模糊程度，目的是为了模拟现实中光斑远近、强弱的效果。

（3）香水瓶的材质是玻璃的，各部位折射的图像也不相同，根据瓶体颜色的不同，混合模式不能一概而论，多尝试以达到最佳效果。这一步一定要做，除了模拟其真实效果外，也可以实现素材和背景的融合。

7.2.4 任务 4——音乐会海报设计

任务分析

海报从用途上可以分为商业海报、艺术海报和公益海报，图形、色彩和文案是构成海报的 3 个要素。海报根据其宣传方式有不同的规格，本任务将制作如图 7-85 所示的校园歌手大赛宣传海报。首先进行整体构思，主要应用蒙版、定义图案、新建填充图层等命令，通过图层的混合模式、文字的排版完成海报的设计与制作。

图 7-85

任务实施

（1）启动 Photoshop CC，选择"文件"→"新建"命令，在弹出的对话框中新建一个"名称"为"校园歌手大赛宣传海报"、"宽度"为"30 厘米"、"高度"为"50 厘米"、"分辨率"为"300 像素/英寸"、"颜色模式"为"CMYK"、"背景内容"为"白色"的文件，单击"确定"按钮。

（2）新建图层，命名为"光盘"。选择"椭圆选框工具"命令，按 Shift 键绘制正圆，按 D 键恢复前景色为"黑色"，背景色为"白色"，按 Alt+Delete 快捷键填充前景色，按 Ctrl+D 快捷键取消选区，按 Ctrl+T 快捷键调整大小，如图 7-86 所示。

（3）按 Ctrl+J 快捷键复制图层，锁定透明像素，按 Ctrl+Delete 快捷键填充背景色，按 Ctrl+T 快捷键设置缩放 W：40%、H：40%；再次选择"光盘"图层，按 Ctrl+J 快捷键复制图层，按 Ctrl+T 快捷键设置缩放 W：10%、H：10%；调整图层顺序，按 Ctrl 键的同时单击小圆所在图层的缩览图，载入选区，将白色圆形制成空心，如图 7-87 所示。继续调整图像大小及位置，得到如图 7-88 所示效果。

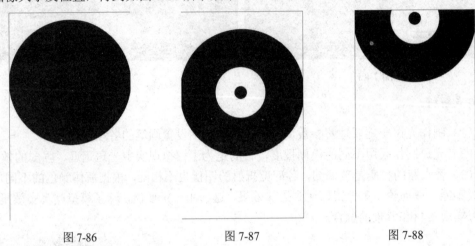

图 7-86   图 7-87   图 7-88

（4）按 Ctrl+N 快捷键新建一个"名称"为"晶格"、"宽度"为"28 厘米"、"高度"为"28 厘米"、"分辨率"为"72 像素/英寸"、"颜色模式"为"CMYK"、"背景内容"为"白色"的文件。设置前景色为"灰色（C：52，M：43，Y：40，K：0）"，按 Alt+Delete 快捷键填充前景色。

（5）选择"多边形套索工具"命令，在画面中绘制三角形选区，按 Ctrl+M 快捷键调整曲线，得到如图 7-89 所示效果。以三角形的一个角为起点，重复绘制三角形选区，调整曲线，完成一组后如图 7-90 所示。将一组晶格图形全部选中，并连续复制、调整位置，形成如图 7-91 所示的效果。

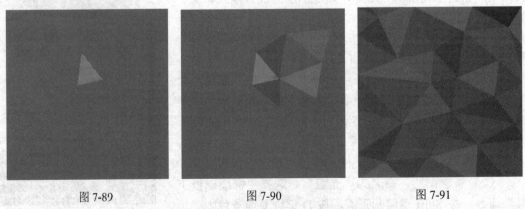

图 7-89   图 7-90   图 7-91

（6）新建图层，选择"渐变工具"命令，设置 0%位置的颜色为"蓝色（#0000ff）"，35%位置的颜色为"紫红色（#ff00c8）"，70%位置的颜色为"橙色（#fc7e00）"，100%位置的颜色为"红色（#ff0000）"，如图 7-92 所示。选择线性渐变，从左上角拖曳至右下角，选择"滤镜"→"高斯模糊"命令，在弹出的对话框中设置模糊"半径"为"80 像素"，如图 7-93 所示。更改图层的混合模式为"叠加"，得到如图 7-94 所示的彩色晶格。

图 7-92 图 7-93 图 7-94

（7）选择"编辑"→"定义图案"命令，将制作好的"晶格"定义为图案，如图 7-95 所示。

图 7-95

（8）按 Ctrl 键的同时单击"光盘"图层缩览图，载入"光盘"图层选区；选择"图层"→"新建填充图层"→"图案"命令，在弹出的对话框中设置"缩放"为"330%"，填充后隐藏"光盘"图层效果，如图 7-96 所示。

（9）打开素材"欢呼.png"，将其拖入"联盟新城房地产广告"文件中，图层重命名为"欢呼人群"。按 Ctrl+T 快捷键自由缩放至合适大小并调整位置，如图 7-97 所示。

（10）打开刚刚制作好的晶格，按 Ctrl+T 快捷键选择"水平翻转"命令和"垂直翻转"命令执行，如图 7-98 所示。再次选择"编辑"→"定义图案"命令，将改变颜色方向的"晶格"定义为图案。按 Ctrl 键的同时，单击"欢呼人群"图层缩览图命令，载入"欢呼人群"图层选区；再次选择"图层"→"新建填充图层"→"图案"命令，在弹出的对话框中设置"缩放"为"330%"，填充后隐藏"欢呼人群"图层，如图 7-99 所示。

（11）打开文字素材，选择"文字工具"命令，输入"第 8 届校园歌手大赛"，设置字体为"迷你简艺黑"，字号为"500 点"，行距为"300 点"，字距为"100"；再次输入 music，设置字体为"Impact"，字号为"400 点"，字距为"-10"；输入"唱响青春 放飞梦想"，设置字体为"微软雅黑"，加粗，字号为"240 点"，字距为"-25"，字宽为"90%"。选择这 3 层文字和背景图层，执行"垂直居中对齐"操作，调整位置，如图 7-100

所示。

（12）按 Shift 键选择所有的文字图层，右击，在弹出的快捷菜单中选择"栅格化文字"命令，按 Ctrl+E 快捷键合并文字图层并重命名为"文字 1"。按 Ctrl 键同时单击"文字 1"图层缩览图命令，载入该图层选区；再次选择"图层"→"新建填充图层"→"图案"命令，在弹出的对话框中设置"缩放"为"330%"，隐藏文字图层，如图 7-101 所示。

图 7-96　　　　　　　　　　图 7-97　　　　　　　　　　图 7-98

图 7-99　　　　　　　　　　图 7-100　　　　　　　　　图 7-101

（13）打开文字素材，选择"文字工具"命令，复制并粘贴"寻找校园好声音……赶紧报名吧。"，设置字体为"微软雅黑"，颜色为"C：25，M：80，Y：100，K：0"，字号为"72 点"，行距为"60 点"，字距为"200"；选择文字和背景图层，执行"垂直居中对齐"操作，调整位置，如图 7-102 所示。

（14）选择"视图"→"新建参考线"命令，打开"新建参考线"对话框，分别在"水平"方向 147 厘米和 142 厘米处创建参考线。新建图层，选择"矩形选框工具"命令，绘制"长度"为"90 厘米"、"宽度"为"5 厘米"的矩形选框;按 D 键恢复前景色为"黑色",按 Alt+Delete 快捷键为选区填充前景色,修改图层"不透明度"为"10%",如图 7-103 所示。

(15)打开文字素材,选择文字工具命令,复制并粘贴"报名地点:表演艺术系 206 教室 报名时间:4 月 1 日-4 月 8 日"文字,设置字体为"迷你简艺黑",颜色为"白色",字号为"150 点",行距为"自动",字距为"0";选择文字和矩形图层,执行"垂直居中对齐"操作。至此,校园音乐会海报制作完成,如图 7-104 所示。

图 7-102   图 7-103   图 7-104

要点解析

(1)制作"晶格"时,文件大小和分辨率可以自定,成组绘制三角形更便捷一些;设置为自定义图案后,填充图案时的比例根据晶格制作文件的大小自定。

(2)也可以选择"滤镜"→"像素化"→"晶格化"命令制作类似的晶格效果。

(3)校园音乐会宣传针对青年学生,选择海报字体时应选较为活泼的字体,配合具有活力的色彩,彰显特色。

(4)文字上的图案填充三角形的形象较弱,可以再添加图层,绘制三角形填充白色,更改图层混合模式,强化三角形晶格的形象,同时增加字体色彩的层次感。

7.3 技 能 实 战

通过网络或者其他渠道搜集广告素材,并设计制作化妆品广告或写生画展宣传海报。

1.设计任务描述

(1)原创性设计,无仿冒。

(2)画面尺寸根据宣传方式和传播媒介自定。

(3)要求画面色彩应用和素材选择能凸显产品的特性。

（4）构思精巧，风格不限，表现手法不限。

（5）针对消费群体或宣传群体突出广告主体，符合广告设计规范。

2．评价标准

评价标准如表 7-1 所示。

表 7-1

序　号	作品考核要求	分　　值
1	页面尺寸、规格合理，符合广告设计要求	15
2	素材应用恰当、有代表性，效果美观	20
3	广告宣传语生动，能突出页面主体内容	15
4	页面整体风格有特色，能凸显产品特性	20
5	页面色彩协调、美观大方	15
6	设计元素主次分明，对比强烈	15

项目 8 包 装 设 计

所有的事物都需要包装，从而达到一定的美观效果，被大家认可和接受。在日常生活中，包装设计随处可见，丰富和美化着人们的生活。包装设计是平面设计重要的组成部分，是根据商品的功能、用途和销售特征来进行设计的，设计过程中必须将商业性与艺术性结合在一起，促使包装起到保护、存储、促进销售等作用。

使用 Photoshop CC 的绘图功能、图片处理功能、文本工具等强大的图像处理手法，可以制作出生动的包装设计作品。本项目主要以食品塑料包装设计、土特产纸盒包装设计、酒类手提袋包装设计以及光盘封套包装设计 4 个任务为载体，具体讲解使用 Photoshop CC 进行产品包装设计的不同方法和技巧。

8.1　知识加油站

8.1.1　包装的分类

（1）从材料上进行区分，包装可以分为纸包装、塑料包装、金属包装、玻璃包装和其他材料包装。纸是当前在包装行业中应用最为广泛的材料，常用的纸包装材料有包装纸、纸板和瓦楞纸 3 种类型。如图 8-1 所示是一款食品包装设计，如图 8-2 所示是一款节能灯产品的包装设计。纸包装具有易加工、可折叠，适于多种印刷术，成本低廉、无毒无味、无污染等优势。

塑料是当前仅次于纸包装的第二大常用包装材料，其具有较好的防水、防潮、耐寒、耐油、易成型、易印刷等优势，如图 8-3 所示是一款化妆品塑料包装设计。当前常用的塑料包装材料主要有塑料容器和塑料薄膜两大类。

图 8-1　　　　　　　　　图 8-2　　　　　　　　　图 8-3

　　金属材料是随着工业技术的发展，于 19 世纪初开始广泛运用的一种包装材料，具有抗撞击、密封好、保存期限长等优势，如图 8-4 所示为饮料的金属包装设计。当前常用的金属包装材料主要有马口铁皮、铝、铝箔、金属复合材料等几大类。

　　玻璃材料是随着人类制造业的发展而发展起来的，其具有硬度大、不易受损、易加工、易成型、色彩丰富、透明、抗腐蚀、耐农药、可反复清洗等特性，如图 8-5 所示是一款玻璃包装设计。

图 8-4　　　　　　　　　　　　　　　　　图 8-5

　　除了以上几种常用的包装材料以外，还有陶瓷包装、木材包装、棉麻布包装等品种多样的包装类型。如图 8-6 所示为陶瓷化妆品包装设计，如图 8-7 所示为草材料鸡蛋包装设计。

图 8-6　　　　　　　　　　　　　　　　　图 8-7

　　（2）从包装的产品上进行分类，包装可分为食品类、日用品类、化妆品类、烟酒类、工艺品类、药品类、纺织品类、儿童玩具类、五金家电类、土特产类等多种类型。如图 8-8 所示为饮料食品类包装设计，如图 8-9 所示为医药产品包装设计。

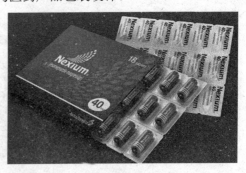

图 8-8　　　　　　　　　　　　　　　　　图 8-9

（3）从不同包装的结构上进行分类，包装可分为手提式、可展开式、折叠式、抽屉式、扎结式、吊挂式等多种类型。

8.1.2　包装的功能

包装的功能主要体现在四个方面。一是保护功能，使商品不被挤压，不受外力的损坏，同时起到防震、防冲击、防腐蚀、防光照辐射、密封、防挥发等作用，如图 8-10 所示为一款鸡蛋包装设计，纸材料和独特的包装结构起到了很好的保护功能。二是储运功能，商品包装有利于商品便利快捷地运输、存放、携带和流通，如图 8-11 所示为纸箱的设计，方便运输的同时也起到了保护商品的作用。三是促销功能，包装的存在用于传达一定的信息，美好的包装可以吸引消费者的眼球，促使潜在消费者购买产品，如图 8-12 所示为薯片食品包装设计，巧妙的包装结构和鲜艳的包装色彩可以刺激消费者的眼球和购买欲望。包装还是消费者与商品之间沟通的纽带，包装传达的商品信息使得消费者可以比较全面地了解商品。四是包装的装饰美化生活功能，包装设计应随着人们审美要求的提高而不断丰富，具有装饰美、形态美、材质美和意境美的包装设计可以美化和影响人们的生活，满足消费者的审美需求，激发消费者潜在的审美意识，与消费者之间达成情感共鸣。

图 8-10　　　　　　　　图 8-11　　　　　　　　图 8-12

8.1.3　包装的视觉设计

包装的视觉设计的构成要素主要包括结构设计和平面设计两大类。其中，结构设计主要指包装的主体形态、造型设计、容器设计、构成结构设计以及材料选择；平面设计主要指包装的视觉传达要素设计。包装的视觉设计主要包括图形、文字、色彩和构成等。其中，图形决定包装的形象，文字反映包装的内容，色彩代表包装的精神，构成体现包装的骨骼，几者共同构成包装的视觉设计。

1. 包装设计的图形

在包装设计中，产品信息传达最直观的载体是图形，图形具有直观、生动、丰富、明晰、有效等特性，图形设计主导包装设计的好坏，是包装视觉设计的主要部分。

根据包装内容物的不同，图形的分类有标志形象、内容物形象、产地形象、商品成品形象、原材料形象、商品示意形象、象征性形象和辅助形象几大类，如图 8-13 所示。图形表现形式可分为具象图形和抽象图形两大类。其中，具象图形多采用写实性、插画性的表现手法，在包装设计中多采用插画、摄影作品、卡通造型、装饰图形等形式出现，如图 8-14所示的冰棒包装设计；抽象图形多采用手法自由、形式多样的规则或不规则的几何图形组成，如图 8-15 所示的食品包装设计。

图 8-13

图 8-14

图 8-15

在包装设计中，图形元素必须主题明确、诚实、可信，抓住商品的主要特性，准确地将商品的特性、品质、品牌等真实信息传达给消费者。图形作为一种视觉语言，设计必须具有独特的个性，能够吸引消费者眼球，给消费者留下深刻难忘的印象，可以刺激消费者的购买欲望。

2．包装设计的文字

文字是一种书写符号，主要用于记录语言、传达思想和交流感情。包装设计中的文字主要用于传达商品信息，是最直接、最有效的视觉传达要素，好的包装设计都十分重视文字设计。

根据文字在包装设计中出现的不同位置，通常分为基本文字、资料文字、装饰文字和宣传文字几种类型。其中，基本文字主要包含商品品名、企业标志名称、生产厂家等最直接的商品信息，是文字的主要内容，多出现在包装主展示面上；资料文字主要包含产品批号、使用方法、生产日期、保质期及厂家联系方式等内容，是对商品的详细说明，多出现在包装的侧面或背面，如图 8-16 所示；装饰文字的主要用途是体现商品的艺术个性和艺术气息；宣传文字主要是用来突出商品特色和商品差异性的宣传口号，文字内容应尽量诚实、生动、简洁，文字造型应亲切、富有变化，位置宜安放在包装主展示面上，从属于品牌基本文字，不是必要文字。

包装文字在设计中内容应真实生动、简洁明了、易读易记，与商品内容紧密结合，突出商品属性；字体性格应与商品特征相吻合，能正确传达商品信息，强化宣传效果。例如，在化妆品包装中，文字字体应尽量精美、纤巧、女性化，医药品包装中文字应明快、简洁。包装文字形式上应具有较强的可识别性与艺术性，对文字进行不同的艺术处理时，遵循字体本身的书写规律，多在笔画上进行变化，不可改变文字的基本形态，以保持文字良好的识别性和可读性；应善于运用形式美法则，强化文字造型的艺术性，如图 8-17 所示。包装文字整体上还应注意统一性，字体种类不宜过多，以不超过 3 种为宜，字体应疏密有秩、明暗适度、主次分明、大小有别、造型统一，以强化品牌整体表现力，如图 8-18 所示的锅产品包装设计中，字体简洁、统一、可识别性强。

图 8-16　　　　　　　　　图 8-17　　　　　　　　　图 8-18

3. 包装设计的色彩

色彩是重要的视觉元素，是最早进入人们的视觉印象，也是与人们心理反应最接近的视觉表达渠道。包装设计中的色彩比图形、文字更具视觉冲击力，对人们的生理和心理影响更大，是美化和突出产品的重要元素，是包装设计的灵魂，极具艺术感染力，可以起到促进销售、树立品牌的作用。好的包装离不开绚丽的色彩。如图 8-19 所示的饮料包装，不同色彩不仅仅起到区分食品味道的作用，还可以勾起人们的食欲；如图 8-20 所示的药品类包装，采用稳重、安静的色彩，可以带给人安全和依赖的感觉。

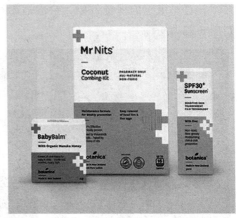

图 8-19　　　　　　　　　　　　　　　　图 8-20

包装设计的色彩在运用过程中，要根据商品的色彩属性来确定商品的包装色调，针对商品特定的消费对象来进行色彩定位，结合不同民族的生活习惯、喜好、风俗等审美特点来选择色彩搭配。设计师应具有较强的色彩表现力，依据同中求异的原则，以一种或几种同类色为主色调，在统一中求取变化，运用局部色彩，形成画面色彩印象，吸引消费者注意力，并与消费者产生共鸣，促进商品成功的销售。例如，食品类包装多采用红色、黄色、橙色为主色调，强调味觉，突出食品的营养。

值得一提的是，色彩作为与人们日常生活紧密联系的视觉语言，不同国家、不同民族、不同文化背景的人们对于色彩的象征意义也不尽相同，需要区别对待。例如，在中国，黄色代表权力，而在西方国家，黄色代表背叛。

4．包装设计的构成

包装设计的构成主要指将包装设计的图形、文字、色彩以及容器造型等诸多要素巧妙编排，达到理想视觉效果的过程。成功的包装设计离不开科学的构成形式。常用包装设计构成方法如下。

垂直构成——将多个视觉要素采用竖向形式排列，以直立形式出现，给人挺拔向上的感觉；同时运用平衡手法，以小面积的非垂直排列打破单调感。如图 8-21 所示，采用了垂直构成的包装手法，更加突出商品的直立属性。

水平构成——将多个视觉要素采用横向形式排列，给人安定、平和的感觉，同时应注意平稳中求变化，如图 8-22 所示的食品包装中，采用了水平构成形式。

中心构成——将主体视觉要素集中置于画面中心，四周留白，给人以醒目突出、视觉安定、层次感强的感觉；同时应注意各要素的位置、面积之间的比例关系。

边角构成——将多个视觉要素放置于包装画面边角处，分割画面，形成强烈的疏密对比关系，构成强视觉冲击力；同时应注意图形与文字的科学结合以及图与底之间的疏密关系。

分割构成——将多个视觉要素按一定的线性规律置于不同空间中，产生丰富多变的视觉效果。分割方法有垂直分割、水平分割、倾斜分割、十字分割、曲线分割等。

重叠构成——将多个视觉要素以相互穿插、多层重叠的手法置放，形成立体、丰富、强烈、有厚重感的视觉效果。合理运用对比与协调的形式美法则是做好重叠构成的关键，如图 8-23 所示。

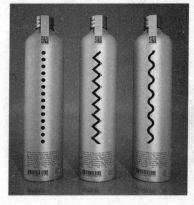  

图 8-21   图 8-22   图 8-23

综合构成——是一种没有规则的构成形式，介于多种构成形式之间，利用几种或多种构成方式统一表现构图，形成形式多样、灵活多变的视觉效果；遵循丰富与统一的形式美法则是做好综合构成的关键。

包装设计的构成在运用过程中，还应该注意设计要素的整体性、视觉语言的协调性以及画面效果的生动性；在突出主题的基础上，主次兼顾，有秩序地表现各个形象要素。商品的色彩、图形、文字、商标等视觉要素之间要紧扣主题、主次分明、协调统一，同时还应在统一中增添变化，使画面生动活泼。

8.2 项 目 解 析

8.2.1 任务 1——薯片食品包装设计

任务分析

如今，琳琅满目的食品摆满了超市货架，想在同类产品中脱颖而出，食品包装的独特性就十分必要。食品包装色彩的选择和搭配直接影响到整个包装的气质和风格，也对应着不同的消费人群，食品包装中对于色彩的运用比较多变，一些休闲食品多采用红、黄、蓝、紫等高纯度的鲜艳色系。另外，文字的不同排版和特殊效果的使用也可以起到突出商品特征的目的。本任务在制作过程中，主要采用红色、黄色、蓝色等高纯度的鲜艳色彩，符合食品本身的商品特征，通过对薯片不同文字信息进行立体化、透视化和浮雕化等的处理，重新排列组合，突出商品的名称和口味。

本任务将制作 lites 薯片食品包装设计的平面展开图和立体效果图，如图 8-24 和图 8-25 所示。

图 8-24   图 8-25

任务实施

（1）启动 Photoshop CC，选择"文件"→"新建"命令，或按 Ctrl+N 快捷键，在弹出的对话框中新建一个"名称"为"薯片食品包装"、"宽度"为"25 厘米"、"高度"为"20 厘米"、"分辨率"为"200 像素/英寸"、"颜色模式"为"CMYK"、"背景"内容为"白色"的文件，单击"确定"按钮，如图 8-26 所示。

（2）在"图层"面板中新建"图层 1"，选择"渐变工具"命令，在工具栏上选择"对称渐变"命令，在"渐变编辑器"窗口中编辑两边为"红色（#ff0000）"、中间为"透明色"的渐变，如图 8-27 所示；选择"图层 1"，按 Shift 键从上向下拖出一条直线，垂直拉出渐变，在"图层"面板中双击"背景"图层，将其变为普通图层，然后删除图层得到如图 8-28 所示的效果。

（3）选择"文件"→"置入"命令，找到"薯片"文件，置入"薯片食品包装"文件中，自动生成"薯片"图层，按 Ctrl+T 快捷键调整薯片的大小和位置，在"图层"面板上拖动"薯片"图层至"图层 1"的下方，得到如图 8-29 所示的效果。

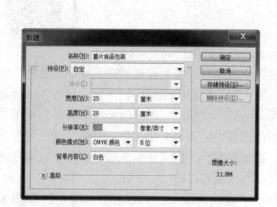

图 8-26

图 8-27

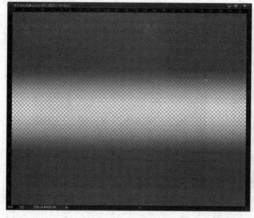

图 8-28

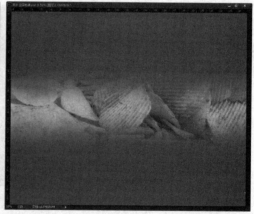

图 8-29

（4）在"图层"面板上新建"图层 2"，选择"椭圆选框工具"命令，按 Shift 键绘制正圆，选择"选择"→"变换选区"命令，按 Alt 键水平缩小选区，得到合适选区；选择"渐变工具"命令，在工具栏上选择"径向渐变"命令，在"渐变编辑器"中编辑"浅蓝色（# 82c1ea）→深蓝色（#1d50a2）"的径向渐变，如图 8-30 所示；为正圆形选区填充蓝色渐变，如图 8-31 所示。

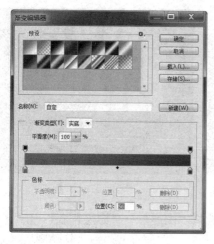 

图 8-30 图 8-31

（5）选择"钢笔工具"命令，在蓝色圆形上方绘制一条曲线；选择"横排文字工具"命令，设置字体颜色为"白色（#ffffff）"，大小选择"60 点"，字体选择"华文琥珀"，输入"NEW!"，自动生成"NEW!"图层；选择"直接选择工具"命令，可以对曲线上文字的位置进行左右调整，得到如图 8-32 所示的效果。

（6）在"图层"面板上双击"NEW!"图层，在弹出的"图层样式"对话框中选中"斜面和浮雕""投影""描边"和"外发光"4 个复选框，分别在"投影"和"描边"属性面板中调节参数，描边颜色为"黄色（#f4e226）"，大小为"3 像素"，参数设置如图 8-33所示；为文字"NEW!"添加丰富的效果，得到如图 8-34 所示的效果。

（7）选择"横排文字工具"命令，输入"LITES"，填充颜色为"金黄色（#f4e226）"，大小选择"100 点"，字体选择"汉仪超粗黑简"，自动生成"LITES 图层"，文字参数设置如图 8-35 所示。调整文字的字间距，选择"图层"→"栅格化"→"文字"命令，将文字图层转换为普通图层，选择"编辑"→"变换"→"透视"命令，对文字进行透视调整，如图 8-36 所示。

 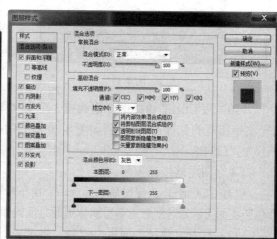

图 8-32 图 8-33

图 8-34　　　　　　　　　　图 8-35　　　　　　　　　　图 8-36

（8）在"图层"面板上选择"NEW!"图层，选择"图层"→"图层样式"→"拷贝图层样式"命令，选择"LITES 图层"，选择"图层"→"图层样式"→"粘贴图层样式"命令，将第（6）步文字"NEW!"设置好的图层样式粘贴过来，并修改描边颜色为"白色（#ffffff）"，大小为"5 像素"，为文字"LITES"添加丰富的效果，得到如图 8-37 所示的效果。

（9）参考第（5）步、第（6）步的操作，选择"钢笔工具"命令，绘制一条曲线，选择"横排文字工具"命令，字体颜色为"白色（#ffffff）"，大小选择"36 点"，字体选择"汉仪蝶语体简"，输入 delicious，自动生成"delicious 图层"；重复第（8）步操作，复制文字"NEW!"的图层样式到"delicious 图层"，并修改描边颜色为"红色（#ff0000）"，大小为"3 像素"，为文字 LITES 添加丰富的效果，得到如图 8-38 所示的效果。

图 8-37　　　　　　　　　　　　　　　　图 8-38

（10）按 Ctrl+T 快捷键分别调整 3 个文字图层的大小，选择"移动工具"命令，调整 3 个文字相互的位置关系，得到如图 8-39 所示的效果；按 Shift 键，同时选择"图层 2""NEW! 图层""LITES 图层"和"delicious 图层"4 个文字图层，选择"图层"→"链接图层"命令，将 4 个图层链接在一起。

（11）按 Ctrl+R 快捷键显示标尺，分别在 6 厘米和 19 厘米的位置拖出两条垂直标尺，检查包装主面上圆形、3 个文字与整体画面之间的位置关系，调整后的效果如图 8-40 所示。

（12）打开"路径"面板，选择"钢笔工具"命令，在工作路径上绘制三角形路径，按 Ctrl 键，单击"工作路径"缩略图，将三角形路径转换为选区，在"图层"面板上新建

"图层 3",将三角形选区填充为"黄色(#f4e226)"。

图 8-39

图 8-40

(13)双击"图层 3",在弹出的"图层样式"对话框中选中"投影"复选框和"描边"复选框,分别在"投影"和"描边"属性面板中调节参数,描边颜色为"白色(#ffffff)",大小为"10 像素",投影的距离为"40 像素",得到如图 8-41 所示的效果。

(14)选择"横排文字工具"命令,设置字体为"汉仪蝶语体简",字号为"14 点",颜色为"红色(#e71f19)",输入"The NEW FORMULA";按 Ctrl+T 快捷键在"旋转"选项下输入"-45°",对字体进行旋转,并放置在合适位置,如图 8-42 所示。

图 8-41

图 8-42

(15)按 Shift 键同时选择"图层 3"和 The new formula 图层,按 Ctrl+E 快捷键合并所选择的图层,得到新的 The new formula 图层。

(16)两次复制"The new formula"图层,得到两个"The new formula 拷贝"图层,选择"移动工具"命令,将两个图层移到页面右下角,按 Ctrl+T 快捷键调整两个图层的大小和相互位置,按 Ctrl+E 快捷键合并两个副本图层,得到如图 8-43 所示的效果。

(17)选择"圆角矩形工具"命令,前景色设置为"黄色(#f4e226)",在包装正面下方绘制圆角矩形,自动生成"圆角矩形 1"图层;双击"圆角矩形 1"图层,在弹出的"图层样式"对话框中选中"投影"复选框和"描边"复选框,分别在"投影"和"描边"属性面板中调节参数,设置描边颜色为"白色(#ffffff)",大小为"5 像素",投影的距离为"20 像素"。

（18）选择"横排文字工具"命令，设置字体为"汉仪蝶语体简"，字号为"14 点"，颜色为"红色（#e71f19）"，输入"ITALIAN TOMATO FLAVOUR"，并放置在合适位置；选择"横排文字工具"命令，设置字体为"汉仪蝶语体简"，字号为"14 点"，颜色为"黄色（#f4e226）"，输入"CREATIVE DESIGN CHIPS"，并放在合适位置，如图 8-44 所示。

图 8-43　　　　　　　　　　　　　　　　图 8-44

（19）按 Shift 键同时选择第（10）步链接的 4 个图层，复制 4 个图层，按 Ctrl+E 快捷键合并新复制的 4 个图层，得到"delicious 拷贝"图层；按 Ctrl+T 快捷键，调整新图层的大小，放在包装左上角；双击"delicious 拷贝"图层，在"图层样式"对话框中选中"投影"复选框，添加投影效果，投影距离为"5 像素"。

（20）在"图层"面板上新建"图层 4"，选择"矩形选框工具"命令，绘制合适大小的矩形，填充颜色为"黄色（#f4e226）"；在"图层样式"对话框中选中"投影"复选框，添加投影效果，投影距离为"5 像素"，并调整"图层 4"至"delicious 拷贝"图层的下方，如图 8-45 所示。

（21）选择"横排文字工具"命令，字体选择"黑体"，填充颜色为"白色（#ffffff）"，大小选择"9 点"；打开"薯片说明文字.doc"素材文件，复制商品文字信息，在包装图左侧页面拖动合适选区，粘贴文字内容，并调整文字的字间距和文字排列方式，如图 8-46 所示。

图 8-45　　　　　　　　　　　　　　　　图 8-46

（22）同第（21）步操作，在包装图右侧页面输入商品文字信息，调整文字大小、间距以及颜色，放置在合适位置；打开素材文件"条形码.jpeg"，将条形码图片拖至"薯片食品包装"文件上，调整大小和位置，如图 8-47 所示。

（23）至此，薯片食品包装平面展开图制作完毕。选择"文件"→"存储为"命令，保存文件为"薯片食品包装平面展开图.psd"。选择"文件"→"存储为"命令，文件类型选择.jpeg 格式，最终生成如图 8-48 所示效果。

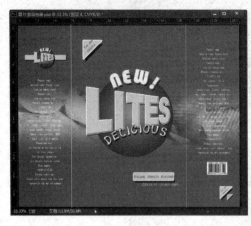 

图 8-47   图 8-48

（24）接下来，绘制薯片食品包装立体效果图。按 Ctrl+N 快捷键，在弹出的对话框中新建"名称"为"薯片食品包装立体图"、"宽度"为"25 厘米"、"高度"为"25 厘米"、"分辨率"为"200 像素/英寸"、"颜色模式"为"RGB"、"背景内容"为"白色"的文件，单击"确定"按钮。

（25）打开"薯片食品包装平面展开图.psd"文件，选择所有图层，按 Ctrl+E 快捷键合并所有图层；选择"矩形选框工具"命令，依据辅助线，绘制薯片食品包装正面矩形，选择"移动工具"命令，将薯片食品包装正面图形拖至"薯片食品包装立体图"文件中，自动生成"图层 1"，如图 8-49 所示。

图 8-49

　　（26）选择"滤镜"→"液化"命令，在"液化"面板中调节画笔大小，如图 8-50 所示；将包装袋的两侧向内移动，调整包装上下方的锯齿状，得到如图 8-51 所示的图形。

　　（27）按 Ctrl 键，单击"图层 1"缩略图，将图层 1 转换为选区，在"图层"面板上新建"图层 2"，在选区上填充颜色为"深灰色（#171717）"，选择"减淡工具"命令，在选区内绘制涂抹，如图 8-52 所示。

图 8-50

图 8-51

图 8-52

　　（28）选择"滤镜"→"素描"→"烙黄"命令，为黑色选区增加烙黄渐变，设置"图层 2"的图层混合模式为"滤色"，两个图层叠加在一起，绘制出包装袋的塑料质感，如图 8-53 所示。

　　（29）用同样的方法绘制其他口味的薯片包装袋效果，如图 8-54 所示。

（30）分别隐藏和显示不同口味的薯片包装效果图，调整大小和位置，得到如图 8-55 所示的效果图。

　　　　图 8-53　　　　　　　　　　　　图 8-54　　　　　　　　　　　　图 8-55

（31）在"图层"面板上双击"背景"图层，将其变为普通图层；选择"渐变工具"命令，由下向上创建黑色到白色的渐变，给背景添加渐变效果，如图 8-56 所示，至此完成薯片食品包装立体效果图的绘制。

（32）在"图层"面板上全部选择并复制所有图层，按 Ctrl+E 快捷键将所有新复制的图层进行合并，按 Ctrl+T 快捷键进行垂直翻转，调整位置。选择"快速蒙版模式编辑"命令，选择"渐变工具"命令，由上至下创建一个不透明到透明的线性渐变，退出"快速蒙版模式编辑"，按 Delete 键删除选区内容，制作出包装投影效果。选择"文件"→"存储"命令保存文件。最终效果如图 8-57 所示。

　　　　　图 8-56　　　　　　　　　　　　　　　图 8-57

要点解析

（1）本任务制作过程中，要对色彩进行重点设计，采用高纯度、高明度的色彩，以此突出食品的特征。

（2）本任务中的文字不仅起到了传达商品信息的作用，还被图形化了，不同效果的文字组合充当整个包装设计中的图形要素。制作过程中，主要采用了点文字、段落文字和路径文字多种不同的文字类型，对文字进行阴影处理、浮雕处理以及透视处理，以增加文字的表现效果。

（3）为了表现塑料包装本身的质感，该任务最后环节对图形进行了"液化""素描""烙黄"处理，通过改变图层混合模式来实现塑料包装的质感表现。

8.2.2　任务 2——冬凌茶土特产包装设计

任务分析

土特产包装设计需要突出产品的绿色环保、天然以及原生态性，包装的色彩选择需要准确传达商品文化，体现浓郁的地域特色。该任务为冬凌茶土特产包装设计，图形设计采用中轴对称的形式，并在商品名称处进行了强调和变化，图片经过正圆形和正方形的描边设计；色彩设计选择土黄色和深咖色两种色彩为主色调，代表天然、健康、环保、土壤，以此突出商品的天然安全、土生土长、原汁原味。平面展开图的绘制重点放在包装正面的设计上，立体效果图的设计重点主要是两个面的透视关系。

本任务中，将制作如图 8-58 和图 8-59 所示的冬凌茶土特产包装的平面展开图和立体效果图。

图 8-58

图 8-59

任务实施

（1）启动 Photoshop CC，选择"文件"→"新建"命令，或按 Ctrl+N 快捷键，在弹出的对话框中新建一个"名称"为"冬凌茶平面展开图"、"宽度"为"200 毫米"、"高度"为"200 毫米"、"分辨率"为"200 像素/英寸"、"颜色模式"为"CMYK"、"背景内容"为"白色"的文件，单击"确定"按钮，如图 8-60 所示。

（2）选择"视图"命令，选择"标尺"选项或按 Ctrl+R 快捷键显示标尺，按 Ctrl+H 快捷键显示辅助线，选择"视图"→"新建参考线"命令，分别在垂直标尺 0.8 厘米、5.5

厘米、14.5 厘米、19.2 厘米的位置新建 4 条参考线，在水平标尺 0.8 厘米、5.6 厘米、10.4
厘米、15.2 厘米的位置新建 4 条参考线，如图 8-61 所示。

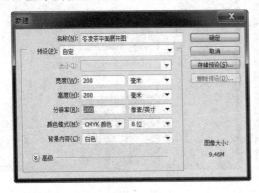

图 8-60

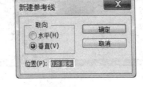

图 8-61

（3）在"路径"面板上新建"路径 1"，选择"钢笔工具"命令，对齐参考线绘制包
装展开图外形，选择"直接选择工具"命令，对绘制的包装展开图路径进行微调，如图 8-62
所示；按 Ctrl 键，单击"路径 1"缩略图，将路径 1 转换为选区，在"图层"面板上新建
"图层 1"，并将钢笔绘制的选区填充为"土黄色（#e9cf97）"，取消选区后效果如图 8-63
所示，得到包装平面展开图。

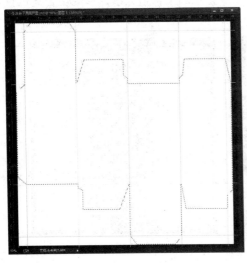

图 8-62

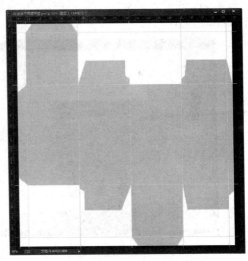

图 8-63

（4）在"图层"面板上新建"图层 2"，选择"矩形选框工具"命令，参考辅助线绘
制选区；选择"选择"→"变换选区"命令，按 Alt 键水平缩小选区，得到合适选区，填
充颜色为"深咖色（#36200c）"；复制"图层 2"，得到"图层 2 拷贝"新图层，选择"移
动工具"命令，将"图层 2 拷贝"图层移到包装主面上，取消选区后效果如图 8-64 所示。

（5）在"图层"面板上新建"图层 3"，选择"矩形选框工具"命令，参考辅助线，
在包装主要面上绘制合适选区，填充颜色为"土黄色（#e9cf97）"，取消选区后效果如
图 8-65 所示。

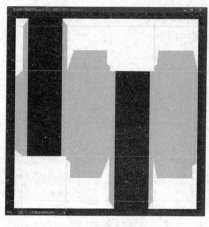
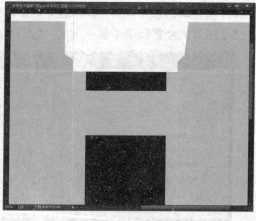

图 8-64　　　　　　　　　　　　　　　　　　　　图 8-65

（6）在"图层"面板上新建图层，选择"横排文字工具"命令，输入"冬凌茶"，填充颜色为"深咖色（#36200c）"，大小选择"40 点"，字体选择"华文隶书"；用同样操作新建图层，选择"横排文字工具"命令，输入"donglingcha"，填充颜色"深咖色（#36200c）"，大小选择"12 点"，字体选择"汉仪方隶简"，如图 8-66 所示。

（7）在"图层"面板上新建"图层 4"，选择"椭圆选框工具"命令，按 Shift 键绘制正圆，并选择"选择"→"变换选区"命令，调整正圆至合适大小，移动至合适位置，如图 8-67 所示。

图 8-66　　　　　　　　　　　　　　　　　　　　图 8-67

（8）在"路径"面板上选择"从选区生成工作路径"命令，自动生成正圆形工作路径，按 Ctrl 键，单击"工作路径"缩略图，将工作路径转换为选区，在"图层"面板上选择"图层 4"，填充颜色为"土黄色（#e9cf97）"，如图 8-68 所示。

（9）打开素材文件"冬凌草 1.jpeg"，选择"移动工具"命令，将冬凌草图片拖至"冬凌茶平面展开图"文件上，自动生成"图层 5"；按 Ctrl+T 快捷键，调整素材文件的大小和位置，同时按 Shift+Alt 快捷键调整大小，可以保证图片按原有比例和位置进行调整；在"图层"面板上按 Alt 键，将鼠标指针放在"图层 5"和"图层 4"之间，指针变化后单击，将素材图片放至正圆形路径中，如图 8-69 所示。

图 8-68   图 8-69

（10）在"图层"面板上新建"图层 6"，在"路径"面板上按 Ctrl 键，单击"工作路径"缩略图，将工作路径转换为选区；选择"选择"→"变换选区"命令，按 Shift+Alt 快捷键调整选区至合适大小，填充颜色为"土黄色（#e9cf97）"，在"路径"面板上拖动"图层 6"至"图层 4"的下方，如图 8-70 所示。

（11）选择"横排文字工具"命令，设置字体为"汉仪大黑简"，输入厂家中英文基本信息，字号分别为"6 点"和"4 点"，填充颜色为"土黄色（#e9cf97）"；打开"切换字符和段落"面板，对字符进行调整，同样操作输入"净含量"文字信息，完成正面基本文字信息的输入，如图 8-71 所示。

图 8-70   图 8-71

（12）在"图层"面板上新建"图层 7"，选择"矩形选框工具"命令，按 Shift 键绘制正方形，选择"选择"→"变换选区"命令，输入"45°"，填充颜色为"土黄色（#e7bc71）"。

（13）在"图层"面板"图层 7"上右击，在弹出的快捷菜单中选择"从图层创建组"命令，创建新组，命名为"茶标签"；选择"图层 7"，按 Ctrl 键，单击"图层 7"缩略图，将"图层 7"转换为选区；新建"图层 8"，选择"选择"→"变换选区"命令，缩小选区至合适位置，填充颜色为"深咖色（#36200c）"。

（14）选择"横排文字工具"命令，设置字体为"华文细黑"，输入"茶"，填充颜色为"土黄色（#e7bc71）"，按 Ctrl+T 快捷键调整文字的大小，如图 8-72 所示。

（15）在"图层"面板上选择"茶标签"图层组，按 Ctrl+T 快捷键调整整个图层组的大小，放至页面下方。复制"茶标签"图层组，得到"茶标签"副本图层，选择"移动工具"命令，将新的茶标签放至页面左上角，按 Ctrl+T 快捷键在"旋转"选项下输入"180°"，将茶标签垂直翻转，如图 8-73 所示。

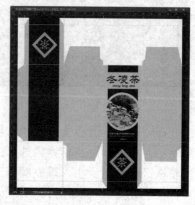

图 8-72　　　　　　　　　　　　　　　图 8-73

（16）在"图层"面板上新建"图层 9"，选择"矩形选框工具"命令，绘制合适的矩形，填充颜色为"土黄色（#e7bc71）"，复制"图层 9"，得到"图层 9 拷贝"图层；打开素材文件"冬凌草 2.jpeg"，将冬凌草图片拖至"冬凌茶平面展开图"文件上，自动生成"图层 10"；调整素材文件的大小和位置，在"图层"面板上按 Alt 键，将鼠标指针放在"图层 10"和"图层 9 拷贝"之间，指针变化后单击，将素材图片放至矩形中，选择"图层 9"，按 Ctrl+T 快捷键调整"图层 9"中的矩形大小，如图 8-74 所示。

（17）选择"横排文字工具"命令，设置字体为"华文细黑"，字号为"5 点"，字体颜色为"土黄色（#e7bc71）"，复制产品特点的段落文字信息，拖出文字对话框，粘贴段落文字内容，并调整文字的位置。

（18）打开素材文件"条形码.jpeg"，将条形码图片拖至"冬凌茶平面展开图"文件上，自动生成"图层 11"；按 Ctrl+T 快捷键调整条形码的大小和位置，在"图层"面板中将"条形码"的图层混合模式更改为"正片叠底"，调整位置后的效果，如图 8-75 所示。

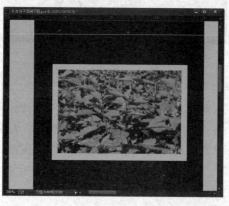

图 8-74　　　　　　　　　　　　　　　图 8-75

（19）选择"竖排文字工具"命令，设置字体为"华文细黑"，字号为"6 点"，字体颜色为"深咖色（#36200c）"，复制产品基本文字信息，拖出文字对话框，粘贴段落文字内容，并调整文字的位置与字间距，同样操作，调整厂家基本信息，如图 8-76 所示。

（20）在"图层"面板上新建"图层 12"，选择"矩形选框工具"命令，绘制合适的矩形；选择"选择"→"变换选区"命令，调整矩形的大小和位置，填充颜色为"深咖色（#36200c）"；新建"图层 13"，选择"选择"→"修改"→"收缩"命令，在弹出的对话框中设置"收缩量"为 5 像素，填充新选区颜色为"土黄色（#e7bc71）"。

（21）同第（20）步操作，在"图层"面板上新建"图层 14"，选择"矩形选框工具"命令，绘制合适的矩形；选择"选择"→"变换选区"命令，调整矩形的大小和位置，填充颜色为"深咖色（#36200c）"；新建"图层 15"，选择"选择"→"修改"→"收缩"命令，在弹出的对话框中设置"收缩量"为 4 像素，填充新选区颜色为"土黄色（#e7bc71）"，将"图层 14"和"图层 15"新建为"图框"图层组，并复制出新的图层组，调整位置，如图 8-77 所示。

图 8-76　　　　　　　　　　　　　　　　　　　图 8-77

（22）选择"横排文字工具"命令，设置字体为"华文细黑"，字号为"6 点"，字体颜色为"深咖色（#36200c）"，复制文字信息，拖出文字对话框，粘贴段落文字内容，并调整文字的位置与字间距，如图 8-78 所示。

（23）选择"横排文字工具"命令，设置字体为"汉仪柏青体简"，字号为"48 点"，字体颜色为"深咖色（#36200c）"，输入"茶"文字，并复制茶文字图层，调整大小和位置，如图 8-79 所示。

（24）打开素材文件"印章.psd"，将印章装饰素材拖至"冬凌茶平面展开图"文件上，自动生成"图层 16"；按 Ctrl+T 快捷键调整装饰素材的大小和位置，在"图层"面板中将"图层 16"的图层混合模式更改为"正片叠底"。调整位置后的效果如图 8-80 所示。

（25）至此，冬凌茶土特产平面展开图制作完毕。选择"文件"→"存储"命令，保存文件为"冬凌茶平面展开图"，如图 8-81 所示。

图 8-78　　　　　　　　　　　　　　　　　图 8-79

图 8-80　　　　　　　　　　　　　　　　　图 8-81

（26）打开"冬凌茶平面展开图.psd"文件，选择"文件"→"存储为"命令，另存文件为"冬凌茶平面展开图副本"；在"图层"面板中，按 Shift 键选择所有图层，右击并在弹出的快捷菜单中选择"合并图层"命令。

（27）按 Ctrl+N 快捷键，在弹出的对话框中新建"名称"为"冬凌茶包装立体效果图"、"宽度"为"150 毫米"、"高度"为"150 毫米"、"分辨率"为"200 像素/英寸"、"颜色模式"为"CMYK"、"背景内容"为"白色"的文件，单击"确定"按钮。

（28）打开"冬凌茶平面展开图副本.psd"文件，选择"矩形选框工具"命令，依据辅助线绘制冬凌茶包装正面矩形，选择"移动工具"命令，将冬凌茶包装正面图形拖至"冬凌茶包装立体效果图"文件中，自动生成"图层 1"。

（29）同第（28）步操作一样，选择"矩形选框工具"命令和"移动工具"命令，将冬凌茶包装的侧面图形拖至"冬凌茶包装立体效果图"文件中，自动生成"图层 2"，如图 8-82 所示。

（30）选择"图层 1"，选择"编辑"→"变换"→"透视"命令，调整包装正面的角度，按 Ctrl+J 快捷键得到"图层 1 拷贝"；选择"编辑"→"变换"→"垂直翻转"命令，并将图形移动到下方，选择"编辑"→"变换"→"斜切"命令，调整下方图形的角度；同样操作，调整包装侧面的角度，复制出新的"图层 2 拷贝"图层，垂直翻转并进行角度的调整，得到如图 8-83 所示的效果。

图 8-82

图 8-83

（31）在"图层"面板上调整两个倒影图层的顺序，按 Ctrl+E 快捷键将两个倒影图层进行合并，单击▣按钮进入"快速蒙版模式编辑"，选择"渐变工具"命令，由上至下创建一个不透明到透明的线性渐变，如图 8-84 所示；单击◉按钮退出"快速蒙版模式编辑"，按 Delete 键删除选区内容，得到如图 8-85 所示的效果。

图 8-84

图 8-85

（32）在"图层"面板上双击"背景"图层，将其变为普通图层，选择"渐变工具"命令，由下向上创建黑色到白色的渐变，如图 8-86 所示。

（33）同样操作，制作出包装另一面的效果图以及投影效果，如图 8-87 所示。将两个不同角度的冬凌茶立体包装效果图进行大小的调整。至此，整个冬凌茶土特产包装效果就制作完成了，选择"文件"→"存储"命令保存文件，如图 8-88 所示。

图 8-86

图 8-87

图 8-88

要点解析

（1）在绘制产品包装时，无论是袋子类包装，还是盒子类包装，一般都是先设计制作出包装的平面展开图，尤其是正面和侧面的画面设计；然后，将设计好的正面和侧面通过透视、变形等命令组合在一起，制作出立体效果图。本任务中，盒子包装立体效果图制作过程中，准确的透视关系是重点，也是难点部分。

（2）包装设计中，作品色彩的选择也很重要，尤其是带有地域特征的土特产产品的包装设计；冬凌茶包装设计过程中，可以将色彩定位为代表健康的绿色，也可以定位为代表土地的黄色。本项目选择了后者，采用同类色的土黄色和深咖色作为主色调，色彩整体协调统一，贴近土壤本身的色调；两种主色调对比强烈，突出商品产品名称等基本信息，加上绿色调的产品源图片，整体突出健康、自然、安全的心理感受。

8.2.3　任务 3——手提袋包装设计

任务分析

手提袋包装设计是商品包装的重要组成部分。手提袋以其良好的审美性、传播性和便携性，深受消费者喜欢。本任务是一款自酿红酒手提袋的包装设计案例，手提袋材质选择的是纸质包装；一个手提袋可以装两瓶红酒，包装尺寸则是事先测量好的。在手提袋平面展开图设计过程中，采用被图形化的女性形象为主体，经过夸张、概括、提炼等创作手法，将女性脸部、颈部进行艺术加工，选择高纯度、对比强烈的色彩表现，这样的设计符合爱喝红酒的消费者向往多姿多彩生活的心理需求。制作过程中，多次采用"钢笔工具"，突出了"钢笔工具"的造型表现能力。

本任务中，将制作如图 8-89 和图 8-90 所示的花果微醺红酒手提袋包装设计效果图。

图 8-89

图 8-90

任务实施

（1）启动 Photoshop CC，选择"文件"→"新建"命令，或按 Ctrl+N 快捷键，在弹出的对话框中新建一个"名称"为"手提袋包装设计"、"宽度"为"35 厘米"、"高度"为"35 厘米"、"分辨率"为"200 像素/英寸"、"颜色模式"为"CMYK"、"背景内容"为"白色"的文件，单击"确定"按钮，如图 8-91 所示。

（2）选择"视图"→"标尺"命令或按 Ctrl+R 快捷键显示标尺，按 Ctrl+H 快捷键显示辅助线，选择"视图"→"新建参考线"命令，分别在垂直标尺 11 厘米、16 厘米、27厘米、32 厘米的位置新建多条参考线，在水平标尺 5 厘米、30 厘米的位置新建两条参考线，如图 8-92 所示。

图 8-91

图 8-92

（3）在"路径"面板上新建"头发"路径，选择"钢笔工具"命令和"直接选择工具"命令，在画面合适的位置绘制头发路径，如图 8-93 所示；在"路径"面板上按 Ctrl 键，单击"头发"路径缩略图，将钢笔绘制的路径转换为选区；在"图层"面板上新建图层，并修改图层名称为"头发"，将钢笔绘制的头发选区填充为"红色（#e40429）"，取消选区后效果如图 8-94 所示。

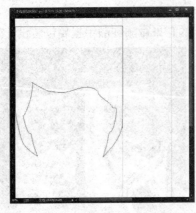

图 8-93　　　　　　　　　　图 8-94

（4）同第（3）步操作，新建"脸"路径，选择"钢笔工具"命令和"直接选择工具"命令，在画面合适的位置绘制"脸"路径，将"脸"路径转换为选区；新建"脸"图层，将脸选区填充为"白色（#ffffff）"，并拖动"脸"图层至"头发"图层的下方，如图 8-95 所示。

（5）同第（4）步操作，新建"脖子"路径，选择"钢笔工具"命令和"直接选择工具"命令绘制脖子路径，转换为选区；新建"脖子"图层，将脖子选区填充为"枚红色（#c81e75）"，如图 8-96 所示。

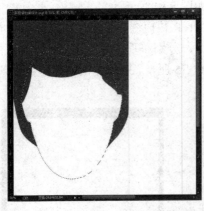

图 8-95　　　　　　　　　　图 8-96

（6）同第（5）操作，新建"黑眼镜"路径，选择"钢笔工具"命令和"直接选择工具"命令绘制眼镜路径，转换为选区；新建"眼镜"图层，将眼镜选区填充为"黑色（#000000）"，拖动"眼镜"图层至"头发"图层的上方，如图 8-97 所示。

（7）选择"多边形工具"命令，在工具扩展栏中，"填充"颜色设置为"浅绿色（#90b830）"，"边"设置为"6"，按 Shift 键绘制水平正六边形，"路径"面板中自动生成"多边形 1 形状"路径，"图层"面板中自动生成"多边形 1"图层，修改图层名称为"镜片"，按 Ctrl+T 快捷键调整镜片的大小和位置，如图 8-98 所示。

图 8-97

图 8-98

（8）同步骤（3）到步骤（7）操作，分别新建"眉毛"路径、"黑色眼珠"路径、"黄色眼珠"路径和"高光"路径，绘制眉毛、黑色眼珠、黄色眼珠和高光形状。新建"眉毛"图层，填充颜色为"深绿色(#005e32)"，新建"黑色眼珠"图层，填充颜色为"黑色(#000000)"，新建"黄色眼珠"图层，填充颜色为"浅绿色（#90b830）"，新建"高光"图层，填充颜色为"白色（#ffffff）"，移动"黑色眼珠"图层至"眉毛"图层的下方，分别调整 4 个图形的位置和大小关系，如图 8-99 所示。

（9）按 Shift 键，同时选择"眉毛"图层、"黑色眼珠"图层、"黄色眼珠"图层、"镜片"图层和"高光"图层，拖至"新建图层"按钮，生成 5 个副本图层，按 Ctrl+E 快捷键合并新复制的 5 个副本图层，得到新图层，修改图层名称为"全部眼睛"，并移动到右侧眼镜上方，如图 8-100 所示。

图 8-99

图 8-100

（10）新建"鼻子"路径，绘制鼻子形状，转换为选区；新建"鼻子"图层，填充颜色为"黑色（#000000）"，复制"鼻子"图层，选择"编辑"→"变换"→"水平翻转"

命令，移动鼻子至合适位置，按 Ctrl+E 快捷键合并两个鼻子图层，如图 8-101 所示。

（11）同步骤（3）到步骤（7）操作，制作嘴巴的不同部分，注意调整不同图层之间的上下位置，如图 8-102 所示。按 Shift 键，选择除了"脖子"图层以外的全部图层，右击，在弹出的快捷菜单中选择"从图层建立组"命令，输入新图层组的名称为"脸"。至此，面部细节全部绘制完成，如图 8-103 所示。

图 8-101

图 8-102

图 8-103

（12）在"图层"面板上新建"图层 1"，修改图层名称为"脖子条纹"；选择"矩形选框工具"命令，在工具栏选项中，"样式"选择"固定大小"，"宽度"为"1000 像素"，"高度"为"80 像素"，如图 8-104 所示，在脖子上方绘制矩形并移动至合适位置，填充颜色为"黑色（#000000）"。

（13）复制"脖子条纹"图层，得到"脖子条纹拷贝"图层，按 Ctrl+T 快捷键，将原有坐标轴 Y 轴上的"1548.00 像素"更改为"1708.00 像素"（1548+80×2），如图 8-105 所示；矩形自动向下移动 80 像素的距离。按 Shift+Ctrl+Alt 组合键 4 次，得到多个"脖子条纹拷贝"图层，并制作出条纹效果，如图 8-106 所示。按 Shift 键选择所有"脖子条纹"图层，按 Ctrl+E 快捷键合并所有被选择的副本图层。

图 8-104

图 8-105

图 8-106

（14）按 Alt 键，单击"脖子"图层缩略图，将脖子载入选区，选择"脖子条纹"图层，按 Shift+Ctrl+I 组合键反选选区，按 Delete 键删除脖子选区以外的部分，如图 8-107 所示，脖子条纹制作完成。

（15）在"图层"面板上新建"图层 1"，修改图层名称为"脖子装饰"；选择"矩形选框工具"命令，按 Shift 键绘制正方形选区，填充颜色为"黄色（#eebd18）"，按 Ctrl+T 快捷键将正方形进行斜切变形，变为菱形，并旋转菱形的位置，调整菱形大小，如图 8-108 所示。

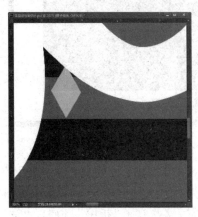

　　　　　　　图 8-107　　　　　　　　　　　　　　　　　图 8-108

（16）复制"脖子装饰"图层，向下移动，填充颜色为"蓝色（#0b75b5）"，按 Ctrl+E 快捷键合并两个"脖子装饰"图层，如图 8-109 所示。反复复制"脖子装饰"图层，移动位置，如图 8-110 所示；进行菱形图形位置的调整，按 Ctrl+E 快捷键合并所有脖子装饰副本图层。

　　　　　　　图 8-109　　　　　　　　　　　　　　　　　图 8-110

（17）按 Alt 键，单击"脖子"图层缩略图，将脖子载入选区；选择"脖子装饰"图层，按 Shift+Ctrl+I 组合键反选选区，按 Delete 键删除脖子选区以外的部分，如图 8-111 所示。按 Shift 键，选择脖子部分的所有图层，右击，在弹出的快捷菜单中选择"从图层建立组"命令，输入新图层组的名称为"脖子"，完成脖子部分的绘制。

（18）新建"手"路径，选择"钢笔工具"命令和"直接选择工具"命令，绘制手路径，按 Ctrl 键将手路径转换为选区；新建"手"图层，将手选区填充为"白色（#ffffff）"，拖动"手"图层至所有图层最上方，如图 8-112 所示。

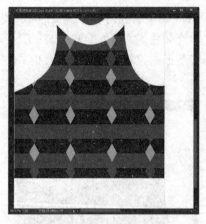

图 8-111　　　　　　　　　　　　　　　　　图 8-112

（19）在"图层"面板上新建"指甲"图层，选择"椭圆选框工具"命令，绘制椭圆，填充颜色为"蓝色（#0b75b5）"，按 Ctrl+T 快捷键旋转椭圆方向，改变椭圆大小，并放在手指上方。多次复制"指甲"图层，调整其中两个图层指甲的颜色为"绿色（#91b830）"，调整 4 个指甲的大小和位置，按 Ctrl+E 快捷键合并所有"指甲"图层，如图 8-113 所示。

（20）至此，手提袋包装主面上人物造型绘制完成，如图 8-114 所示。

图 8-113　　　　　　　　　　　　　　　　　图 8-114

（21）选择"横排文字工具"命令，字体选择"汉仪长艺体简"，大小选择"40 点"，填充颜色为"白色（#ffffff）"，输入"花果微醺"。继续选择"横排文字工具"命令，字体选择"汉仪丫丫体简"，大小选择"30 点"，填充颜色为"白色（#ffffff）"，输入"HUAGUOWEIXUN"。

（22）新建"白色条纹"图层，选择"矩形选框工具"命令，绘制矩形，填充颜色为"白色（#ffffff）"，按 Ctrl+T 快捷键修改大小。调整两个文字图层和白色条纹图层相互的位置关系，全部选择后将图层创建为新组"文字"，如图 8-115 所示，完成包装品牌文字的绘制。

（23）新建"侧面"图层，选择"矩形选框工具"命令，依据辅助线绘制矩形，填充颜色为"白色（#ffffff）"。选择"横排文字工具"命令，字体选择"黑体"，大小选择"6
点"，填充颜色为"红色（#d5152a）"；打开素材文件，复制商品基本信息，粘贴到新图
层中，如图 8-116 所示。

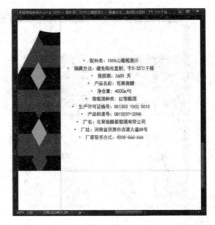

图 8-115   图 8-116

（24）复制图层组"文字"，在新复制的"文字拷贝"图层中调整文字的方向和位置，
制作手提袋侧面商品基本文字标识信息，如图 8-117 所示。

（25）选择并复制所有图层，并整体移动到手提袋另一面。至此，花果微醺手提袋包
装设计平面展开图全部完成，如图 8-118 所示。选择"文件"→"存储"命令保存文件，
选择"文件"→"存储为"命令，"保存类型"选择"JPEG"，文件名称为"花果微醺手
提袋包装设计平面展开图"，输出最后成品图片。

图 8-117   图 8-118

（26）将文件另存为"手提袋包装设计 2"，分别在不同的图层中调整不同形状的颜
色，得到另外一种色调的包装平面图，如图 8-119 所示。

（27）选择"文件"→"新建"命令，或按 Ctrl+N 快捷键，在弹出的对话框中新建一
个"名称"为"手提袋包装立体图"、"宽度"为"35 厘米"、"高度"为"35 厘米"、
"分辨率"为"200 像素/英寸"、"颜色模式"为"GRB"、"背景内容"为"白色"的

文件，单击"确定"按钮。

（28）新建"图层 1"，选择"渐变工具"命令，选择"线性渐变"命令，由下向上创建黑色到白色的渐变作为背景图层，如图 8-120 所示。

图 8-119　　　　　　　　　　　　　　图 8-120

（29）找到第（28）步保存成功的"手提袋包装设计.psd"文件，合并图层后，选择"矩形选框工具"命令，依据辅助线选取平面设计图中的手提袋正面图形，选择"移动工具"命令，移到"手提袋包装立体图"文件中；同样操作，将侧面图形也移动过来，自动生成"图层 2"和"图层 3"，如图 8-121 所示。

（30）选择"编辑"→"变换"→"斜切"命令，分别在"图层 2"和"图层 3"中对包装正面和侧面进行斜切变化，如图 8-122 所示。

图 8-121　　　　　　　　　　　　　　图 8-122

（31）在"路径"面板上新建"工作路径"，选择"钢笔工具"命令，绘制如图 8-123 所示的路径；按 Ctrl 键将绘制的路径转换为选区，回到"图层"面板上新建"图层 4"，填充颜色为"灰色（#bdc3c4）"，取消选择，调整"图层 4"至"图层 2"的下方。

（32）选择"矩形选框工具"命令，在"图层 4"上绘制如图 8-124 所示的矩形选框，选择"图像"→"调整"→"亮度/对比度"命令，在弹出的对话框中设置"亮度"为"60"，得到如图 8-125 所示的效果。

图 8-123　　　　　　　　　　图 8-124　　　　　　　　　　图 8-125

（33）新建"图层 5"，选择"椭圆选框工具"命令，绘制大小合适的圆形，填充颜色为"黑色（#000000）"，描边颜色为"红色（#d5152a）"，移动放至合适位置，复制图层，制作其他的手提袋拉手，如图 8-126 所示。

（34）选择"钢笔工具"命令，新建"图层 6"，绘制手提袋线绳的路径，前景色设置为"红色（#d5152a）"；在工具箱中选择"画笔工具"命令，设置如图 8-127 所示的参数，画笔"大小"为"30 像素"，"硬度"为"100%"；选择刚绘制的线绳路径右击，在弹出的快捷菜单中选择"描边路径"命令，选择"画笔工具"命令，完成线绳基本形状的绘制。

（35）在"图层"面板上双击"图层 6"，选择"斜面和浮雕"命令，完成手提袋线绳的绘制，复制"图层 6"得到另一条线绳，调整位置关系，如图 8-128 所示。

图 8-126　　　　　　　　　　图 8-127　　　　　　　　　　图 8-128

（36）至此，花果微醺手提袋制作完成，如图 8-129 所示；用同样的方法，制作出另一个色调的手提袋，如图 8-130 所示。分别将红色和绿色手提袋相应的图层编组，移动两个手提袋的大小和位置，最后效果如图 8-131 所示。选择"文件"→"存储"命令，保存文件。

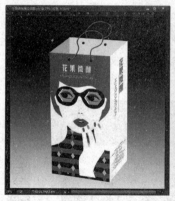  

　　　　　图 8-129　　　　　　　　　　　　图 8-130　　　　　　　　　　　　图 8-131

要点解析

　　（1）在该任务的制作过程中，多次用到钢笔工具组，它主要用于绘制平面化女性形象的不同部位，结合"直接选择工具"面板和"路径"面板的使用，可以准确地刻画出不同造型的生动线条。对于"钢笔工具"，要做到使用灵活，最好可以结合快捷键使用，以不断提高绘图速度和质量。

　　（2）在选择不同字体的过程中，应充分考虑画面需要和不同字体本身的特征。文字的字体、字号、字间距、行间距、色彩、对齐方式以及文字的细节处变化，都是设计文字过程中需要全面考虑的问题，利用多样化的文字形式，可以制作出视觉冲击感强的作品。

8.2.4　任务 4——光盘封套包装设计

任务分析

　　光盘封套包装设计也是包装设计的重要组成部分。瑜伽馆的视频光盘主要用于赠送客户，整个包装设计紧紧围绕瑜伽本身妩媚、柔软、女性化的特征来进行。光盘封套包装设计通过正在练瑜伽的人物图片充分表现出商品内容，平滑的曲线突出地表现出瑜伽伸展性、柔韧性等特点，白色的圆角矩形突出显示梵艾瑜伽的标志和光盘内容。对于光盘盘面的设计，正面直接采用包装盒的图像，反面通过选择"极坐标"命令，模拟出光盘的径向纹理。

　　本任务中，将制作梵艾瑜伽生活馆的礼品光盘封套包装设计，如图 8-132 所示。

图 8-132

任务实施

（1）启动 Photoshop CC，选择"文件"→"新建"命令，在弹出的对话框中新建一个"名称"为"光盘包装平面展开图"、"宽度"为"26.5 厘米"、"高度"为"12.9 厘米"、"分辨率"为"200 像素/英寸"、"颜色模式"为"CMYK"、"背景内容"为"白色"的文件，单击"确定"按钮。

（2）显示标尺，从水平标尺拖出两条参考线，分别对齐标尺刻度 0.2 厘米、12.7 厘米，从垂直标尺拖出 4 条参考线，分别对齐标尺刻度 0.2 厘米、12.7 厘米、13.8 厘米、26.3 厘米。四边各留出 0.2 厘米的出血线，中间留出宽度为 1.1 厘米的包装盒侧面，左边为光盘包装盒的背面，右边为正面。

（3）在"图层"面板上新建"图层 1"，选择"矩形选框工具"命令，对齐参考线在包装盒正面绘制矩形选区。然后选择"渐变工具"命令，设置渐变色为"紫红色（#dd127b）→深紫色（#95044c）"，从右上角向左下角径向填充选区。取消选区后，如图 8-133 所示。

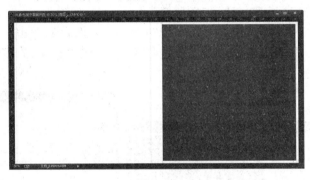

图 8-133

（4）在"图层"面板上新建"图层 2"，选择"矩形选框工具"命令，绘制两个矩形条，填充颜色分别为"淡紫色（#d29f9a）"和"玫红色（#fe007d）"。取消选区后，如图 8-134 所示。

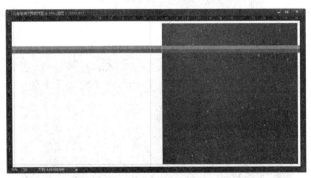

图 8-134

（5）选择"滤镜"→"扭曲"→"旋转扭曲"命令，扭曲图形，参数设置如图 8-135 所示。单击"确定"按钮后，按 Ctrl+T 快捷键逆时针方向旋转 30°，并移动至合适位置，如图 8-136 所示。

 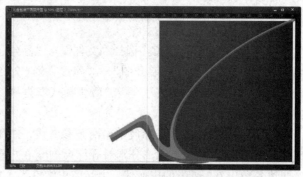

图 8-135　　　　　　　　　　　　　　　　图 8-136

（6）按 Ctrl+Alt+G 组合键，建立剪贴蒙版。在"图层"面板上将"图层 2"的"不透明度"调整为"30%"，如图 8-137 所示。

（7）拖入素材文件"瑜伽文字.psd"中的文字图形，生成"图层 3"，按 Ctrl+T 快捷键等比例放大到原来的 150%。打开"图层样式"对话框，如图 8-138 所示，添加描边效果，描边"颜色"为"白色"，描边"大小"为"7 像素"。然后在"图层"面板上将"填充"值调整为"0%"，只显示描边效果；"不透明度"调整为"20%"，调整位置后的效果及对应的"图层"面板如图 8-139 所示。

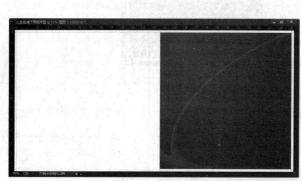 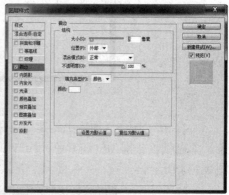

图 8-137　　　　　　　　　　　　　　　　图 8-138

图 8-139

（8）选择"圆角矩形工具"命令，在工具栏属性中选择"形状"命令，填充颜色为"白色"，不描边，在光盘正面上方绘制一个白色圆角矩形，自动生成"圆角矩形 1"图层，在"属性"面板中调整圆角矩形的参数，绘制如图 8-140 所示的圆角矩形。

（9）拖入素材文件"瑜伽标志.psd"中的标志图形，按 Ctrl+T 快捷键等比例缩小到原来的 16%，放在如图 8-141 所示的位置。

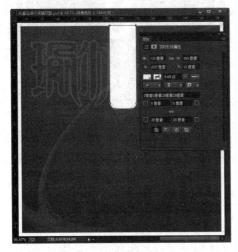

图 8-140　　　　　　　　　　　　　图 8-141

（10）新建"图层 5"，设置前景色为"紫红色（#dd127b）"，使用"椭圆工具"绘制如图 8-142 所示的圆形。按 Alt 键的同时，使用"移动工具"将圆形向下移动复制出 3 个，如图 8-143 所示。

图 8-142　　　　　　　　　　　　　图 8-143

（11）选择"直排文字工具"命令，设置字体为"汉仪长美黑简"，字号为"14 点"，字体颜色为"白色"，输入文字"初级入门"。调整位置后的效果如图 8-144 所示。

（12）打开素材文件"荷花.psd"，将两个荷花图像拖到"光盘包装盒"文件中，调整大小后，将两个荷花所在图层的"不透明度"分别设置为"30%"和"75%"。

（13）在"图层"面板上将两个荷花图层拖到紫红色渐变图层的上面，按 Ctrl+Alt+G 组合键创建剪贴蒙版，如图 8-145 所示。

图 8-144　　　　　　　　　　　　　　　图 8-145

（14）拖入素材文件"瑜伽人物.psd"，等比例缩放到原来的 50%后水平翻转，调整位置后的效果如图 8-146 所示。

（15）选择"直排文字工具"命令，设置字体为"汉仪长美黑简"，字号为"9 点"，字体颜色为"白色"，输入文字"【打造南京瑜伽第一品牌】"。依照相同的方法，更改字号后继续输入其他介绍性文字，选择顶对齐排列。选择"横排文字工具"命令，输入出版社名称"中国佳音唱片出版社"，完成光盘包装盒正面的制作，如图 8-147 所示。

图 8-146　　　　　　　　　　　　　　　图 8-147

（16）在"图层"面板上单击"创建新组"按钮，更改组名称为"正面"，然后将除"背景"图层外的其他图层全部放在该组中。

（17）在"图层"面板上右击"正面"组，在弹出的快捷菜单中选择"复制组"命令，将得到的"正面副本"组重命名为"背面"，按 Ctrl+T 快捷键水平翻转，移动到画面左侧如图 8-148 所示的位置。

图 8-148

（18）展开"背面"组，将除"曲线""荷花"和紫红色渐变图层外的其他图层删除，如图 8-149 所示。

图 8-149

（19）按照前面介绍的方法，新建图层后使用"椭圆工具"绘制白色圆形，并复制出 3 个水平排列，如图 8-150 所示。使用"横排文字工具"输入"紫红色（#dd127b）"文字"入门招式"，排列效果如图 8-151 所示。

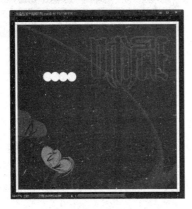

图 8-150

图 8-151

（20）选择"横排文字工具"命令，设置字体为"方正粗宋简体"，字号为"10 点"，字体颜色为"白色"，分别输入 01～08 的序号，顶对齐排列并设置水平间距相同，如图 8-152 所示。选择"竖排文字工具"命令，分别输入瑜伽入门招式名称"蛇式"等文字内容，排列时注意与上面的序号对齐，输入字体后效果如图 8-153 所示。

图 8-152　　　　　　　　　　　　　　　　图 8-153

（21）选择"矩形选框工具"命令，绘制如图 8-154 所示的矩形选区，并填充为"黄色（#fdd000）"。取消选区后，继续使用"矩形选框工具"命令，绘制高度不同的选区，分别填充红色、银灰色等，如图 8-155 所示。

图 8-154　　　　　　　　　　　　　　　　图 8-155

（22）拖入素材文件"条形码和标签.psd"中的"条形码"和"标签"，"图层"面板上将"条形码"的图层混合模式更改为"变暗"。调整位置后的效果如图 8-156 所示。

（23）展开"正面"组，选择瑜伽标志、4 个白色圆形及上面的文字所在图层，按 Alt 键的同时，使用"移动工具"拖到画面中间留出的光盘侧面处复制，按 Ctrl+T 快捷键等比例缩小到原来的 50%，调整位置。

（24）选择"直排文字工具"命令，输入文字"中国佳音唱片出版社"。调整位置后的效果如图 8-157 所示。

图 8-156

图 8-157

（25）至此，光盘包装盒平面展开图制作完毕。选择"文件"→"存储"命令，保存文件。

（26）选择"文件"→"新建"命令，在弹出的对话框中新建一个"名称"为"光盘正面"、"宽度"为"12 厘米"、"高度"为"12 厘米"、"分辨率"为"200 像素/英寸"、"颜色模式"为"CMYK"、"背景内容"为"白色"的文件，单击"确定"按钮。

（27）显示标尺，水平和垂直方向各拉出 3 条参考线，分别对准标尺刻度 5 厘米、6 厘米、7 厘米。

（28）选择"椭圆选框工具"命令，同时按 Alt 键和 Shift 键，以画布中心点为圆心绘制一个大圆形。然后单击工具选项栏上的 ▯（从选区中减去）按钮，再次以画布中心点为圆心绘制一个直径为 2 厘米的小圆。释放鼠标后，得到如图 8-158 所示的圆环。新建图层后，填充任意颜色，如图 8-159 所示。

图 8-158

图 8-159

（29）取消选区后，拖入前面制作好的"光盘包装盒"正面的所有图层。按 Ctrl+E 快捷键合并后，与画布中心对齐，如图 8-160 所示。按 Ctrl+Alt+G 组合键创建剪贴蒙版，适当调整位置后的效果如图 8-161 所示。

（30）新建图层后，选择"椭圆选框工具"命令，以画布中心点为圆心，绘制如图 8-162 所示的圆形选区。选择"编辑"→"描边"命令，在打开的"描边"对话框中设置描边"宽度"为"6 像素"，"颜色"为"白色"。取消选区后的效果如图 8-163 所示。

图 8-160

图 8-161

图 8-162

图 8-163

（31）新建图层后，继续使用"椭圆选框工具"命令，绘制如图 8-164 所示的选区，并选择"描边"命令，得到如图 8-165 所示的效果图，完成光盘正面效果的制作。选择"文件"→"存储"命令，保存文件。

图 8-164

图 8-165

　　（32）打开刚才制作好的"光盘正面.psd"文件，选择"文件"→"存储为"命令，另存为"光盘反面.psd"。在"图层"面板上，只保留如图 8-166 所示的盘面图形，将其他图层删除。

　　（33）新建"图层 2"后，选择"渐变工具"命令，设置渐变色为"粉红色（#fd57ad）→白色→粉红色（#fd57ad）→白色→粉红色（#fd57ad）"，按 Shift 键的同时沿水平方向拖动鼠标，填充线性渐变，如图 8-167 所示。

　　（34）选择"滤镜"→"扭曲"→"极坐标"命令，弹出如图 8-168 所示的对话框，选中"平面坐标到极坐标"单选按钮后单击"确定"按钮，得到如图 8-169 所示的效果。

　　（35）按 Ctrl+Alt+G 组合键创建剪贴蒙版，如图 8-170 所示。然后将"图层 2"拖到"创建新图层"按钮上复制，得到"图层 2 副本"图层。按 Ctrl+T 快捷键将副本图层顺时针旋转 60°，在"图层"面板上设置图层"混合模式"为"变亮"，"不透明度"为"95%"，如图 8-171 所示。

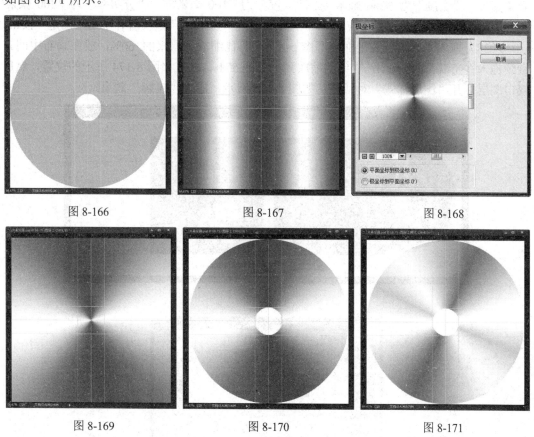

图 8-166　　　　　　　　　　图 8-167　　　　　　　　　　图 8-168

图 8-169　　　　　　　　　　图 8-170　　　　　　　　　　图 8-171

　　（36）选择"椭圆选框工具"命令，绘制如图 8-172 所示的选区；新建图层后，选择"描边"命令，设置描边"宽度"为"6 像素"，"颜色"为"灰色（#cecece）"；取消选区后，打开"图层样式"对话框，添加"投影"和"斜面和浮雕"效果，如图 8-173 所示。至此，完成光盘反面效果制作，保存文件。

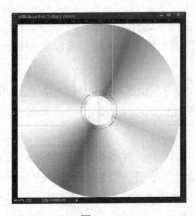
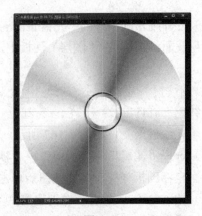

图 8-172　　　　　　　　　　　　　　　　　图 8-173

　　（37）选择"文件"→"新建"命令，在弹出的对话框中新建一个"名称"为"光盘效果图"、"宽度"为"260 毫米"、"高度"为"100 毫米"、"分辨率"为"200 像素/英寸"、"颜色模式"为"CMYK"、"背景内容"为"白色"的文件，单击"确定"按钮。

　　（38）拖入"光盘包装平面展开图.psd"，等比缩放到原来的 60%，放在画布中间。继续拖入"光盘正面.psd"，等比例缩放到原来的 57%，放在如图 8-174 所示的位置，然后双击图层打开"图层样式"对话框，如图 8-175 所示，添加"投影"效果。

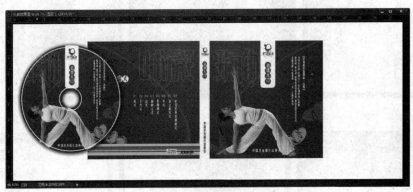

图 8-174

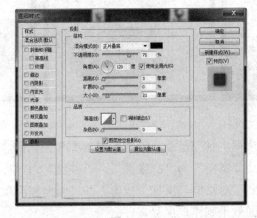

图 8-175

（39）继续拖入"光盘反面.psd"，等比例缩放到原来的 57%，如图 8-176 所示。在"图层"面板上调整图层顺序，使光盘反面部分被遮挡；调整位置后，打开"图层样式"对话框，添加"投影"效果。

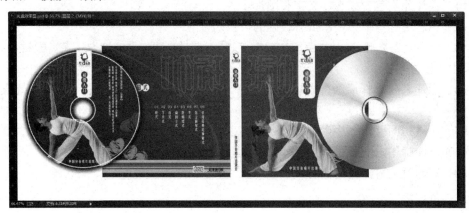

图 8-176

（40）至此，整个光盘效果就制作完毕了，如图 8-177 所示。选择"文件"→"存储"命令，保存文件。

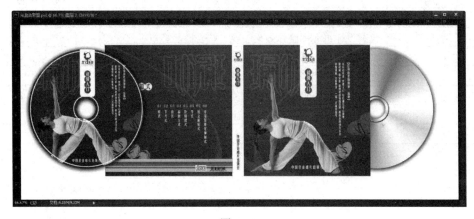

图 8-177

要点解析

（1）制作较复杂的作品时，"图层"面板上往往会有很多图层，显得很乱。为了便于选择和编辑，可以建立相应的图层组，将这些图层分类存放。

（2）在本实例的制作中，用到了"滤镜"菜单下的"旋转扭曲"和"极坐标"命令。滤镜功能很强大，可以制作出很多特殊效果。

8.3　技 能 实 战

自主选择任一标志、图片等设计元素，设计一个蛋糕小包装效果图，包括平面图和立体效果图。

1．设计任务描述

（1）设计元素包含标志、文字和图片。

（2）标志选择清晰完整，具有较强的可识别性。

（3）文字元素完整，应包括商品名称、口味、重量、广告语、特殊工艺、配料及成分、厂家及生产地址等。

（4）图片素材选择清晰，根据不同设计方法和设计风格，可以进行原创设计或上网收集。

（5）在 A3 纸上完成，利用 Photoshop CC 软件进行操作。

（6）设计制作出平面图和立体效果图，提交源文件和 JPG 两种格式。

（7）有针对地写出设计说明。

2．评价标准

评价标准如表 8-1 所示。

表 8-1

序　号	作品考核要求	分　值
1	设计理念明确，富有设计感	10
2	包装设计平面图整体效果美观、符合商品特点	10
3	立体图生动形象、透视合理、效果舒适	20
4	文字元素完整、设计丰富，具有一定的深度和设计感	20
5	素材图片应与包装的内容完美结合	10
6	多个设计元素层次分明、对比强烈、协调统一	15
7	色彩搭配合理美观，能引起人的食欲	15

项目 9 书籍装帧与宣传册设计

书籍装帧与宣传册设计包括的内容很多，其中封面、扉页和插图设计是其中的 3 大主体设计要素。封面具有保护和宣传书籍的双重作用，浓缩了大量的标志性符号，体现了设计师对书籍的理解和认知。好的封面设计能够准确表达书籍的主题思想和内容，激发读者的阅读欲和购买欲；而扉页和插图作为书籍正文的一部分，属于书籍的核心部分，与文字、版面的位置关系要恰当，并且要符合内容的需要和增加读者的阅读兴趣。

本项目主要介绍 Photoshop CC 在书籍封面设计方面的应用，以及 Photoshop CC 和 InDesign 在书籍和宣传册内页制作方面的应用，并结合杂志封面设计、画本装帧设计和画册排版设计等任务进行详细讲解。

9.1 知识加油站

9.1.1 制作条形码

条形码在书籍装帧效果制作中应用普遍，可根据其用途选择不同的制作方法，如果仅仅是在效果图中展示，可直接使用 Photoshop CC 制作；如果要制作标准条形码，可借助 CorelDRAW 软件；除此之外，还可以使用 Illustrator 软件结合条形码插件制作，或者在网上使用条形码生成器。

1. 使用 Photoshop CC 制作条形码

（1）打开 Photoshop CC 软件，新建一个"宽度"为"300 像素"、"高度"为"150 像素"、"分辨率"为"72 像素/英寸"、"颜色模式"为"RGB"、"背景内容"为"白色"的文件，单击"确定"按钮。

（2）新建图层，选择"铅笔工具"命令，设置画笔"大小"为"1 像素"、"硬度"为"100%"、"不透明度"为"100%"，如图 9-1 所示；设置前景色为"黑色"，按 Shift 键的同时，在画布上绘制一条黑色直线，如图 9-2 所示。

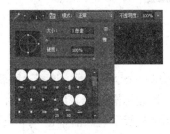

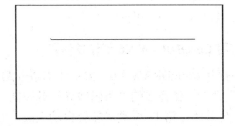

图 9-1　　　　　　　　　　　　　　　　图 9-2

　　（3）选择"滤镜"→"杂色"→"添加杂色"命令，在弹出的对话框中设置"数量"为"400%"，"分布"为"平均分布"，选中"单色"复选框，如图 9-3 所示，单击"确定"按钮。

　　（4）按 Ctrl+T 快捷键，拖动下面的控制点将图形垂直拉伸，如图 9-4 所示。按 Enter 键确认变形。

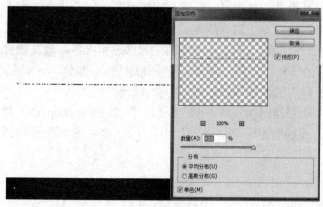

图 9-3　　　　　　　　　　　　　　　　　　　　图 9-4

　　（5）按 Ctrl+L 快捷键打开"色阶"对话框，将"白场滑块"和"黑场滑块"都拖到中间，使图像的黑、白对比度最大，如图 9-5 所示。

　　（6）可以单独选择左、右两边的线条，将其向下垂直拉伸一点，形成如图 9-6 所示的效果。

　　（7）输入相关的数字，并调整其字间距，如图 9-7 所示。

图 9-5　　　　　　　　　　　　　　　　　　　　图 9-6

图 9-7

2. 使用 CorelDRAW X6 制作条形码

　　（1）打开 CorelDRAW X6，按 Ctrl+N 快捷键新建一个 A4 页面。选择"编辑"→"插入条形码"命令，在弹出的"条码向导"对话框中，行业标准选择"EAN-13"，输入条形码的前 12 位数字，第 13 位数字就会自动生成，如图 9-8 所示。然后单击"下一步"按钮。

　　（2）在弹出的面板中，主要设置缩放比例和条形码高度的数值，其他参数保持默认值即可。在这里将"缩放比例"设置为"80%"，"条码高度"设置为"0.5"，如图 9-9 所示。然后单击"下一步"按钮。

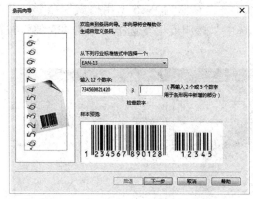 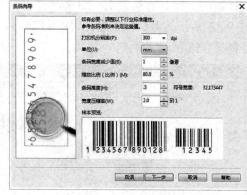

图 9-8　　　　　　　　　　　　　　　　　图 9-9

（3）在弹出的面板中，参数采用默认设置即可，如图 9-10 所示。单击"完成"按钮，即可得到所输入数字对应的条形码，如图 9-11 所示。

图 9-10　　　　　　　　　　　　　　　图 9-11

（4）选择"选择工具"命令，选中条形码后，按 Ctrl+C 快捷键复制，然后切换到 Photoshop CC 中，按 Ctrl+V 快捷键粘贴，即可将 CorelDRAW X6 中生成的条形码应用到 Photoshop CC 文件中。

9.1.2　InDesign 与 Photoshop CC 的协同操作

InDesign 和 Photoshop CC 的关系是非常密切的，在接口设计上 InDesign 几乎和 Photoshop CC 完全相同，使得它们的功能得以更深入地拓展和充分发挥各自的优势。经过 Photoshop CC 处理的图像可以置入 InDesign 中，也可以在 InDesign 中调用 Photoshop CC 来修改所处理的图像，置入图像也会显示最新的制作状态。因此，在平面排版中，可以先使用 Photoshop CC 对图像进行编辑和处理，然后再使用 InDesign 完成置入图片、置入文字内容、添加装饰性的图形或字符、制作页码与页眉，以及页面设计和编排等工作。

（1）如果在 InDesign 排版过程中需要用到透明背景的图像，可以在 Photoshop CC 中进行抠图，使其背景透明，然后选择"文件"→"存储为 Web 所用格式"命令，并在如图 9-12 所示的对话框中选择"PNG-24"，选中"透明度"复选框，单击"存储"按钮即可将其存储为.png 格式。

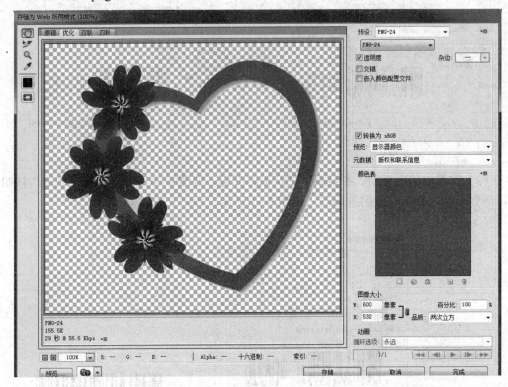

图 9-12

（2）对于置入到 InDesign 中的图像，倘若需要再次使用 Photoshop CC 编辑，则要把该图像的默认打开方式设置为 Photoshop CC。首先右击该图像，在弹出的快捷菜单中选择"属性"命令，然后在"打开方式"选项后选择"更改"命令，并在弹出的窗口中选择 Photoshop.exe 命令即可。

（3）另外，图片在置入 InDesign 之前，可以在 Photoshop CC 中进行的操作还有将分辨率调整为 300dpi，图片格式设置为.tiff、.jpeg 或.png，图片颜色模式设置为 CMYK。

9.1.3　常用命令与技巧

下面将针对 InDesign 软件简单介绍其在页面排版方面的操作方法和技巧。

1. 新建文档

按 Ctrl+N 快捷键打开如图 9-13 所示的"新建文档"对话框，设置页面的大小、页数，如果初次设置的页数不够，可以在"页面"面板或"版面"→"页面"菜单中选择"插入页面"命令或"删除页面"命令来修改。

单击"边距和分栏"按钮,在如图 9-14 所示的对话框中设置页面的边距、栏数和栏间距,边距主要是设置版面内文主体所占的面积,即版心距离裁切边上、下、左、右的距离;栏数和栏间距选项可以将页面文字进行分栏排版。单击"确定"按钮后即可新建一个页面,如图 9-15 所示。

默认新建的页面都是等栏的,如果需要不等栏的页面排版,首先选择"视图"→"网格和参考线"→"锁定栏参考线"命令,取消栏参考线的锁定状态;然后就可以选择"选择工具"命令拖动页面中间的栏参考线,形成不等栏的页面效果,如图 9-16 所示。

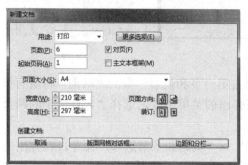

图 9-13

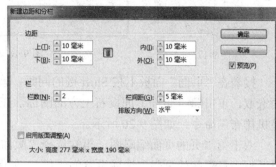

图 9-14

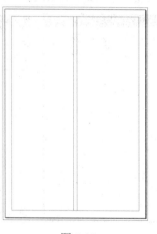

图 9-15

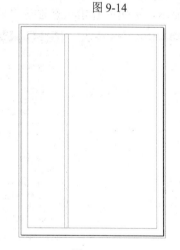

图 9-16

2.页面面板

页面面板在操作中的应用频率很高,如图 9-17 所示,在该面板里包含了每个页面的缩略图,而且每个页面都标注了页码。在某个缩略图上双击,就会显示该缩略图对应的页面视图;在缩略图上右击,则会显示相关的菜单命令,可以对该页面执行要做的操作。

此时,第一页和最后一页都是单页显示,而其他页面都是对页显示。要使所有页面都是对页显示,可首先选择"版面"→"页码和章节选项"命令,在弹出的对话框中将"起始页码"选项设置为"2",如图 9-18 所示。单击"确定"按钮后,所有页面都是对页显示,但页码的起始状态不再是 1,此时的"页面"面板如图 9-19 所示。

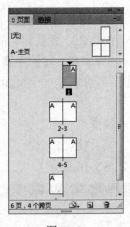
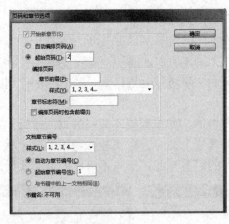
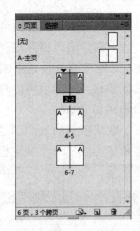

图 9-17　　　　　　　　　　　　图 9-18　　　　　　　　　　　　图 9-19

接着在"页面"面板上按 Shift 键的同时，单击第一页和最后一页的缩略图，将所有页面选取，单击 ■（页面）面板右上方的图标，在弹出的菜单中取消选择"允许选定的跨页随机排布"命令，如图 9-20 所示。

双击第二页的页面缩略图，再次选择"版面"→"页码和章节选项"命令，在弹出的对话框中将"起始页码"选项设置为"1"，如图 9-21 所示。单击"确定"按钮后，所有页面以对页显示，页码的起始状态也从"1"开始显示，如图 9-22 所示。

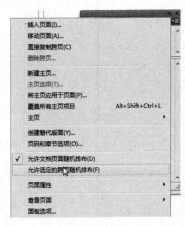
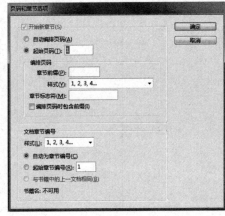
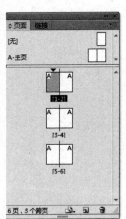

图 9-20　　　　　　　　　　　　图 9-21　　　　　　　　　　　　图 9-22

3．文字的置入与排版

置入文字时，首先选择"文字工具"命令，按下鼠标左键进行拖动，即可绘制出一个文本框，如图 9-23 所示；此时，可以在其中直接输入文字或将文字从文本文件中复制并粘贴过来。当文本框内的文字过长，超出了文本框的显示范围时，会在文本框的右下角出现一个红色的十字方框，如图 9-24 所示，这种情况称为"文字溢流"。

对于溢流的文字，可以采取扩大文本框或者另建文本框的方式解决。扩大文本框的操作很简单，直接使用"选择工具"拖动文本框下面的控制点即可；而另建文本框则不必重新使用文字工具绘制，只需要选择"选择工具"命令后，在红色十字方框上单击一下，然后将鼠标指针放在页面空白处再次单击，即可将溢流的文字显示在新的文本框内，而且前后两个文本框的宽度是一样的。如图 9-25 所示就是将溢流的文字显示在第二栏中的效果。

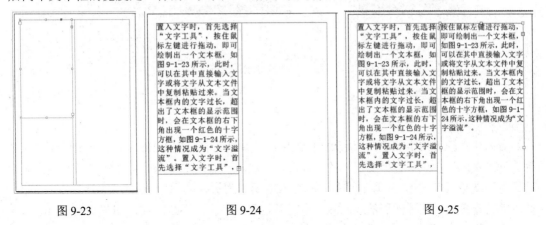

　　　　图 9-23　　　　　　　　　　　　图 9-24　　　　　　　　　　　　图 9-25

　　文字置入之后，可以对其设置字符样式和段落样式。字符样式是对文字的字体、字间距、行距、色彩等进行设置；段落样式是在字符样式的基础上，对段落的首字空格、缩进、段前间距等和整体段落相关的属性进行设置。之所以要对字符和段落设置样式，是因为在为一本书或杂志排版时，文字内容有主次，例如有标题、内文、页眉、页码等，这些文字都有各自所使用的字体、大小、行间距等。倘若在最初设定好了这些数值，那么在整本书的排版过程中，就可以直接单击字符样式或段落样式中已经设定好的模式，而不需要每次都重新设定各种值，类似于 Word 中的"格式"功能。同时，也便于后期统一改变某一种文字的属性和生成目录。

　　首先选择一段文字，在"字符"面板中设置其字体、大小、行距、颜色等，如图 9-26 所示。在"段落"面板中设置"首字下沉行数"等参数，如图 9-27 所示。

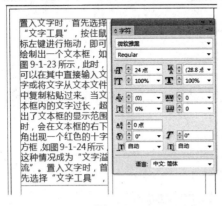

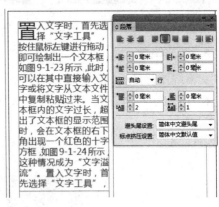

　　　　　　图 9-26　　　　　　　　　　　　　　　　　　图 9-27

　　选择"窗口"→"样式"→"段落样式"命令，在打开的面板中单击"创建新样式"按钮，即可新建一个"段落样式 1"，如图 9-28 所示，双击将其重命名为"正文 1"。此时，选择页面中的其他文本框，然后直接在"段落样式"面板中单击"正文 1"，即可为其套用设定好的样式，如图 9-29 所示。

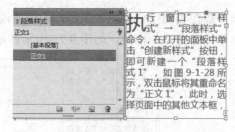

执行"窗口"→"样式"→"段落样式"命令，在打开的面板中单击"创建新样式"按钮，即可新建一个"段落样式 1"，如图 9-1-28 所示，双击鼠标将其重命名为"正文 1"。此时，选择页面中的其他文本框，

图 9-28　　　　　　　　　　　　　　　图 9-29

4. 图片的置入与编辑

置入图片的方法很简单，直接从文件夹中将图片拖入打开的 InDesign 窗口，或者选择"文件"→"置入"命令，选择要置入的图片后，用鼠标在页面中单击即可。对置入的图片进行编辑主要就是对其大小、位置的调整，如图 9-30 所示为置入的图片，超出了页面的显示范围。此时倘若直接拖动图片四周的控制点，会将其进行裁剪，而不是缩放，如图 9-31 所示。

要对图片进行缩放，首先选择"自由变换工具"命令或者"缩放工具"命令，然后再拖动图片四周的控制点，如图 9-32 所示。另外，要注意的是，InDesign 中的裁剪并不是真的把图切没了，而是隐藏了；在之后的编辑中，向相反方向拖动控制点还可以重新恢复成原来的样子。

图 9-30　　　　　　　　　图 9-31　　　　　　　　　图 9-32

5. 图文绕排

文字绕图片排版，首先选中被文字围绕的图片，然后选择"窗口"→"文本绕排"命令，在打开的"文本绕排"面板中选择图文绕排的模式和文字距图片边界的距离即可，如图 9-33 所示。

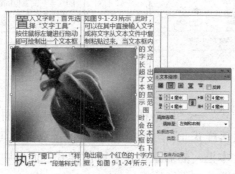

图 9-33

6．设置和应用主页

在排版一本画册时，每个页面版式总是有共同的部分，如一本画册中的不同页面有共同的栏头、装饰等。在 InDesign 中，不需要对每个页面都制作或者复制之前的版式版头等共同部分，而是直接在主页里完成；然后再直接应用到相关的页面即可。另外，在一个文档中可以制作多个主页，应用在不同的页面上。

在"页面"面板中，默认的有"A-主页"，如图 9-34 所示。倘若需要制作其他的主页，可以单击"页面"面板右上方的 图标，在弹出的菜单中选择"新建主页"命令，如图 9-35 所示。

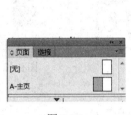

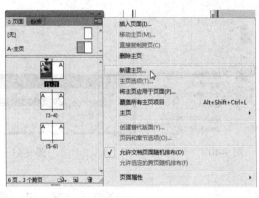

图 9-34　　　　　　　　　　　　　　　　　　图 9-35

在弹出的对话框中可以给新建的主页起一个名字，如图 9-36 所示。它自身默认的前缀是 A（BCD…），这个前缀会在页面的缩略图的左上角或右上角显示。单击"确定"按钮后，在"页面"面板上就会多出"B-主页"，如图 9-37 所示。

图 9-36　　　　　　　　　　　　　　　　　　图 9-37

下面通过一个简单例子来说明主页的具体应用。双击"A-主页"，选择"矩形工具"命令，在页面上方绘制一个红色的矩形，如图 9-38 所示，此时所有的页面上都会出现红色的矩形。双击"B-主页"，选择"矩形工具"命令，在页面上方绘制一个蓝色的矩形，如图 9-39 所示。然后按 Shift 键，在"页面"面板上选择第 3～6 页，将鼠标指针放在其中的某一页上右击，在弹出的快捷菜单中选择"将主页应用于页面"命令，如图 9-40 所示，并在打开的对话框中选择"B-主页"选项，如图 9-41 所示。

单击"确定"按钮后，第 3～6 页的页面上方即套用了 B 主页中的蓝色矩形，如图 9-42 所示。

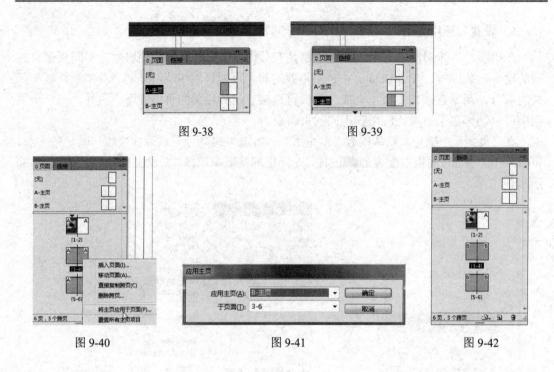

图 9-38　　　　　　　　　图 9-39

图 9-40　　　　　　图 9-41　　　　　　图 9-42

9.2　项目解析

9.2.1　任务 1——时尚杂志封面设计

任务分析

　　一本杂志必须有其独特之处，要以特定的内容和直观的形象区别于其他杂志。因此，封面必须涵盖杂志的整体特征，应该包括图片、文字、日期、价格等信息性要素。

　　该任务主要分为两部分：一是制作时尚杂志的封面展开图，包括封面、书脊和封底，如图 9-43 所示；二是制作时尚杂志的立体效果图，如图 9-44 所示。

图 9-43

图 9-44

任务实施

（1）启动 Photoshop CC，按 Ctrl+N 快捷键打开"新建"对话框，设置文件大小为"38 厘米×26 厘米"，"分辨率"为"300 像素/英寸"，"颜色模式"为"CMYK 颜色"，参数设置如图 9-45 所示。

（2）根据封面的展开尺寸，按 Ctrl+R 快捷键显示标尺；然后，在标尺上拖动鼠标创建两条参考线，一条定位在 18.5 厘米，一条定位在 19.5 厘米，划分出 3 个版面，依次为封底、书脊和封面，如图 9-46 所示。

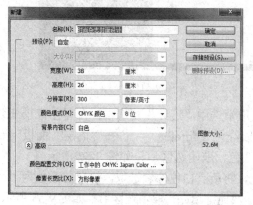

图 9-45   图 9-46

（3）在"图层"面板上新建"图层 1"，设置前景色为"黑色"，选择"矩形选框工具"命令，框选需要填充的封面区域，按 Alt+Delete 快捷键为选框填充前景色，如图 9-47 所示。

（4）设置前景色为"白色（C：0，M：0，Y：0，K：0）"，选择"椭圆选框工具"命令，在页面右上方绘制一个圆形选区，如图 9-48 所示。按 Shift+F6 快捷键，在打开的"羽化"面板上设置"半径"为"50 像素"，单击"确定"按钮。然后按 Alt+Delete 快捷键为选框填充前景色，如图 9-49 所示。

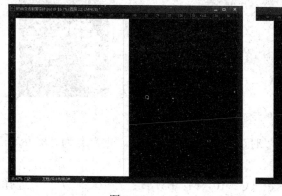

图 9-47   图 9-48   图 9-49

（5）选择"图像"→"模式"→"灰度"命令，将文件切换为灰度模式（不拼合图层）。然后选择"滤镜"→"像素化"→"彩色半调"命令，在弹出的"彩色半调"对话框中设置参数，如图 9-50 所示。单击"确定"按钮后右侧封面效果如图 9-51 所示。再次执行"模式"切换，将文件切换为"CMYK 颜色"模式（不拼合图层）。

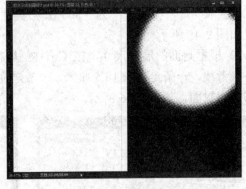

图 9-50　　　　　　　　　　　　　　　　　图 9-51

（6）选择"魔棒工具"命令，在选项栏上取消选中"连续"复选框，在黑色背景部分单击，将所有黑色像素选取，设置前景色为"浅绿色（#dfefe8）"；在"图层"面板上新建图层后，按 Alt+Delete 快捷键为选区填充前景色，取消选区后，如图 9-52 所示。

（7）使用"魔棒工具"在白色圆形上单击，将所有白色像素选取。设置前景色为"灰绿色（#9bc899）"，新建图层后，按 Alt+Delete 快捷键填充，取消选区后，如图 9-53 所示。

（8）新建图层，设置前景色为"白色"，选择"画笔工具"命令，载入画笔"花纹.abr"，设置画笔"大小"为"1300"，"硬度"为"100%"；在新建图层上单击，绘制出花纹，并调整其"不透明度"为"40%"，放在如图 9-54 所示的位置。

图 9-52　　　　　　　　　　图 9-53　　　　　　　　　　图 9-54

（9）打开素材文件"人物.png"，拖入"时尚杂志封面"文件中，重命名为"美女"，调整位置如图 9-55 所示。

（10）新建图层，调整前景色为"红棕色（C：10，M：65，Y：75，K：0）"，选择"画笔工具"命令，设置合适的画笔大小，画笔"硬度"为"0%"；然后，在人物面部、身体暗部以及头发上进行涂画，如图 9-56 所示；调整图层"混合模式"为"叠加"，图层的"不透明度"为"30%"，对于不合适的地方可以使用"橡皮擦工具"进行擦除。

（11）新建图层，调整前景色为"红色（C：8，M：97，Y：46，K：0）"，使用"画笔工具"在嘴巴、眼睛和腮红部分涂画，加强嘴巴、眼睛和腮红，设置图层"混合模式"为"柔光"，图层的"不透明度"为"70%"，并使用"橡皮擦工具"进行修正，如图 9-57 所示。

图 9-55　　　　　　　　　图 9-56　　　　　　　　　图 9-57

（12）使用"横排文字工具"输入文字"时尚前线"，设置字体为"方正粗宋简体"，大小为"90 点"，颜色为"粉红色（#fc8892）"，字符间距为"-6"，行间距为"94 点"，如图 9-58 所示。

（13）继续输入文字"FASHION"，调整字体为"Swis721 BT"，字号大小为"88 点"，颜色为"墨青色（#00605b）"，字距为"-23"，垂直缩放值为"120%"，放在如图 9-59 所示的位置。接着在"图层"面板上将其图层位置放在"美女"图层的下面。

（14）选择"横排文字工具"命令输入文字，具体文字资料参照素材文件夹里的"文字资料.doc"，如图 9-60 所示。

图 9-58　　　　　　　　　图 9-59　　　　　　　　　图 9-60

（15）使用"文字工具"输入"LOVE"，设置其字体为"Citadel Script"，大小为"90 点"，颜色为"粉红色（#fc8892）"；接着输入文字"Yourself"，设置其字体为"Georgia"，大小为"48 点"，颜色为"粉红色（#fc8892）"，放在如图 9-61 所示的位置。

（16）继续输入文字"让幸福"和"花香满溢"，设置字体为"方正粗宋简体"，大小为"72 点"，颜色为"绿色（#68ab5a）"，调整位置，如图 9-62 所示。

（17）打开素材文件"条形码.jpg"，拖入"时尚杂志封面设计"文件内，按 Ctrl+T 快捷键对条形码进行缩放；分别输入文字"ISBN:921-233657890-1""定价：20 元"和"2017 年 2 月号总第 520 期"，并调整字体、字号、字符间距，放在页面最下端，如图 9-63 所示。按 Ctrl+S 快捷键保存完成的封面部分。选择所有的"封面"图层，按 Ctrl+G 快捷键编组。

图 9-61　　　　　　　　　　　图 9-62　　　　　　　　　　　图 9-63

（18）新建一个图层，使用"矩形工具"以参考线为基准绘制出书脊区域，填充为"绿色（#8bcd7f）"，接着使用"竖排文字工具"命令，输入文字"时尚前线 2017 年 2 月号总第 520 期"，调整字体、字号、颜色、字距、位置，如图 9-64 所示。选择所有的"书脊"图层，按 Ctrl+G 快捷键编组。

（19）在"图层"面板上新建"图层 1"，设置前景色为"浅绿色（#dfefe8）"，选择"矩形选框工具"命令，框选需要填充的封底区域，按 Alt+Delete 快捷键为选框填充前景色，如图 9-65 所示。

图 9-64　　　　　　　　　　　　　　　　　图 9-65

（20）打开素材文件"封底人物.jpg"，使用"移动工具"将人物拖入"时尚杂志封面设计"文件内。然后使用"魔棒工具"在黑色背景上单击，将黑色背景部分全部选取，设置前景色为"浅灰色（#bcc5bb）"，按 Alt+Delete 快捷键填充，取消选区后，如图 9-66所示。

（21）按 Ctrl+T 快捷键对人物进行自由变换，将人物等比例缩放到原来的 75%；然后，在该图层后面的空白处双击，打开如图 9-67 所示的"图层样式"对话框，选择"描边"命令，设置描边"大小"为"27 像素"，"位置"为"内部"，"颜色"为"白色"，如图 9-68 所示。

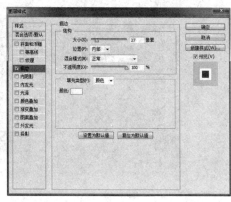

图 9-66　　　　　　　　　图 9-67　　　　　　　　　图 9-68

（22）使用"矩形选框工具"将人物左手戒指部分框选，如图 9-69 所示；然后，按Ctrl+J 快捷键将选区内的图像复制并粘贴到新的图层，并按 Ctrl+T 快捷键等比例缩放到原来的 200%，放在如图 9-70 所示的位置。接着在"图层"面板上右击"封底人物"图层，在弹出的快捷菜单中选择"拷贝图层样式"命令，在"左手戒指"图层上右击，在弹出的快捷菜单中选择"粘贴图层样式"命令，为该图层应用描边样式，如图 9-71 所示。

图 9-69　　　　　　　　　图 9-70　　　　　　　　　图 9-71

（23）采用同样的操作方法，将人物左耳朵部分框选，按 Ctrl+J 快捷键复制并粘贴到新的图层，并按 Ctrl+T 快捷键等比例缩放到原来的 200%，将鼠标指针放在变形框内右击，在弹出的快捷菜单中选择"水平翻转"命令，放在如图 9-72 所示的位置。接着在该图层上

右击，在弹出的快捷菜单中选择"粘贴图层样式"命令，为该图层应用描边样式，如图 9-73
所示。

（24）新建图层，使用"矩形选框工具"绘制如图 9-74 所示的矩形选区，并填充为"白
色"。然后将该白色矩形图层复制，调整位置后，如图 9-75 所示。

（25）使用"横排文字工具"在两个白色矩形上分别输入文字"BOLD""KISS"，
设置字体为"Arial"，大小为"30 点"，颜色为"黑色"，字间距为"620"，水平缩放
为"70%"，如图 9-76 所示。

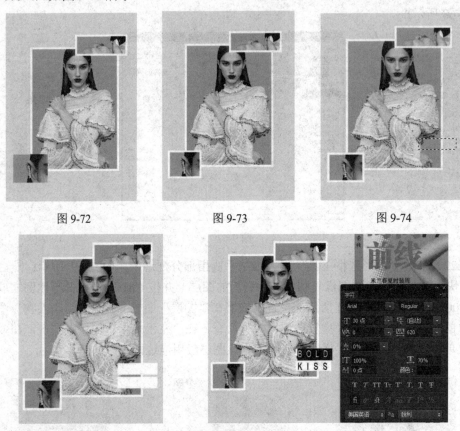

图 9-72　　　　　　　　　　图 9-73　　　　　　　　　　图 9-74

图 9-75　　　　　　　　　　　　　　　图 9-76

（26）继续使用"文字工具"输入文字"RETRO NOT JUST FASHION"，设置字体
为"Arial"，大小为"48 点"，颜色为"粉红色（#ef8690）"，行距为"54 点"，字间
距为"19"，水平缩放为"70%"，如图 9-77 所示。

（27）更改最后一个单词的大小为"36 点"，颜色为"白色"，如图 9-78 所示。接
着使用"矩形选框工具"绘制如图 9-79 所示的矩形选区，并填充为"绿色（#88c57c）"，
调整图层位置后，如图 9-80 所示。

（28）继续使用"文字工具"在页面下端输入文字"裙子"，设置字体为"方正大标
宋简"，大小为"18 点"，颜色为"黑色"，字间距为"19"，如图 9-81 所示。输入文字
"Alexander McQueen"，设置字体为"Arial"，大小为"14 点"，颜色为"粉红色（#e94c58）"，

行间距为"13 点"，字间距为"19"，如图 9-82 所示。

　　（29）在"图层"面板上同时选择这两个文字图层，选择"移动工具"命令，同时按 Alt 键和 Shift 键，使用鼠标将文字水平向右拖动连续复制 3 次，如图 9-83 所示。接着使用"文字工具"，依次将复制出的文字更改为"耳夹 Top Shop""左手戒指 Eddie Borgo""右手戒指 Jennifer Fisher"，调整位置后，如图 9-84 所示。选择所有的"封底"图层，按 Ctrl+G 快捷键编组。

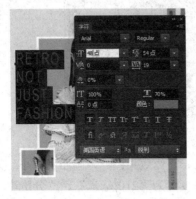

图 9-77　　　　　　　　　　　　图 9-78

图 9-79　　　　　　图 9-80　　　　　　图 9-81

图 9-82　　　　　　图 9-83　　　　　　图 9-84

（30）至此，杂志封面平面效果制作完成，如图 9-85 所示。

图 9-85

（31）按 Ctrl+N 快捷键新建名称为"时尚杂志立体效果图"、画布"大小"为"国际标准纸张 A4"、"宽度"为"297 毫米"、"高度"为"210 毫米"、"分辨率"为"72 像素/英寸"、"颜色模式"为"CMYK 颜色"的文件。将前景色设置为"灰色（#878786）"，背景色设置为"白色"，选择"渐变工具"命令，在页面上从上到下拖动鼠标，将其填充为线性渐变，如图 9-86 所示。按 Ctrl+S 快捷键存储。

（32）打开"时尚杂志封面.psd"文件，隐藏除了"封面"组外其他所有的图层，按 Shift+Ctrl+Alt+E 组合键将可见图层进行盖印，并重命名为"封面"；接着只显示"书脊"组，隐藏其他图层，按 Shift+Ctrl+Alt+E 组合键将可见图层进行盖印，并重命名为"书脊"；接着只显示"封底"组，隐藏其他图层，按 Shift+Ctrl+Alt+E 组合键将可见图层进行盖印，并重命名为"封底"。

（33）选择"移动工具"命令，将盖印的"封面""书脊""封底"图层中的图像拖入"杂志立体效果图.psd"文件中，等比例缩放到原来的 10%，如图 9-87 所示。

图 9-86

图 9-87

（34）选择"封面"图层，按 Ctrl+T 快捷键对封面进行缩放、斜切处理，使其产生透视效果；用同样的方法对书脊进行变形处理，如图 9-88 所示。

　　（35）使用"多边形套索工具"，在封面顶部创建一个选区，填充白色，如图 9-89 所示。隐藏背景和封底图层，按 Shift+Ctrl+Alt+E 组合键盖印图层，得到盖印后的"封面倒影"图层，对图像进行垂直翻转、添加蒙版、填充渐变，调整图层的"不透明度"为"40%"，如图 9-90 所示。

图 9-88　　　　　　　　　　　图 9-89　　　　　　　图 9-90

　　（36）用同样的方法制作封底的立体效果图，按 Ctrl+U 快捷键打开"色相/饱和度"对话框，调整图像的亮度使封底变暗，如图 9-91 所示。新建图层，再利用"多边形套索工具"绘制出杂志的投影，填充黑色到背景透明的渐变，至此时尚杂志的立体效果图就完成了，按 Ctrl+S 快捷键保存文件，如图 9-92 所示。

 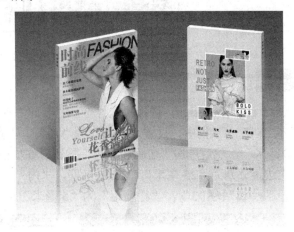

图 9-91　　　　　　　　　　　　　　　　图 9-92

要点解析

　　（1）时尚杂志封面展开图主要是素材图像的合成和图形绘制。文字较多，要注意字体的选择和设置。对于人物面部的对比要制作得尽量自然，要注意整体的排版和色彩协调。

　　（2）另外，本任务中使用到了"彩色半调"滤镜，若要形成如本任务中的边缘镂空效果，首先要将文件的颜色模式转换为灰度模式，制作好效果后再转为 RGB 颜色模式或 CMYK 颜色模式。

9.2.2　任务 2——时尚杂志内页排版设计

任务分析

　　杂志作为内容目标明确、专题性质较强的宣传媒介之一，要想达到宣传效果、扩大受众范围，首先要在宣传内容和版面设计上吸引读者的注意。尤其是生活类的杂志，设计风格可以轻松、活泼、色彩丰富，板式的图文编排可以在把握整体风格的前提下灵活多变。

　　本任务将在前一个任务的基础上，结合 InDesign 制作如图 9-93 所示的时尚杂志目录页、内容页共 10 个页面。

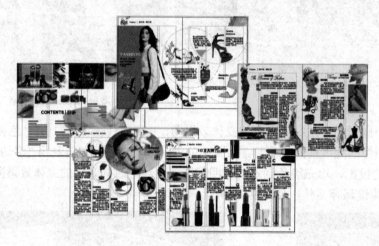

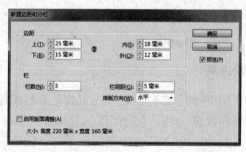

图 9-93

任务实施

　　（1）运行 InDesign，选择“文件”→“新建”→“文档”命令，在如图 9-94 所示的“新建文档”对话框中，设置“页数”为“10”，“宽度”为“190 毫米”，“高度”为“260 毫米”。然后单击“边距和分栏”按钮，在如图 9-95 所示的对话框中，设置“上”“下”边距分别为“25 毫米”“15 毫米”，“内”“外”边距分别为“18 毫米”“12 毫米”，“栏数”为“3”，“栏间距”为“5 毫米”，单击“确定”按钮。

图 9-94　　　　　　　　　　　　　　　　　　　　　　图 9-95

（2）选择"视图"→"其他"→"隐藏框架边缘"命令，将所绘制图形的框架边缘隐藏。选择"版面"→"页码和章节选项"命令，在如图 9-96 所示的对话框中将"起始页码"设置为"2"，单击"确定"按钮。

（3）在页面右侧的"页面"面板上，按 Shift 键的同时选择所有的页面，然后单击面板右上方的▤图标，取消选择"允许选定的跨页随机排布"命令，如图 9-97 所示。

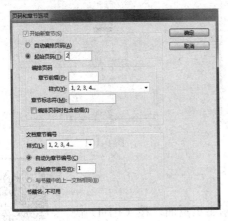

图 9-96

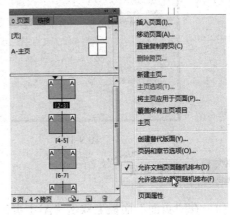

图 9-97

（4）选择"版面"→"页码和章节选项"命令，在如图 9-98 所示的对话框中将"起始页码"设置为"1"，单击"确定"按钮。此时的"页面"面板状态如图 9-99 所示。

图 9-98

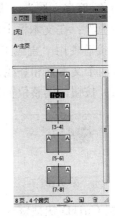

图 9-99

（5）在"页面"面板上双击第 3 页，然后再次选择"版面"→"页码和章节选项"命令，在如图 9-100 所示的对话框中将"起始页码"设置为"1"，"章节前缀"设置为"P"，单击"确定"按钮。此时的"页面"面板状态如图 9-101 所示。其中，1～2 页作为目录页，P1～P8 页作为内容页。

要点解析

注意在选择"允许选定的跨页随机排布"命令时一定要将所有的页面选中。另外，为了区分目录页和内容页，可以通过在页码名称前增加前缀的方式设置为不同的形式。例如，本任务中将目录页设置为 1～2 页，内容页设置为 P1～P8。

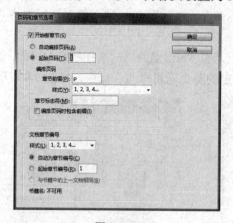

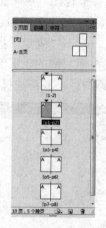

图 9-100　　　　　　　　　　　　　　　　图 9-101

子任务 1　制作主页

（1）在"页面"面板上双击"A-主页"显示主页页面，按 Ctrl+D 快捷键选择主页素材文件"鞋包.png"，然后在页面上单击置入图像，等比例缩放到原来的 15%后放在页面的左上角，如图 9-102 所示。

（2）选择"文字工具"命令，在图像的右侧分别拖曳出两个文本框，输入文字"Fashion"和"包罗万象 摩登之履"，设置字体分别为"Arial"和"黑体"，字号均为"14 点"，颜色为"黑色"；在文本框上右击，在弹出的快捷菜单中选择"适合"→"使框架适合内容"命令。接着使用"直线工具"在两个文本框之间绘制一条竖线，设置描边粗细为"1点"。框选两个文本框和竖线，在"对齐"面板上单击 （垂直居中对齐）按钮、（水平居中分布）按钮，调整位置后，如图 9-103 所示。

图 9-102　　　　　　　　　　　　　　　　图 9-103

（3）按 Ctrl+D 快捷键，选择主页素材文件"色块 1.png"；然后，在页面上单击置入图像，调整大小后放在页面的右上角，并在选项面板上将其透明度设置为"60%"，如图 9-104 所示。

（4）在"页面"面板上单击右上角的 图标，在弹出的菜单中选择"直接复制主页跨页'A-主页'"命令，如图 9-105 所示，得到"B-主页"。

图 9-104　　　　　　　　　　　　　　　　图 9-105

（5）打开"链接"面板，在 B-主页"鞋包.png"上右击，在弹出的快捷菜单中选择"重新链接"命令，如图 9-106 所示。选择"美妆.png"，接着在选项面板上选择"垂直翻转"命令，如图 9-107 和图 9-108 所示。

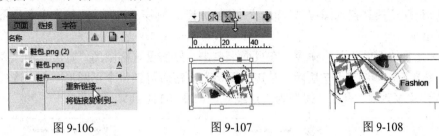

图 9-106　　　　　　　图 9-107　　　　　　　图 9-108

（6）选择"文字工具"命令，将"包罗万象　摩登之履"更改为"美如天成　妆点生活"，如图 9-109 所示。接着在"链接"面板上将 B-主页"色块 1.png"重新链接为"色块 2.png"，调整位置和尺寸后，如图 9-110 所示。

图 9-109　　　　　　　　　　　　　图 9-110

（7）至此，主页效果就制作完毕了。接着在"页面"面板上选择 P5～P8 页，右击，在弹出的快捷菜单中选择"将主页应用于页面"命令，如图 9-111 所示，并在如图 9-112 所示的对话框中设置"应用主页"为"B-主页"。

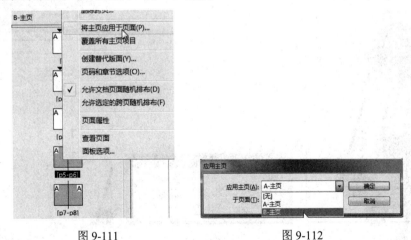

图 9-111　　　　　　　　　　　图 9-112

子任务 2　制作内容页

（1）首先制作 P1～P2 页。使用鼠标双击 P1 页，按 Ctrl+D 快捷键选择"1-2 页"素材文件"人物.png"；然后，在页面上单击鼠标置入图像，调整大小后放在 P1 页的中间位置，如图 9-113 所示。

（2）选择"钢笔工具"命令，沿着页面边缘和人物左侧边缘绘制如图 9-114 所示的图形，设置填充色为"C：0，M：67，Y：99，K：0"，描边色为"无"。

（3）使用"文字工具"输入如图 9-115 所示的文字，并分别设置字体属性和行间距。接着按 Ctrl+D 快捷键置入图像"包.png""鞋.png""蝴蝶.png"，调整大小和位置后，如图 9-116 所示。

（4）选择"椭圆工具"命令，在页面上单击，然后设置椭圆的"宽度"和"高度"均为"172 毫米"，如图 9-117 所示。单击"确定"按钮后得到一个正圆形。在"选项"面板上设置描边宽度为"2 点"，线型为"点线"，如图 9-118 所示。

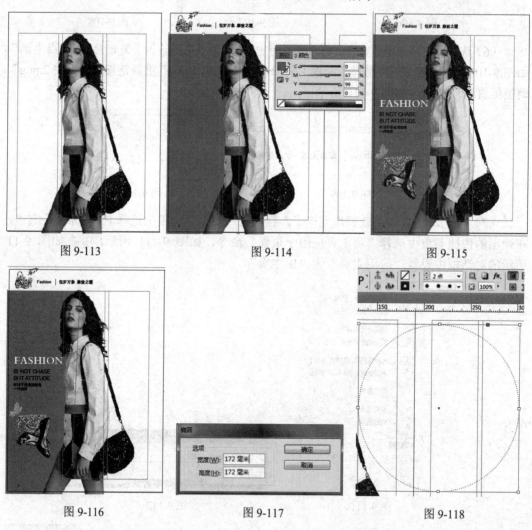

图 9-113　　　　　　　　图 9-114　　　　　　　　图 9-115

图 9-116　　　　　　　　图 9-117　　　　　　　　图 9-118

（5）按 Alt 键的同时，使用"移动工具"拖移圆形，连续复制出两个圆形，调整位置后如图 9-119 所示。选择上面的圆形，使用"剪刀工具"分别在圆形与页面交叉的点上单击，如图 9-120 所示；将圆形分割为两部分，然后按 Deletc 键将上面的圆弧删除。

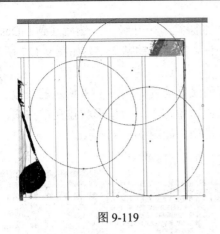
图 9-119

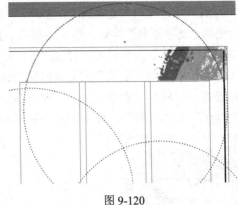
图 9-120

（6）依照同样的方法，将右下方圆形多余的部分也删除，如图 9-121 所示。选择"钢笔工具"命令，在如图 9-122 所示的两圆形交叉部位绘制图形，并设置填充色为"C：8，M：92，Y：15，K：0"，描边色为"无"。

（7）继续在其他的交叉部位绘制图形，填充色分别为"C：11，M：26，Y：87，K：0""C：82，M：46，Y：10，K：0"，如图 9-123 和图 9-124 所示。

（8）按 Ctrl+D 快捷键，选择"1-2 页"素材文件"鞋 1.png"；然后，在页面上单击鼠标置入图像，调整大小后放在如图 9-125 所示的位置。复制页面 P1 中的蝴蝶，调整角度和大小后放在如图 9-126 所示的位置。

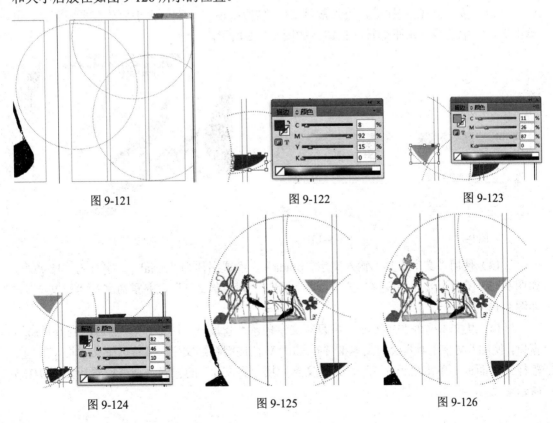

图 9-121　　　　　图 9-122　　　　　图 9-123

图 9-124　　　　　图 9-125　　　　　图 9-126

（9）打开文本文件"文字.txt"，复制文字段落"细跟鞋……升级。"，然后回到 InDesign 窗口，使用"文字工具"绘制一个文本框后，按 Ctrl+V 快捷键粘贴文字，如图 9-127 所示；设置字体为"宋体"，字号为"12 点"。

（10）使用"钢笔工具"在文本框左侧依照圆的弧度绘制如图 9-128 所示的线段。然后同时选择该线段和文本框，展开"文本绕排"面板，单击"沿对象形状排列"按钮，设置"绕排至"为"右侧"，使文字沿着线段的弧度排列，如图 9-129 所示。

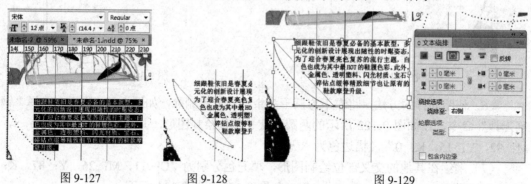

图 9-127　　　　　图 9-128　　　　　　　　　图 9-129

（11）展开"图层"面板，将线段路径隐藏。选择"文本框"命令，展开"段落样式"面板，单击面板下方的 （创建新样式）按钮，得到"段落样式 1"，如图 9-130 所示。然后选中"段落样式 1"后，用鼠标单击文字，重命名为"正文 1"，如图 9-131 所示。

（12）按 Ctrl+D 快捷键，置入素材文件"鞋 2.png"，调整大小后放在页面下方，并单击选项栏中的 （水平翻转）按钮，如图 9-132 所示。

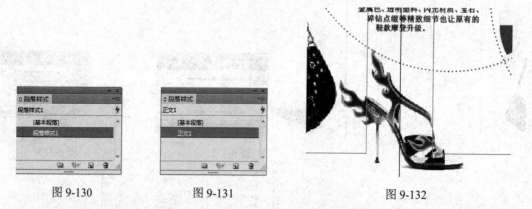

图 9-130　　　　　图 9-131　　　　　　　　　图 9-132

（13）使用"文字工具"输入文字"prada"，设置字体为"Arial"，字号为"18 点"，如图 9-133 所示。展开"段落样式"面板，新建"段落样式 1"，并重命名为"正文 2"，如图 9-134 所示。

（14）从文本文件"文字.txt"中复制文字段落"夸张……性感。"，然后回到 InDesign 窗口，使用"文字工具"绘制文本框并按 Ctrl+V 快捷键粘贴文字。接着选中文本框，在"段落样式"面板上单击"正文 1"，为该文本应用"正文 1"的样式，调整位置后如图 9-135 所示。

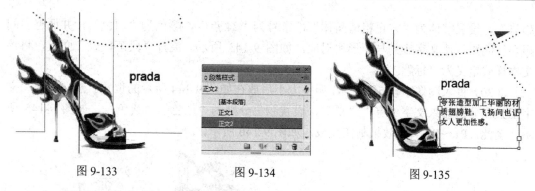

图 9-133	图 9-134	图 9-135

（15）依照同样的方法，从"文字.txt"复制文字段落"镶上……魅力。"，并返回 InDesign 窗口后粘贴，得到如图 9-136 所示的文本框。

（16）使用"钢笔工具"分别绘制如图 9-137 所示的两条路径，然后同时选择这两条路径和文本框，展开"文本绕排"面板，单击"沿对象形状排列"按钮，使文字沿着线段的弧度排列，如图 9-138 所示。

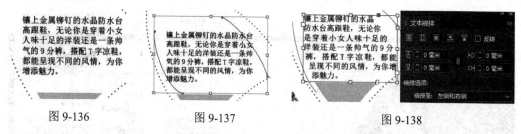

图 9-136	图 9-137	图 9-138

（17）展开"图层"面板，将这两条路径隐藏。置入素材"鞋 3.png"，调整大小后放在如图 9-139 所示的位置。接着在鞋子的右上角制作两个文本框，并分别应用样式"正文 1"和"正文 2"。将下面的文本框的填充颜色设置为"白色"，遮挡住下方的虚线段，如图 9-140 所示。

（18）继续置入图像"鞋 4.png"，并制作文本框，应用相应的段落样式，如图 9-141 所示。

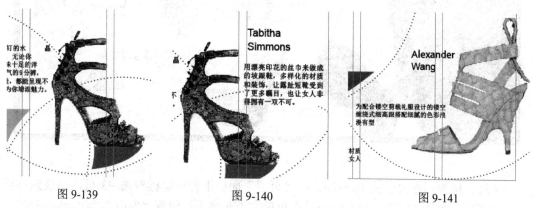

图 9-139	图 9-140	图 9-141

（19）使用"矩形工具"绘制一个小矩形，并设置其填充色为"红色"，描边色为"无"；然后连续复制出 3 个，排列为如图 9-142 所示的效果。使用"文字工具"输入文字"流行

趋势"，设置字体为"方正粗倩简体"，字号为"24 点"，颜色为"白色"，并调整字间距和行间距，使文字排列与矩形块对应，如图 9-143 所示。展开"段落样式"面板，将该文本样式定义为"标题 1"。

（20）置入图像"鞋 5.png"，调整大小后放在如图 9-144 所示的位置。然后使用"文字工具"分别输入文字"春""夏"，设置颜色分别为"绿色""紫色"，如图 9-145 所示。至此，P1～P2 页面效果制作完成，如图 9-146 所示。

图 9-142　　　　　　　图 9-143　　　　　　　图 9-144　　　　　　　图 9-145

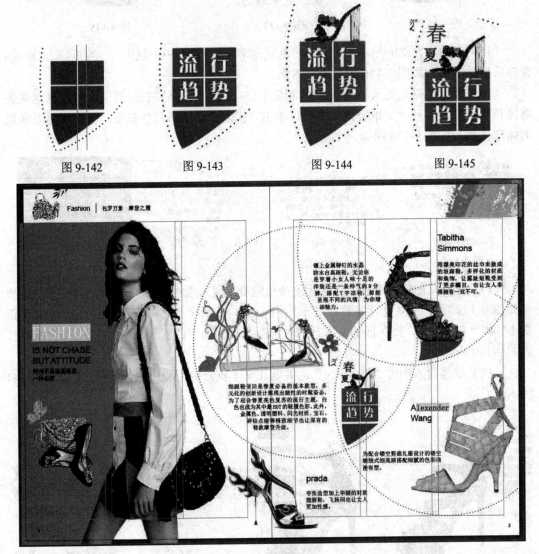

图 9-146

（21）接着制作内容页 P3～P4。在"页面"面板上使用鼠标双击 P3 页，切换到该页的页面窗口。选择"矩形工具"命令，在页面左上角单击，设置"宽度"为"386 毫米"，"高度"为"266 毫米"，得到与页面大小一致的矩形。接着在选项栏中设置矩形填充色为"淡黄色（C：3，M：2，Y：20，K：0）"，描边色为"无"，如图 9-147 所示。

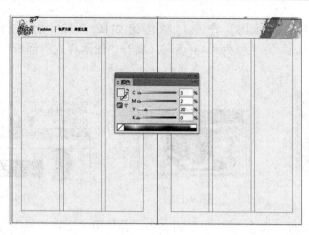

图 9-147

　　（22）展开"图层"面板，将"图层 1"锁定，然后新建"图层 2"。按 Ctrl+D 快捷键置入"3-4 页"中的所有素材文件，分别调整大小后，排列效果如图 9-148 所示。

　　（23）选择图片"鞋 2.jpg"，在选项栏中设置其描边色为"白色"，描边大小为"5 点"，如图 9-149 所示。接着单击选项栏中的 *fx*.（效果）按钮，在弹出的菜单中选择"投影"命令，如图 9-150 所示，并在如图 9-151 所示的对话框内更改"不透明度"为"45%"。

图 9-148

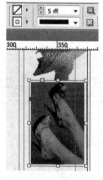

图 9-149

图 9-150

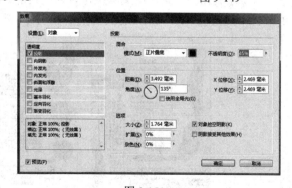

图 9-151

　　（24）单击"确定"按钮后，如图 9-152 所示；接着选择图片"包.jpg"，执行同样的操作，为其添加白色描边和投影，如图 9-153 所示。

（25）选择"文字工具"命令，制作出如图 9-154 所示的文本框，字体为"AdineKirnberg-Script"，字号为"48 点"。展开"段落样式"面板，将其定义为"英文标题"。

图 9-152　　　　　　　　　　图 9-153　　　　　　　　　　图 9-154

（26）从文本文件"文字.txt"中复制文字，并使用"文字工具"制作如图 9-155 所示的文本框，先应用"段落样式"面板中的"正文 1"，然后展开"段落"面板，将首行缩进更改为"9 毫米"，如图 9-156 所示。接着在"段落"面板中将其重定义为样式"正文 1 缩进"。

（27）使用"文字工具"输入文字"流行面料"，设置字体为"方正粗倩简体"，字号为"14 点"。接着选择文本框，在选项栏中将文本框的填充色设置为"粉色（C：0，M：60，Y：0，K：0）"，如图 9-157 所示。接着在"段落样式"面板中将其定义为"标题 2"。

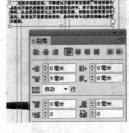
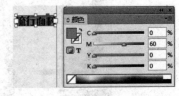

图 9-155　　　　　　　　　　图 9-156　　　　　　　　　　图 9-157

（28）使用"文字工具"继续制作出其他文本段落，并应用相应的段落样式。根据需要使用"钢笔工具"绘制路径，制作出文本绕排效果；其中 P4 页对应"标题 2"样式的文本框填充色可更改为"浅蓝色（C：48，M：15，Y：6，K：0）"，整体效果如图 9-158 所示。

图 9-158

（29）在"页面"面板上双击 P5 页，显示对应的页面。选择"椭圆工具"命令，在页面上单击，设置"宽度"为"172 毫米"，"高度"为"130 毫米"，如图 9-159 所示。设置椭圆的描边色为"无"，填充色任意，放在两个页面的中间位置，如图 9-160 所示。

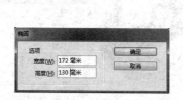

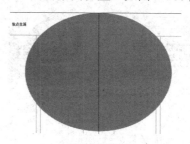

图 9-159　　　　　　　　　　　　　　　图 9-160

（30）按 Ctrl+D 快捷键置入图片"人物彩妆.jpg"，等比例缩放到与椭圆宽度基本一致，如图 9-161 所示。按 Ctrl+X 快捷键剪切，然后选择椭圆右击，在弹出的快捷菜单中选择"贴入内部"命令，得到如图 9-162 所示的效果。

图 9-161　　　　　　　　　　　　　　　图 9-162

（31）绘制一个"宽度""高度"均为"51 毫米"的圆形，描边色为"无"，填充色任意，并在选项栏上为其添加"投影"效果，放在椭圆的左侧，如图 9-163 所示。然后依照第（30）步的操作方法，置入图片"口红 1.jpg"，调整大小后贴入圆形的内部，如图 9-164所示。

图 9-163　　　　　　　　　　　　　　　图 9-164

（32）再次绘制一个"宽度""高度"均为"60 毫米"的圆形，描边色为"红色"，无填充色，描边大小为"3 点"，线性为"点线"，如图 9-165 所示。接着同时选择两个圆形，并在贴有图片的圆形上单击鼠标固定其位置，如图 9-166 所示。展开"对齐"面板，单击 [图] （水平居中对齐）和 [图] （垂直居中对齐）按钮，使两个圆形居中对齐排列，如图 9-167 所示。

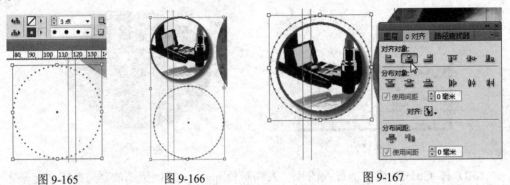

图 9-165　　　　　　　　　图 9-166　　　　　　　　　图 9-167

（33）选择"剪刀工具"命令，在外围的圆形如图 9-168 所示的位置单击鼠标，将圆形切割为两部分，并将右下方的弧形线段删除，如图 9-169 所示。

（34）同时选择红色点线段和嵌有图片的圆形，按 Alt 键的同时进行复制，排列效果如图 9-170 所示。

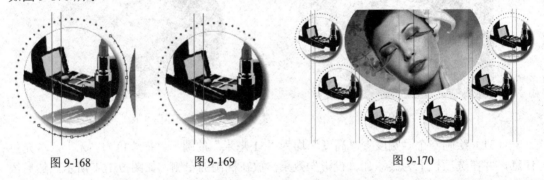

图 9-168　　　　　　　　　图 9-169　　　　　　　　　图 9-170

（35）展开"链接"面板，选择第 2 个"口红 1.jpg"，右击，在弹出的快捷菜单中选择"重新链接"命令，如图 9-171 所示；在弹出的对话框中选择"<指甲油.jpg>"，在"图层"面板上单击"<指甲油.jpg>"前面的箭头，选择里面的图片，在选项栏中设置其等比例缩放数值，如图 9-172 所示。

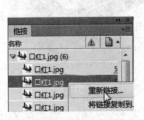

图 9-171

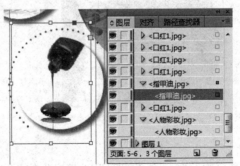

图 9-172

（36）依照同样的方法，更换其他几个圆形内部的图片，如图 9-173 所示。接着结合"旋转工具"和水平、垂直翻转按钮，调整红色点线段的排列位置，如图 9-174 所示。

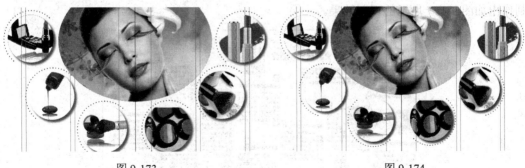

图 9-173　　　　　　　　　　　　　　　　　　　　图 9-174

（37）使用步骤 26、27 所述方法，依次制作出如图 9-175 所示的文本框，并分别应用相应的段落样式。

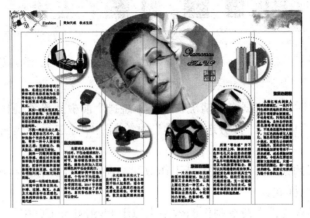

图 9-175

（38）置入图像"蝴蝶 1.jpg""蝴蝶 2.jpg"，调整其大小后，设置"不透明度"为"30%"，放在如图 9-176 所示的位置。P5～P6 页制作完毕。

图 9-176

（39）在"页面"面板上双击 P7 页，显示对应的页面。该页面的制作没有新的知识点，不再赘述。依照前几页的制作方法，依次置入图像、制作文本框，并应用相应的段落样式，制作出如图 9-177 所示的页面效果。

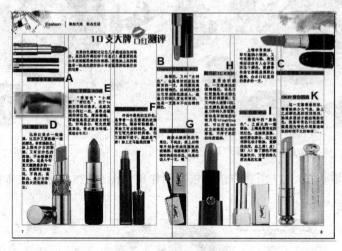

图 9-177

要点解析

（1）文本绕排时，要依据实际情况在"文本绕排"面板上设置绕排的位置，倘若对得到的效果不满意，可以使用"部分选择工具"对绘制的路径进行再次编辑；绕排后要将路径隐藏。

（2）段落样式的使用可以大大提高工作效率，在操作时要对文本段落有整体的把握，明确文本应该应用的样式。

（3）通过"贴入内部"命令制作的效果类似于 Photoshop CC 中的"创建剪贴蒙版"，都是将图像嵌入指定的形状图案中。如果要调整嵌入后的图像，必须在"图层"面板上展开对应图层前面的小三角，然后选择里面的图像进行调整；否则，调整的是形状图案，而不是嵌入的图像。

（4）在对文本框设置底纹颜色之前，一定要选择"适合"→"使框架适合内容"命令，使底纹的边缘与文本的边缘一致。另外，在对多个文本框执行对齐操作之前，也要选择"使框架适合内容"命令。

子任务3　制作目录页

（1）在"页面"面板上双击第 1 页，显示对应的页面，然后在"页面"面板上同时选择第 1 页和第 2 页，右击，在弹出的快捷菜单中选择"将主页应用于页面"命令，在弹出的对话框中设置"应用主页"为"无"，如图 9-178 所示。

（2）保持 1～2 页的选取状态，选择"版面"→"边距和分栏"命令，在弹出的对话框中设置"栏数"为"2"，如图 9-179 所示。

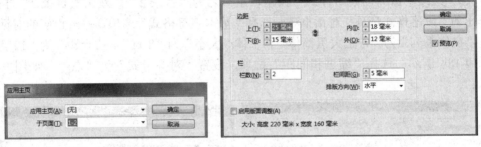

图 9-178　　　　　　　　　　　　　　　　图 9-179

（3）依次置入目录页对应的图像，调整大小后排列效果如图 9-180 所示。使用"文字工具"分别输入文字"CONTENTS"和"目录"，设置字体分别为"Arial"和"微软雅黑"，字号均为"36 点"。然后使用"直线工具"绘制一条竖线，描边色为"黑色"、描边大小为"3 点"。同时框选两个文本框和竖线，展开"对齐"面板，单击 （垂直居中对齐）按钮和 （水平分布间距）按钮，如图 9-181 所示。

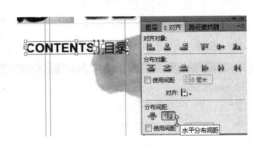

图 9-180　　　　　　　　　　　　　　　　图 9-181

（4）展开"段落样式"面板，单击"创建新样式"按钮，重命名为"目录 1"。双击"目录 1"样式，在弹出的"段落样式选项"对话框中，选择"基本字符格式"选项，弹出相应的对话框，设置"字体系列"为"方正大黑简体"，字体"大小"为"10 点"，"行距"为"18 点"，如图 9-182 所示。选择"缩进和间距"选项，设置"对齐方式"为"左"，如图 9-183 所示。

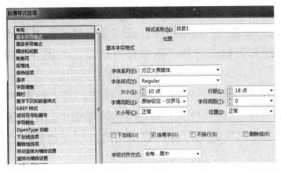

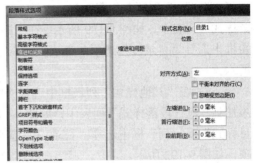

图 9-182　　　　　　　　　　　　　　　　图 9-183

（5）继续单击"创建新样式"按钮，重命名为"目录 2"。双击"目录 2"样式，在弹出的"段落样式选项"对话框中，选择"基本字符格式"选项，弹出相应的对话框，设置"字体系列"为"方正大黑简体"，字体"大小"为"8 点"，"行距"为"13 点"，如图 9-184 所示。选择"缩进和间距"选项，设置"对齐方式"为"左"，如图 9-185 所示。

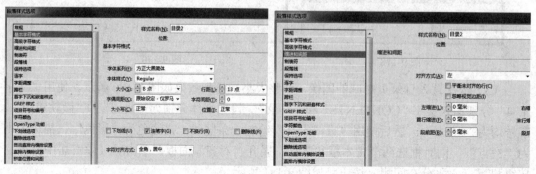

图 9-184　　　　　　　　　　　　　　　　　　　　图 9-185

（6）再次单击"创建新样式"按钮，重命名为"目录 3"。双击"目录 3"样式，在弹出的"段落样式选项"对话框中，选择"基本字符格式"选项，弹出相应的对话框，设置"字体系列"为"宋体"，字体"大小"为"8 点"，"行距"为"13 点"，如图 9-186 所示。选择"缩进和间距"选项，设置"对齐方式"为"右"，如图 9-187 所示。

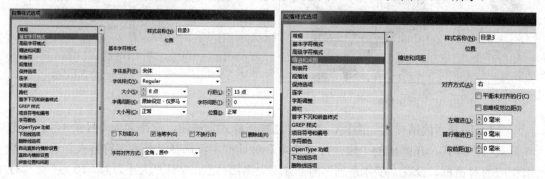

图 9-186　　　　　　　　　　　　　　　　　　　　图 9-187

（7）选择"版面"→"目录"命令，弹出"目录"对话框，在"其他样式"列表框中选择"标题 1"选项，如图 9-188 所示。单击"添加"按钮，将"标题 1"添加到"包含段落样式"列表中，如图 9-189 所示。在"样式：标题 1"选项组中，在"条目样式"下拉列表框中选择"目录 2"选项，在"页码"下拉列表框中选择"条目前"选项，如图 9-190 所示。

（8）在"其他样式"列表框中选择"标题 2"选项，单击"添加"按钮，将"标题 2"添加到"包含段落样式"列表中，如图 9-191 所示。在"样式：标题 2"选项组中，在"条目样式"下拉列表框中选择"目录 3"选项，在"页码"下拉列表框中选择"条目前"选项，如图 9-192 所示。

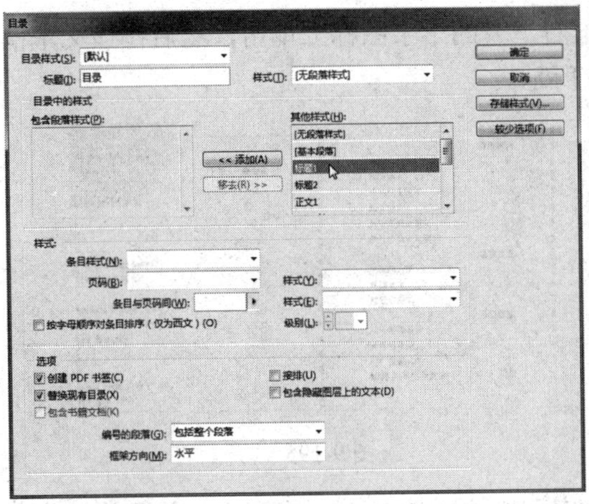

图 9-188

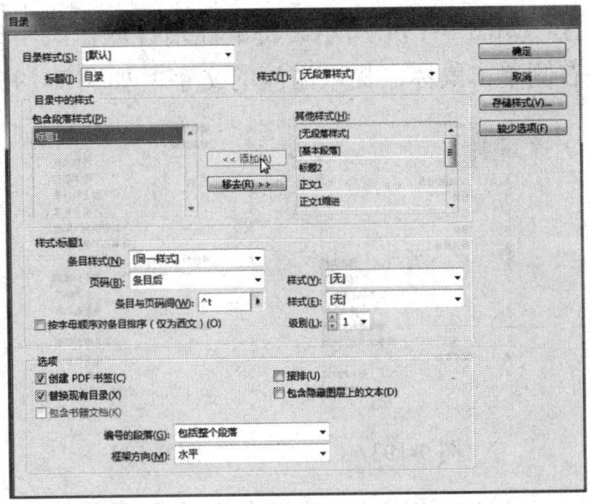

图 9-189

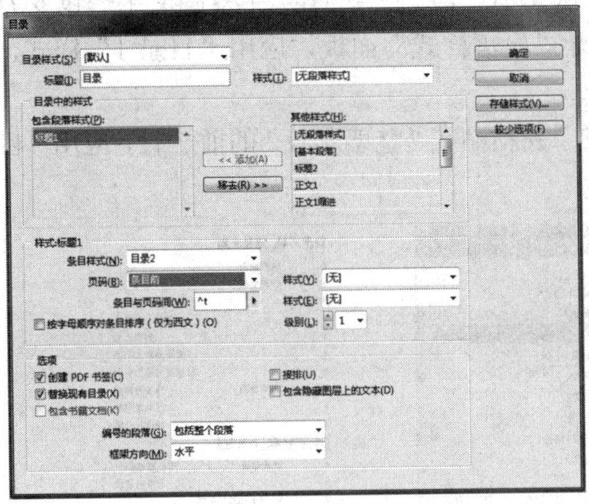

图 9-190

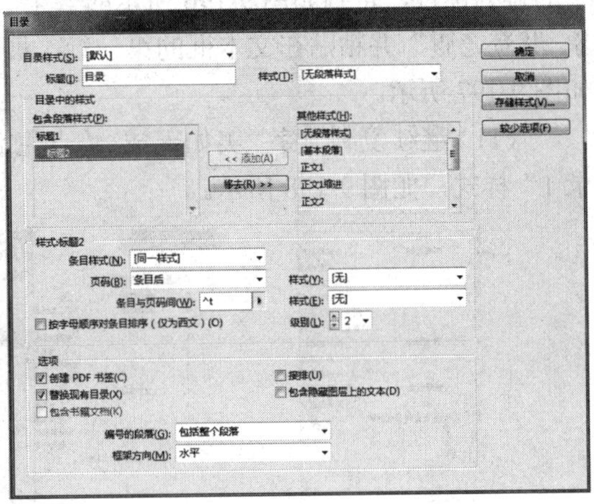

图 9-191

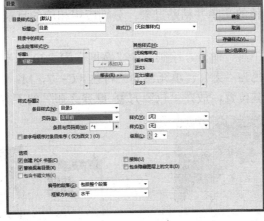

图 9-192

　　（9）单击"确定"按钮，在页面中拖曳鼠标，提取目录，如图 9-193 所示。使用"文字工具"选取不需要的文字和空格，按 Delete 键删除；然后，根据需要调整其他文字的位置，如图 9-194 所示。将鼠标指针放在文本框右下方的十字图标上单击，然后在该文本框右侧单击鼠标，提取溢流的文字，如图 9-195 所示。

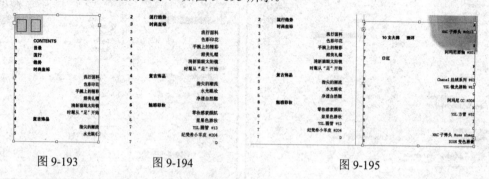

图 9-193　　　　　　　图 9-194　　　　　　　　　　　图 9-195

（10）使用"文字工具"选取不需要的文字和空格，按 Delete 键删除，并调整部分文字的排列位置，得到如图 9-196 所示的效果。从文本文档"文字.txt"中复制文字"包罗万象　摩登之履"并粘贴在文本框的第一行，展开"段落样式"面板，应用"目录 1"样式，如图 9-197 所示。

（11）继续复制文字"美如天成　妆点生活"并粘贴在"魅惑彩妆"的前一行，应用"目录 1"样式，如图 9-198 所示。

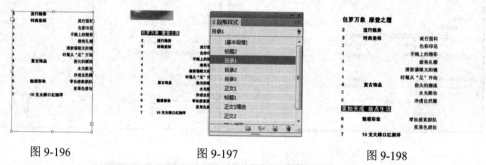

图 9-196　　　　　　　　　图 9-197　　　　　　　　　图 9-198

（12）继续复制其他的文字并粘贴过来，分别应用相应的目录样式，形成如图 9-199 所示的效果。

（13）选择"矩形工具"命令，绘制一个"宽度"为"30 毫米"、"高度"为"4 毫米"的矩形，设置描边色为"无"，填充色为"粉色（C：7，M：31，Y：11，K：0）"。在"图层"面板上调整其位置，放在"包罗万象　摩登之履"的下方，如图 9-200 所示。

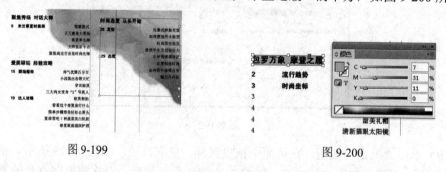

图 9-199　　　　　　　　　　　　　　图 9-200

（14）按 Alt 键的同时，使用鼠标指针拖动该矩形进行复制，放在如图 9-201 所示的位置。继续复制矩形，分别放在如图 9-202 和图 9-203 所示的位置，并调整其填充色分别为"浅蓝色（C：22，M：9，Y：7，K：0）"和"淡黄色（C：5，M：9，Y：46，K：0）"。

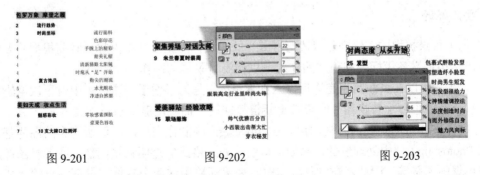

图 9-201　　　　　　　　　　　图 9-202　　　　　　　　　　　图 9-203

（15）对文本框的排列位置做出调整后，完成目录页的制作，如图 9-204 所示。选择"文件"→"存储"命令，保存文件。

图 9-204

（16）为每个内容页添加页码，在"页面"面板上双击"A-主页"，显示对应的页面。选择"文字工具"命令，在页面下方拖曳出一个文本框，按 Shift+Ctrl+Alt+N 组合键，或者选择"文字"→"插入特殊字符"→"标志符"→"当前页码"命令，在文本框中添加自动页码，如图 9-205 所示。

（17）选择添加的字母 A，设置其字体为"微软雅黑"，字号为"8 点"。然后选择文本框，右击，在弹出的快捷菜单中选择"适合"→"使框架适合内容"命令，调整文本框的位置，如图 9-206 所示。按 Shift+Alt 快捷键将文本框水平向右移动，复制出第二个文本框，放在"A-主页"的右下角，如图 9-207 所示。选择这两个页码文本框，按 Ctrl+C 快捷键复制。

（18）显示"B-主页"对应的页面，右击，在弹出的快捷菜单中选择"原位粘贴"命令，得到 B 主页的页码，如图 9-208 所示。

图 9-205　　　　　　　图 9-206　　　　　　　图 9-207　　　　　　　图 9-208

（19）分别检查其他的内容页，将会看到每个页面都显示对应的页码。展开"链接"面板，按 Shift 键将所有的图片全部选中，然后单击面板右上角的█按钮，在弹出的菜单中选择"嵌入链接"命令。至此，整个杂志内页制作完毕。

要点解析

（1）目录提取的关键在于"段落样式"的定义，因此在制作内容页时要根据将要制作的目录结构定义各级标题和正文的样式，以便于目录页的制作。

（2）之所以在页面制作完毕后嵌入图像链接，是为了便于制作过程中对再次编辑的图像进行更新，也便于替换图片时直接重新链接即可，而不用删除后再次置入。

（3）本任务的主要内容基本都是在 InDesign 中制作完成的，但所用到的图片基本都是在 Photoshop CC 中处理过的。例如，抠图为.png 格式的透明背景图像，或者对图像进行色彩色调的调整等。因此，在制作杂志时，要灵活应用这两个软件，发挥各自的优势，提高工作效率。

9.2.3　任务 3——公司宣传画册设计

任务分析

公司宣传画册是公司用来宣传自己的最传统和最有效的方式之一，宣传画册在公司形象传播和产品营销过程中起着其他广告媒介不可替代的作用。画册内容丰富，可以体现公司综合实力、产品类型、产品特点、营销手段以及联系方式等系统内容，是客户与公司之间沟通的快速有效的渠道。成功的公司宣传画册可以帮助公司树立良好的形象以及促进产品的销售。在设计公司宣传画册的过程中，要注意点、线、面等构成元素的运用、色彩的搭配以及各种视觉元素之间相互的关系等内容。

本任务中，将制作如图 9-209 所示的凤凰广告有限公司宣传画册设计。

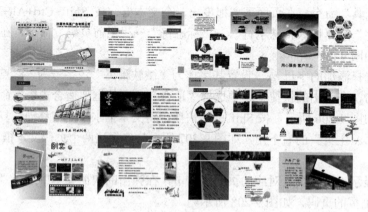

图 9-209

任务实施

公司宣传画册设计内容较多，本任务将重点介绍封面和其中一个内页的设计，其他页面只介绍其设计要点，具体步骤不再赘述，可参考源文件自行学习。

子任务1　制作封面

（1）启动 Photoshop CC，选择"文件"→"新建"命令，或按 Ctrl+N
快捷键，在弹出的对话框中新建一个"名称"为"凤凰广告画册封面"、
"宽度"为"42 厘米"、"高度"为"29.7 厘米"、"分辨率"为"300 像素/英寸"、
"颜色模式"为"CMYK 颜色"、"背景内容"为"白色"的文件，单击"确定"按钮，
如图 9-210 所示。

（2）选择"视图"→"标尺"命令或按 Ctrl+R 快捷键显示标尺，按 Ctrl+H 快捷键显
示辅助线；选择"视图"→"新建参考线"命令，在垂直标尺 21 厘米的位置新建一条参考
线，如图 9-211 所示。

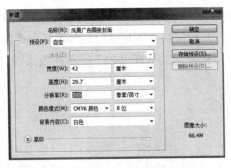

图 9-210

图 9-211

（3）新建"图层 1"，选择"矩形选框工具"命令，参考辅助线绘制同右侧页面相同
大小的选区，填充颜色为"白色（#ffffff）"，按 Ctrl+D 快捷键取消选择；新建"图层 2"，
选择"矩形选框工具"命令，参考辅助线绘制同左侧页面相同大小的选区，选择"渐变工
具"命令，在工具栏上选择"线性渐变"命令，在"渐变编辑器"窗口中编辑由"灰色（#cfd2d4）"
到"白色（#ffffff）"的渐变，如图 9-212 所示。选择"图层 2"，按 Shift 键从上向下拖出
一条直线，垂直拉出渐变，按 Ctrl+D 快捷键取消选区后，如图 9-213 所示。

图 9-212

图 9-213

（4）选择"钢笔工具"命令，绘制如图 9-214 所示的钢笔路径。在"路径"面板上，按 Ctrl 键，单击"工作路径"缩略图，将钢笔绘制的路径转换为选区。在"图层"面板上，新建"图层 3"，将钢笔绘制的选区填充为"灰色（#bfbebf）"，如图 9-215 所示。

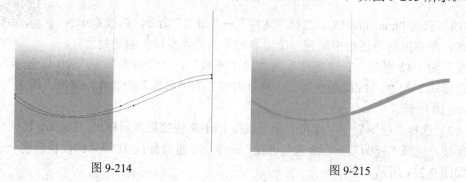

图 9-214　　　　　　　　　　　　图 9-215

（5）在"图层"面板上，复制"图层 3"，得到"图层 3 拷贝"图层，按 Ctrl+T 快捷键旋转曲线，得到如图 9-216 所示的效果。多次复制"图层 3"，得到多个"图层 3 拷贝"图层，分别调整不同图层中曲线的角度和位置，得到如图 9-217 所示的效果图。

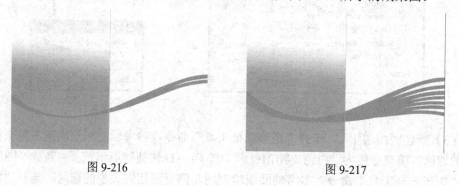

图 9-216　　　　　　　　　　　　图 9-217

（6）将个别图层上的曲线填充为"深灰色（#a7a6a8）"，如图 9-218 所示。然后调整之前绘制的曲线路径，并将其转换为选区，填充颜色为"白色（#ffffff）"，如图 9-219 所示。

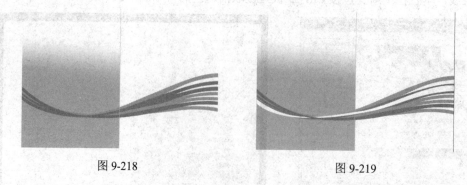

图 9-218　　　　　　　　　　　　图 9-219

（7）使用"加深工具""减淡工具"分别在不同的曲线上涂抹，使曲线呈现深浅不同的层次感，如图 9-220 所示。全选所有的曲线层，然后按 Ctrl+G 快捷键编组，调整该组的"不透明度"为"25%"，如图 9-221 所示。

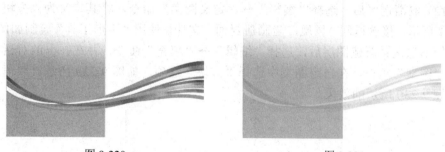

图 9-220　　　　　　　　　　　　　图 9-221

（8）选择"铅笔工具"命令，设置画笔"硬度"为"100%"，"大小"为"2 像素"，设置前景色为"白色"。然后选择"钢笔工具"命令，绘制如图 9-222 所示的路径。新建图层后，在"路径"面板上右击该路径，在弹出的快捷菜单中选择"描边路径"命令，使用"铅笔工具"进行描边，得到白色的曲线线条。

（9）按 Ctrl+Alt+T 组合键，在选项栏上将曲线的坐标值 X、Y 的数值分别增加"30 像素"，使曲线复制的同时产生位移。按 Enter 键确认变形，接着连续按 Shift+Ctrl+Alt+T 组合键，复制出多条曲线，如图 9-223 所示。

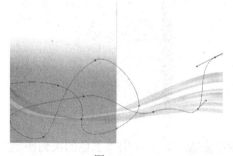

图 9-222　　　　　　　　　　　　图 9-223

（10）全选所有的曲线，按 Ctrl+G 快捷键编组，然后按 Ctrl+T 快捷键将其进行适当的变形后，放在如图 9-224 所示的位置，并设置其"不透明度"为"60%"。

（11）选择"文件"→"新建"命令，在弹出的对话框中新建一个大小为"30 像素×30 像素"、"背景内容"为"透明"的文件，如图 9-225 所示。然后使用"矩形工具"绘制一个大小为 15 像素×15 像素的矩形选区，如图 9-226 所示，将其填充为"白色"。

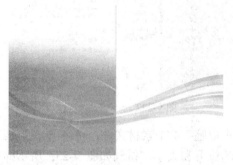
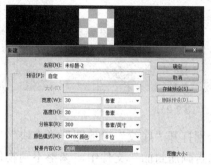

图 9-224　　　　　　　　　　图 9-225　　　　　　　　图 9-226

（12）取消选区后，选择"编辑"→"定义图案"命令，将其定义为"方块"，如图 9-227 所示。接着返回"凤凰广告画册封面"文件，使用"矩形工具"绘制如图 9-228 所示的矩形选区；新建图层后，选择"编辑"→"填充"命令，并在弹出的对话框中选择使用"图案"填充，在自定图案中选择"方块"选项，如图 9-229 所示。取消选区后得到如图 9-230 所示的效果。

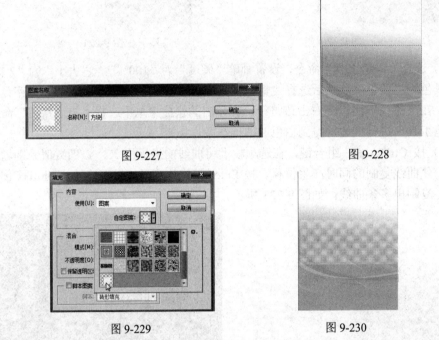

图 9-227　　　　　　　　　　图 9-228

图 9-229　　　　　　　　　　图 9-230

（13）在"图层"面板上为该图层添加"图层蒙版"，并使用"黑色的柔角画笔"在方块图案上涂抹，隐藏部分图形，得到如图 9-231 所示的效果。然后为该图层添加"外发光"图层样式，如图 9-232 所示。设置该图层的"不透明度"为"75%"。

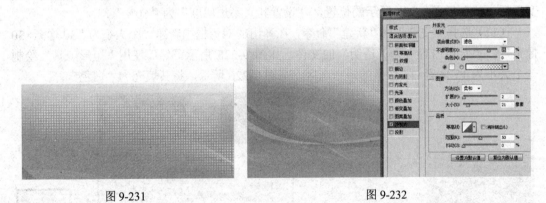

图 9-231　　　　　　　　　　图 9-232

（14）分别打开"底纹""地图""方块""小电脑"4 个素材文件，将 4 个图形拖入到"凤凰广告画册封面"文件中，调整不同物体的位置和大小，得到如图 9-233 所示的效果图。

（15）选择"直排文字工具"命令，设置字体为"汉仪圆叠体简"，字号为"32 点"，字体颜色为"白色（#ffffff）"，输入文字"渠道共赢 品质为先"，放置在页面右上角。选择"直排文字工具"命令，设置字体为"汉仪大黑简"，字号为"42 点"，字体颜色为"白色（#ffffff）"，输入文字"济源市凤凰广告有限公司"，放置在页面右侧中心；然后，用同样的操作输入"JI YUAN SHI　FENG HUANG GUANG GAO YOU XIAN GONG SI"。

（16）同第（15）步操作，分别选择不同的字体，输入文字，调整文字大小和位置，调整位置后的效果如图 9-234 所示。

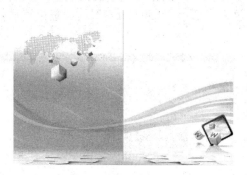

图 9-233　　　　　　　　　　　　　　　图 9-234

（17）新建图层，选择"矩形选框工具"命令，绘制小矩形，填充颜色为"黑色（#000000）"，复制图层并旋转，得到装饰线条，放置到合适位置。同样新建图层，填充渐变色，调整图层顺序；双击"济源市凤凰广告有限公司"图层，为其添加描边效果。分别对不同的字体进行不同的装饰和强调后的效果，如图 9-235 所示。

（18）选择"直排文字工具"命令，设置字体为"华文隶书"，分别输入英文字母 F、H，调整大小，字体颜色为"灰色（#f3f3f3）"，用于装饰正面封面的空白。至此，凤凰广告画册封面制作完成，最后输出效果如图 9-236 所示。选择"文件"→"存储"命令，保存文件。

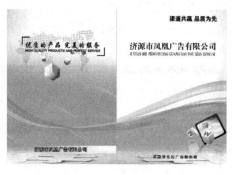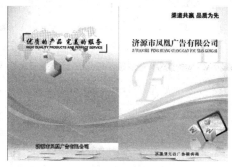

图 9-235　　　　　　　　　　　　　　　图 9-236

子任务 2　制作内容页

（1）选择"文件"→"新建"命令，在弹出的对话框中新建一个"名称"为"凤凰广告画册公司概况"、"宽度"为"42 厘米"、"高度"

为"29.7 厘米"、"分辨率"为"300 像素/英寸"、"颜色模式"为"CMYK 颜色"、"背景内容"为"白色"的文件，单击"确定"按钮。

（2）选择"视图"→"新建参考线"命令，分别在垂直标尺 20 厘米、22 厘米的位置新建两条参考线，在水平标尺 6.5 厘米、12 厘米的位置新建两条参考线。

（3）在"图层"面板上，新建"图层 1"，使用"矩形工具"从左上角开始，沿着水平 6.5 厘米的参考线绘制选区，并填充为"灰色（#dde7e5）"，如图 9-237 所示。

（4）在"图层"面板上，新建图层并修改名称为"灰色块"，填充颜色为"灰色（#e5ecea）"，新建图层并修改名称为"蓝色块"，填充颜色为"蓝色（#008ccf）"，调整位置后，如图 9-238 所示。

图 9-237

图 9-238

（5）同时选择"灰色块"图层和"蓝色块"图层，按 Alt 键的同时，按 Shift 键向页面右侧水平移动鼠标指针，复制出另外两个色块，调整两个色块的位置关系。

（6）选择"直排文字工具"命令，设置字体为"黑体"，字号为"30 点"，字体颜色为"白色（#ffffff）"，输入文字"公司介绍"，放置左侧页面蓝色块上方。同样操作，输入"业务范围"和其他文字资料，调整位置后，如图 9-239 所示。

（7）打开"公司概况.txt"文本文件，复制文字。返回 Photoshop CC 后，使用"直排文字工具"绘制文本框并粘贴文字，调整文字的行间距和首行缩进值后，如图 9-240 所示。

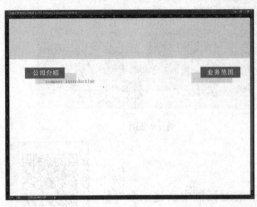
图 9-239

图 9-240

（8）在"图层"面板上，新建图层并修改名称为"圆点"，选择"椭圆选框工具"命令绘制圆形，填充颜色为"蓝色（#008ccf）"，多次按 Alt 键沿垂直方向拖动圆点，复制出多个圆点，按 Ctrl+E 快捷键并所有圆点图层，如图 9-241 所示。

（9）在"图层"面板上新建"图层 2"，选择"矩形选框工具"命令绘制矩形，填充颜色为"蓝灰色（#bbcecf）"，复制"图层 2"两次，调整两个蓝灰色矩形的位置和大小，如图 9-242 所示。

图 9-241

图 9-242

（10）打开多个素材文件，将图片和底纹素材拖入到文件中，按 Ctrl+T 快捷键调整素材文件的大小和位置，如图 9-243 所示。

（11）分别在页面上方两侧采用白色装饰线条丰富页面，在左侧页面下方采用蓝色方块丰富页面，如图 9-244 所示。

图 9-243

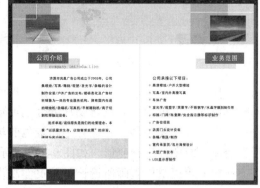
图 9-244

（12）在页面右上角分别输入公司名称等文字进行装饰排版，如图 9-245 所示。

（13）在页面左上角选择"矩形选框工具"命令，绘制矩形并描边，描边大小为"8 像素"，颜色为"蓝色（#22529b）"。选择"横排文字工具"命令，输入"公司概况"和相应的英文，调整文字字体、大小和位置。选择"多边形工具"命令，设置填充颜色为"蓝色（#22529b）"、边数为"3"，绘制三角形形状，如图 9-246 所示。

图 9-245　　　　　　　　　　　　　　　　　图 9-246

（14）至此，"凤凰广告画册公司概况"文件制作完成，最后输出效果如图 9-247 所示。选择"文件"→"存储"命令，保存文件。

（15）采用同样操作，完成"凤凰广告画册凤凰精神"页面的制作，如图 9-248 所示。该文件在制作过程中，拖入素材图片并调整图片的大小和位置后，选择"横排文字工具"命令，分别设置好文字大小、颜色和字体，输入相应的文字，并采用"矩形选框工具"绘制不同大小的矩形，填充颜色，用来丰富画面效果。

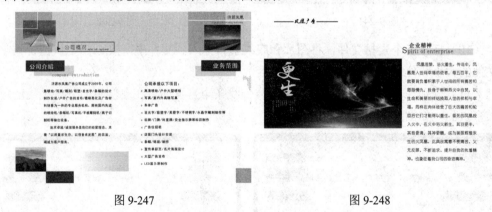

图 9-247　　　　　　　　　　　　　　　　　图 9-248

（16）在"凤凰广告画册设备展示"页面制作时，采用与"凤凰广告画册公司概况"同样风格的页面色调。对设备图片进行圆形裁剪，选择"圆角矩形工具"命令和"椭圆选框工具"命令绘制图形，并进行不同颜色的填充；对右侧页面的图片选择"变形"→"透视"命令，对图片进行变形，如图 9-249 所示。

（17）"凤凰广告画册设计类"页面制作时，选择"矩形选框工具"命令，绘制不同的矩形，并填充不同的颜色，插入不同的素材文件，调整大小和位置。电影胶片可以结合"矩形工具"和定义图案命令进行制作，左侧页面图形主要利用不同图层之间上下的位置关系和变形工具进行制作，如图 9-250 所示。

（18）制作"凤凰广告画册标识牌类"页面时，图形的导入和排列是关键，说明文字尽量大小统一，如图 9-251 所示。

（19）制作"凤凰广告画册招牌庆典类"页面时，左侧页面采用中心构图，五边形素材图片被统一放置于一个圆形中，右侧页面主要采用上下均衡构图的形式，上方规则的图片整齐排列，下方是说明性的文字，如图 9-252 所示。

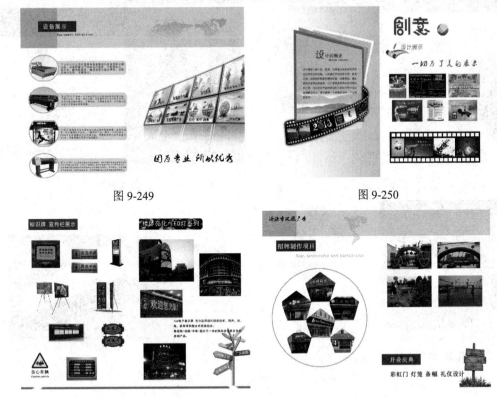

图 9-249　　　　　　　　　　　　　　　　图 9-250

图 9-251　　　　　　　　　　　　　　　　图 9-252

　　（20）制作"凤凰广告画册车体广告"页面时，两侧页面均采用上下均衡构图形式，左侧页面文字在上、图片排列在下方，右侧页面采用文字在下、图片在上的排列，统一中寻求变化，如图 9-253 所示。

　　（21）同样操作，完成下面 5 个文件的制作，如图 9-254～图 9-258 所示。图文混排的过程中，注意图片的大小和文字的字号，保持画面统一的前提下采用小面积的色块来突出主题、丰富画面。

图 9-253　　　　　　　　　　　　　　　　图 9-254

图 9-255　　　　　　　　　　　　　　　　图 9-256

图 9-257　　　　　　　　　　　　　　　　图 9-258

要点解析

（1）在该任务的制作过程中，用到的大多都是较常用的工具命令。其中，对于画册页面的整体排版、图片的排列、色彩的选择以及图文混排是重点。

（2）在画册设计的诸多要素中，色彩是最重要的要素之一。色彩可以烘托主题、制造气氛、强化版面视觉冲击力、传递主要信息，给人留下深刻印象。因此，要注意画册色彩各要素之间的整体统一；同时，采用小面积的色彩可以起到强调主题、产生视觉冲击的效果。

（3）不同画册的开本、形式变化较多，设计时应根据不同情况区别对待。对于面积小、页面少的画册，设计时应强调版面、色彩、文字以及图形的突出醒目；对于页面较多的画册，设计时版面应尽量整体、统一，编排上注意运用网格结构和节奏的变化。

9.3　技　能　实　战

自己收集当地旅游景点的图片素材和文字内容，制作一本旅游宣传画册。

1．设计任务描述

（1）原创性设计，可适当模仿优秀作品的版式设计。

（2）画册大小尺寸：A4 纸对页尺寸、横版或竖版均可，一共设计 12 页（封面、封底各一页，目录页 2 页，内容页 8 页）。

（3）每张图应配有相应的文字简介，重点内容突出显示。

（4）图片应选具有代表性的景色，在不影响美观的情况下可选择图片合成，但必须主次分明。

（5）版面设计要求美观大方、色彩色调协调。

2．评价标准

评价标准如表 9-1 所示。

表 9-1

序　号	作品考核要求	分　值
1	版式设计精美、布局合理	15
2	页面尺寸、规格符合要求	15
3	图像配套的文字生动，能突出页面主体内容	20
4	图像素材的选用具有代表性、处理得当	20
5	页面色彩协调、美观大方	15
6	设计元素主次分明、对比强烈	15

项目 10　手机界面设计

手机界面是用户与手机系统、手机应用进行交互的窗口。手机界面的设计必须基于手机设备的物理特性和系统应用的特性进行合理地设计。手机界面设计是个复杂的、由不同学科组成的工程，其中最重要的就是产品本身的 UI 设计和用户体验设计，只有将这两者完美融合才能打造出优秀的作品。

10.1　知识加油站

10.1.1　矢量图形的绘制与编辑

使用 Photoshop CC 提供的"钢笔工具"组和"矩形工具"组可以绘制出矢量图形，使用"路径选择工具"可以对绘制的图形进行编辑。其中"钢笔工具"组如图 10-1 所示。

图 10-1

1. 绘制路径

路径是由锚点组成的，分为开放路径（如波浪形）和封闭路径（如椭圆形）。锚点是定义路径中每条线段开始和结束的点，可用来固定路径。通过移动锚点，可以修改路径段以及改变路径的形状。锚点分为直线点和曲线点，曲线点的两端有把手，可控制曲线的曲度。

如图 10-2 所示，上面的锚点是选中的锚点，显示的是实心的正方形，其余没有选中的锚点显示的是空心的正方形；如图 10-3 所示，左上路径表示选中的曲线路径，两边的曲线锚点都有把手，可以通过调整把手改变路径的形状，调整后如图 10-4 所示。

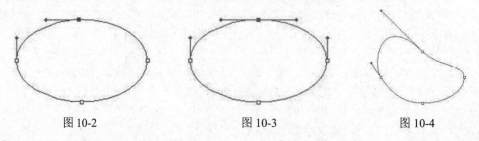

图 10-2　　　　　　　　　图 10-3　　　　　　　　　图 10-4

1）绘制直线

使用"钢笔工具"绘制的最简单的线条是直线，它是通过"钢笔工具"创建锚点来完成的，方法如下。

（1）选中工具箱中的 ✒（钢笔工具），在其选项栏中单击 ▨（路径）图标，表示用"钢笔工具"绘制路径而不是创建图形或者形状图层。

（2）将"钢笔工具"的笔尖放在要绘制直线的开始点，通过单击确定第一个锚点。

（3）移动"钢笔工具"到另外的位置，再次单击，两个锚点之间就会以直线连接。按 **Shift** 键可保证生成的直线为水平线、垂直线或 45° 倍数角度的直线。

（4）继续单击可创建另外的直线段。最后添加的锚点总是显示为实心的正方形，表示该锚点是被选中的，当继续添加更多的锚点时，先前确定的锚点即变成空心的正方形，如图 10-5 所示。

（5）要结束一条开放的路径，可按 Ctrl 键并单击路径以外的任意处；要封闭一条路径，可将"钢笔工具"放在第一个锚点上，当放置正确时，在"钢笔工具"笔尖的右下角会出现一个小的圆圈，单击就可以使路径封闭，如图 10-6 所示。

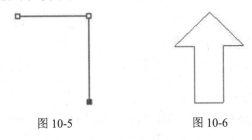

图 10-5　　　　　　　　　　　　图 10-6

2）绘制曲线

使用"钢笔工具"绘制曲线时，在曲线段上，每一个选定的锚点都显示一条或两条指向方向点的方向线，方向线和方向点的位置决定了曲线段的形状。

方向线总是和曲线相切的。每一条方向线的斜率决定了曲线的斜率，移动方向线可改变曲线的斜率；每一条方向线的长度决定了曲线的高度或深度，如图 10-7 所示。

连续弯曲的路径即一条连续的波浪形状线，是通过被称为平滑点的锚点来连接的；非连续弯曲的路径是通过角点连接的，如图 10-8 所示，图 10-8（a）中实心正方形表示的锚点是平滑点，图 10-8（b）中实心正方形表示的锚点是角点。

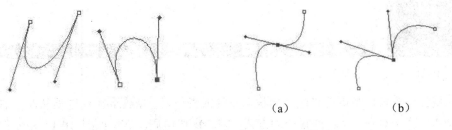

（a）　　　　　　　（b）

图 10-7　　　　　　　　　　　　图 10-8

当移动平滑点上的一条方向线时，该点两边的曲线同时被调整。相反，当移动角点上的方向线时，只有和方向线同边的曲线才会被调整。平滑点和角点可以通过按或释放 Alt

键来转换。

3）添加、删除和转换锚点

可以在任何路径上添加或删除锚点。添加锚点可以更好地控制路径的形状。同样，删除锚点可以改变路径的形状或简化路径。

若要在选定路径的指定位置上添加或删除某个锚点，首先，用"路径选择工具"将路径选中；然后，将"钢笔工具"移动到路径上，当其处在选中的路径片段上时，"钢笔工具"就变为"添加锚点工具"，此时单击就可以增加一个锚点，如图 10-9 所示；当"钢笔工具"移动到一个锚点上时，就变为 ⌵ （删除锚点工具），此时单击就可以删除一个锚点。

⌐（转换点工具）的使用较为简单。首先选中此工具，然后将它放在曲线点上，单击就可以将曲线点的方向线收回，使之成为直线锚点；反之，将此工具放到直线锚点上，按下鼠标左键并进行拖曳，就可拖曳出方向线，也就是将直线点变成了曲线点，如图 10-10 所示。

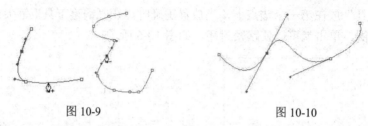

图 10-9　　　　　　　　　　　　　　　　图 10-10

4）"自由钢笔工具"的使用

"自由钢笔工具"可用于随意绘图，就像用钢笔在纸上绘图一样。在绘图时，将自动添加锚点，无须确定锚点的位置，完成路径后可进一步对其进行调整。

磁性是"自由钢笔工具"的选项，可以依据图像中的边缘像素建立路径，定义对齐方式的范围和灵敏度以及所绘路径的复杂程度。"磁性钢笔工具"和"磁性套索工具"有着相同的操作原理。

5）形状绘制

Photoshop CC 中的形状工具包括"矩形工具""圆角矩形工具""椭圆工具""多边形工具""直线工具"和"自定形状工具"，工具面板如图 10-11 所示。

（1）矩形工具：用于在图像中创建矩形路径，其属性设置窗口如图 10-12 所示。

图 10-11　　　　　　　　　　　　　　　图 10-12

在属性设置窗口中可选择建立形状、路径或者像素，▣ ▣ ▣图标选项从左至右依次是路径操作、路径对齐方式、路径排列方式。单击▣按钮后，出现如图 10-13 所示的面板，可以对矩形形状进行进一步设置。

各个选项的意义如下。

❑　不受约束：允许通过拖移，设置矩形或自定形状的高度和宽度。

- ❑　方形：将矩形约束为正方形。
- ❑　固定大小：根据在宽度和高度文本框中输入的值，将矩形、圆角矩形、椭圆或自定形状约束为固定大小。
- ❑　比例：根据在宽度和高度文本框中输入的值，将矩形约束为成比例的形状。
- ❑　从中心：将开始的位置设置为矩形的中心。

（2）圆角矩形工具：用于在图像中创建圆角矩形，其属性设置和矩形工具面板一样，但多了一个"半径"选项，用于指定 4 个圆角的半径。

（3）椭圆工具：用于在图像中创建圆形或椭圆形路径，其属性设置和矩形工具相似。

（4）多边形工具：用于在图像中创建正多边形或星形的路径，如果选中"星形"复选框，可进行相应参数的设置，如图 10-14 所示。

图 10-13 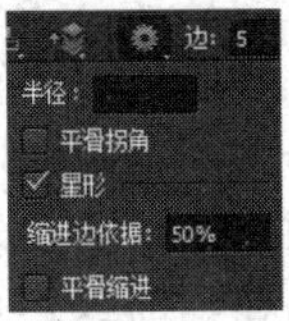　　　　　　　　　　　　　　图 10-14

各个选项的意义如下。

- ❑　半径：指定多边形中心与外部点之间的距离。
- ❑　平滑拐角和平滑缩进：用平滑拐角或平滑缩进渲染多边形。
- ❑　星形：表示创建的是星形的多边形路径。

如图 10-15 所示是边数为 5，并设置了多边形选项后的各种情况。

没选任何选项　　　　选中平滑拐角　　　　选中星形　　　　选中星形和平滑拐角　　全部选中

图 10-15

（5）直线工具：用于在图像中创建线段或箭头形状的路径，其属性设置面板如图 10-16 所示。

（6）自定形状工具：用于在图像中创建选定形状的路径，其属性面板和"矩形工具"相似，但在操作时需要先在如图 10-17 所示的形状框中选择形状才可以创建相应路径。

图 10-16　　　　　　　　　　　　　　图 10-17

用箭头渲染直线时，选中起点、终点或两者，指定在直线的哪一端添加箭头、箭头的宽度和长度值，以直线宽度的百分比指定箭头的比例、箭头的凹度值定义箭头最宽处的曲率。

2．"路径"面板

选择菜单栏中的"窗口"→"路径"命令，打开"路径"面板，如图 10-18 所示。刚绘制的路径在"路径"面板上有显示，这是临时路径，可对此路径进行存储、删除、转换为选区、描边路径、用前景色填充路径等操作。

面板下方有 7 个路径操作按钮，从左至右功能分别如下。

- ❑ ■按钮：用前景色填充路径。
- ❑ ■按钮：用画笔工具给路径描边。
- ❑ ■按钮：将路径作为选区载入，操作后路径将转化为选区使用。
- ❑ ■按钮：将选区生成工作路径。
- ❑ ■按钮：添加图层蒙版。
- ❑ ■按钮：创建新路径按钮。
- ❑ ■按钮：删除当前路径按钮。

单击面板右上角的选项菜单按钮，可以打开选项菜单，如图 10-19 所示，菜单项基本与下方按钮相同。

图 10-18

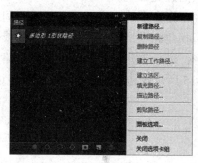
图 10-19

3．路径运算

当选择了"钢笔工具"命令、"形状工具"命令和"路径选择工具"命令后，单击工具选项栏中的■按钮就会出现如图 10-20 所示的菜单，分别表示了路径运算的几种方式：新建图层、合并形状、减去顶层形状、与形状区域相交和排除重叠形状。下面通过制作如图 10-21 所示的标志讲解路径的运算。

图 10-20

图 10-21

绘制该标志的操作要点如下。

（1）选择"椭圆工具"命令，选中"形状图层"绘图方式并按 Shift 键，绘制一个正圆。

（2）选择"矩形工具"命令，绘图方式不变，在属性栏中选择"排除重叠形状"命令，按 Shift 键在圆的中心绘制一个正方形，如图 10-22 所示。

（3）应用"路径选择工具"，框选圆和正方形两条子路径，这时属性栏中出现对齐选项，单击水平居中对齐和垂直居中对齐按钮，使正方形和圆以中心点对齐。

（4）用"路径选择工具"单独选择正方形，按 Ctrl+T 快捷键进行自由变换，旋转 45°，如图 10-23 所示。

（5）选择"多边形工具"命令，边数设置为"3"，并设置多边形选项为星形、平滑缩进，选择"减去顶层形状"命令，在图形上绘制一个三角星形，如图 10-24 所示。

图 10-22　　　　　　　　图 10-23　　　　　　　　图 10-24

（6）使用"路径选择工具"单独选择三角星形，按 Alt 键，同时移动三角星形，这时可复制出一个三角星形，接着在选项工具栏上选择"合并形状"命令；按 Alt 键的同时移动三角星形，这时又可以复制出一个三角星形，接着在选项工具栏上选择"减去顶层形状"命令。操作过程如图 10-25 所示。

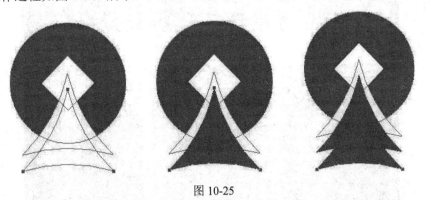

图 10-25

（7）用"路径选择工具"单独选择外围的正圆路径，按 Ctrl+C 快捷键复制后再按 Ctrl+V 快捷键进行粘贴，复制出一个红色正圆。选择选项栏中的"与形状区域相交"选项，减去圆形以外的路径。

（8）在工具选项栏中单击"组合"按钮，完成最后操作，如图 10-21 所示。

10.1.2　手机界面设计行业标准

随着移动通信技术的进步，特别是 4G/5G 智能手机技术的飞速发展，手机界面设计成为界面设计领域发展较快的分支之一。

1．手机界面设计的特点与构成

手机界面设计与其他人机界面设计相比更具有挑战性。一方面是因为手机屏幕尺寸与硬件基础比较有限；另一方面手机作为大众化消费产品，涵盖多年龄段用户人群，同时用户对手机界面设计的操作性、美观性及趣味性都有更高的要求。手机界面的设计主要包括墙纸设计、图标设计、待机界面设计、应用程序主菜单设计、通话界面、充电界面、影音播放界面、手机应用软件 App 界面等。

图 10-26～图 10-32 所示分别为苹果手机界面、锁屏界面、闪屏、App 界面、密码界面、充电界面、音乐播放器界面等。

图 10-26

图 10-27

图 10-28　　　　　　　　　　　　　　　　　图 10-29

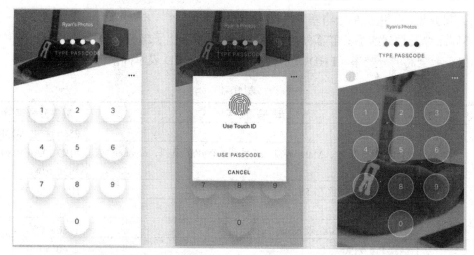

图 10-30

图 10-31　　　　　　　　　　　　　　　　　图 10-32

2．手机界面设计的一般要求

1）图标设计要求

由于手机屏幕整体空间有限，因此手机图标设计要简洁。过于复杂的图标，细节无法呈现，会影响整体的识别性。图标大小要合适，过大将比例失调，过小又会影响触屏操作。

2）文本设计要求

用户界面设计中要注意选择文字的大小。所使用的文字过小将影响识别，过大则会造成空间浪费。正文的文字字号一般为 8～12 pt。标题可以适当大些。

3）色彩设计要求

手机界面设计用色不宜过多，否则过多颜色集中在较小的屏幕内会显得杂乱。把握好内容与背景的关系，背景色彩不宜过亮，否则影响内容可辨识度。

3．UI 元素与设计尺寸

1）部分品牌手机屏幕分辨率

不同品牌及系列的手机屏幕分辨率不同，表 10-1 列出了部分品牌手机屏幕分辨率（注：WQHD 表示全高清分辨率，FHD 表示超高清分辨率，HD 表示高清分辨率）。

表 10-1

手 机 品 牌	型 号 系 列	屏幕分辨率/像素
华为	Magic	2560×1440 WQHD
	Mate 9/8/7 系列、Mate 9/8/7 Pro 系列、P9/8/7 系列、nova 系列、荣耀系列	FHD 1920×1080 1920×1080
	P6、荣耀 3C、畅享 5S	HD 1280×720
小米	小米 5/4/3	1920×1080
	小米 2/2S/2A/1S/红米 Note	1280×720
魅族	魅族 Pro 6 Plus	2560×1440
	魅族 Pro 6/6S/5 MX6	1920×1080
	魅族 3	1800×1080
	魅蓝 5S	1280×720
Vivo	Xplay6	2560×1440
	X9 Plus/X9	1920×1080
	Y 系列	1280×720
三星	盖乐世 S7/S6、三星 Note 4	2560×1440
	三星 C 系列、S5/S4、Note 3	FHD 1920×1080
	三星 Note 2	1280×720
苹果	iPhone 7 Plus/6 Plus	1920×1080
	iPhone 7/6	1334×750
	iPhone 5	1136×640

2）部分 iPhone 界面尺寸

不同型号的 iPhone 尺寸如表 10-2 所示（注：PPI 表示屏幕每英寸所拥有的像素数目）。

表 10-2

设　　备	分辨率/像素	PPI/像素	状态栏高度/像素	导航栏高度/像素	工具栏高度/像素
iPhone 7 Plus	1080×1920	401	54	132	146
iPhone 7	750×1334	326	40	88	98
iPhone 6 Plus	1080×1920	401	54	132	146
iPhone 6	750×1334	326	40	88	98
iPhone 5S	640×1136	326	40	88	98
iPhone 5	640×1136	326	40	88	98

3）iPhone 图标尺寸

不同型号 iPhone 的图标尺寸不同，如表 10-3 所示（注：其中 px 表示像素）。

表 10-3

设　　备	App Store 尺寸/（px）	应用程序尺寸/（px）	主屏幕尺寸/（px）	设置图标尺寸/（px）	标签栏尺寸/（px）	工具和导航栏尺寸/（px）
iPhone 6 Plus	1024×1024	180×180	114×114	87×87	75×75	66×66
iPhone 6	1024×1024	120×120	114×114	58×58	75×75	44×44
iPhone 5.5S	1024×1024	120×120	114×114	58×58	75×75	44×44
iPhone 4.4S	1024×1024	120×120	114×114	58×58	75×75	44×44
iPad Touch 三代	1024×1024	120×120	57×57	29×29	38×38	30×30

4）安卓图标尺寸

不同安卓屏幕尺寸图标大小不同，如表 10-4 所示（注：px 表示屏幕上一个物理的像素点；dp 表示屏幕的像素密度，即每英寸像素数量）。

表 10-4

屏幕大小/（px）	启 动 图 标	操 作 图 标	上下文图标	系统通知图标	最 细 笔 画
1080×1920	144 px×144 px	96 px×96 px	48 px×48 px	72 px×72 px	不小于 3 px
720×1280	48 dp×48 dp	32 dp×32 dp	16 dp×16 dp	24 dp×24 dp	不小于 2 dp
480×800 480×854 540×960	72 px×72 px	48 px×48 px	24 px×24 px	36 px×36 px	不小于 3 px
320×480	48 px×48 px	32 px×32 px	16 px×16 px	24 px×24 px	不小于 2 px

10.1.3　常用命令与技巧

使用"钢笔工具"组和"矩形工具"组可以快速绘制简易线状图标，如图 10-33 所示的扁平化天气图标适用于底部的标签栏及屏幕顶部的左右按钮上。

图 10-33

线性图标尺寸规格一般线条为 2 像素，如图 10-34 所示；也有加强为 3 像素的，如图 10-35 所示。图标风格简单，图形指示意义明确。

图 10-34

图 10-35

1. 注意图形的描边质量，边缘以圆滑为宜

图形的描边效果可以通过多种途径制作，但在绘制手机界面图标时，如果采用图层样式做描边效果，描边会产生分块曲线，边缘有锯齿感。而通过矢量描边处理可得到完美的结果，如图 10-36 和图 10-37 所示。矢量描边是由原始的矢量形状图层数据而来，而图层样式的描边是由该形状的位图蒙版而来。两者采用的是完全不同的技术。

图 10-36

图 10-37

2. 使用路径描边绘制多种形式的图标边角效果

使用常用的描边图层样式只可以绘制圆角的效果，但采用路径描边样式可以得到圆角、斜面或者斜角的效果，这会大大减少绘制图形的工作量。如图 10-38 所示为描边图层样式与路径描边样式的圆角效果。

图 10-38

3. 通过描边路径可以绘制开放式的路径图标

在使用图层样式描边时会出现以下情况——描边都是封闭的，如图 10-39 所示。而绘制图标时会用到间断的路径，如图 10-40 所示。这时可以采用路径描边样式，它是支持开放路径描边的。

图 10-39   图 10-40

4. 灵活应用"钢笔工具"和"直接选择工具"对路径进行编辑

当需要对路径进行编辑时，可以使用"直接选择工具"单独选择相应的锚点进行调整；倘若要删除某段路径，可以选择该路径上的锚点，然后按 Delete 键删除；而在需要删除中间一段路径时，需要先用"钢笔工具"添加锚点，然后再用"直接选择工具"选中进行删除。例如要删除图 10-41（a）所示的红色区域的一段路径，步骤如图 10-41（b）～图 10-41（d）所示。

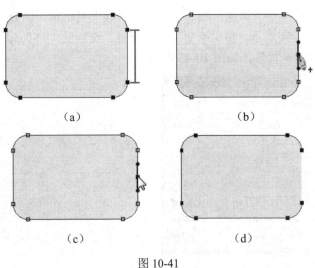

（a）   （b）

（c）   （d）

图 10-41

10.2　项目解析

10.2.1　任务 1——手机图标设计

任务分析

　　本任务将完成如图 10-42 所示的扁平化天气图标和图 10-43 所示的拟物化日历图标。扁平与拟物是相互对立的设计理念。采用扁平化手法设计的图标，通过减少特效增加明亮柔和的色彩，使主题内容更加突出，引导用户更加专注于内容本身。拟物化图标是指通过叠加高光、纹理、材质、阴影等效果对实物进行再现，其设计元素均来自真实生活中的物品，其效果看起来也更加真实、细腻、美观，给人很强烈的视觉感受。

图 10-42

图 10-43

任务实施

子任务 1　绘制扁平化天气图标

　　（1）执行"文件"→"新建"命令，弹出"新建"对话框，新建一个空白文档，如图 10-44 所示。使用渐变工具，设置"浅蓝色（＃89c5d7）到白色"的线性渐变 ，为画布填充渐变背景，如图 10-45 所示。

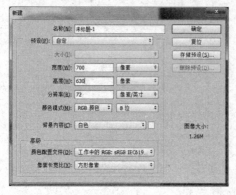
图 10-44

图 10-45

（2）使用"椭圆工具"，在选项栏上设置"工具模式"为"形状"，在画布中绘制一个正圆形，如图 10-46 所示。为"椭圆 1"图层添加"渐变叠加"图层样式，设置"渐变"为"深蓝色（＃ 2797bc）到蓝色（＃ 58c9e2）"，如图 10-47 所示。

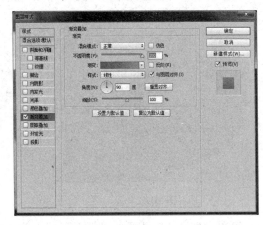

图 10-46　　　　　　　　　　　　　　　　图 10-47

（3）继续为该图层添加"内阴影"图层样式，设置颜色为"浅蓝色（＃ 80e7ff）"，如图 10-48 所示。继续添加"投影"图层样式，投影颜色为"紫红色（＃ 53364a）"，如图 10-49 所示。单击"确定"按钮，此时的图形效果如图 10-50 所示。

（4）使用"椭圆工具"，在画布中绘制一个白色的正圆形，如图 10-51 所示。

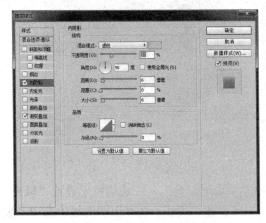

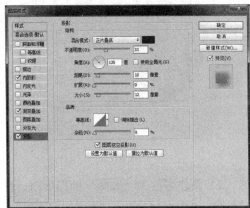

图 10-48　　　　　　　　　　　　　　　　图 10-49

图 10-50　　　　　　　　　　　　　　　　图 10-51

（5）使用"椭圆工具"，在选项栏上设置"路径操作"为"合并形状"，在画布中绘制正圆形与前一个正圆形相加，如图 10-52 所示。使用相同的方法，可以再绘制几个正圆形和一个矩形进行形状相加，得到需要的图形，如图 10-53 所示。

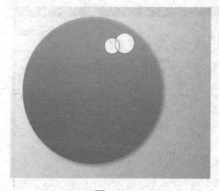
　　　　图 10-52

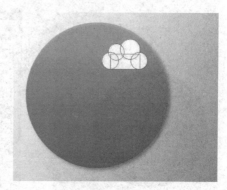
　　　　图 10-53

（6）设置"椭圆 2"图层的"混合模式"为"柔光"，图形的效果如图 10-54 所示。复制"椭圆 2"图层得到"椭圆 2 拷贝"图层，将复制得到的图形等比例缩小，调整到合适的位置并进行水平翻转操作，如图 10-55 所示。

　　　　图 10-54

　　　　图 10-55

（7）新建名称为"太阳"的图层组，使用"多边形工具"，在选项栏上设置"填充"为"橘色（＃d18e14）"、"边"为"12"，单击"设置"按钮，在弹出的面板中选中"星形"复选框，设置"缩进边依据"为"20%"，如图 10-56 所示。

　　　　图 10-56

（8）在画布中拖动鼠标指针绘制一个多角星形，如图 10-57 所示。复制"多边形 1"

图层得到"多边形 1 拷贝"图层，为复制得到的图层添加"内阴影"图层样式，颜色为"浅黄色（# ffde93）"，如图 10-58 所示。

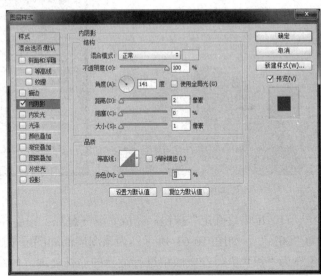

图 10-57　　　　　　　　　　　　　　　　　　图 10-58

（9）继续添加"渐变叠加"图层样式，叠加色为"橙色（# f4a642）到黄色（# ffc028）"，如图 10-59 所示。单击"确定"按钮，完成"图层样式"对话框中各选项的设置。将复制得到的多角星形向上移动一些，如图 10-60 所示。

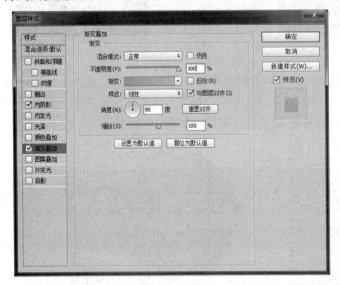

图 10-59　　　　　　　　　　　　　　　　　　图 10-60

（10）使用"钢笔工具"，在选项栏上设置"工具模式"为"形状"，"填充"为"浅黄色（#ffe996）"，在画布中绘制形状图形，如图 10-61 所示。为该图层添加"渐变叠加"图层样式，"渐变"色为"透明到浅黄色（# ffe097）"，如图 10-62 所示。

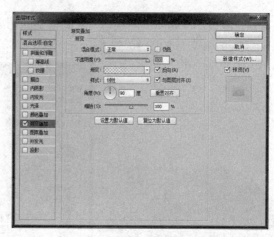

图 10-61　　　　　　　　　　　　　　　　　　图 10-62

（11）单击"确定"按钮，完成"渐变叠加"图层样式的添加，设置该图层的"填充"值为"20%"，如图 10-63 所示。为该图层添加图层蒙版，使用"画笔工具"，设置"前景色"为"黑色"，在蒙版中进行适当的涂抹处理，如图 10-64 所示。

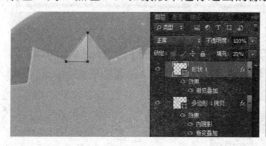

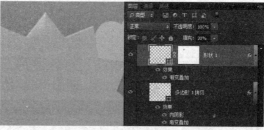

图 10-63　　　　　　　　　　　　　　　　　图 10-64

（12）将"形状 1"图层复制多次，分别调整其中的图形至合适的位置并进行旋转处理，形成边角水晶立体的效果，如图 10-65 所示。使用"椭圆"工具，在选项栏上设置"填充"为"橙色（＃ffb43c）"，在画布中绘制一个正圆形，如图 10-66 所示。

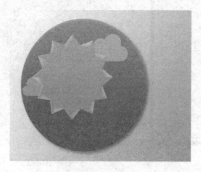

图 10-65　　　　　　　　　　　　　　　　图 10-66

（13）为该图层添加"描边"图层样式，描边色为"橘红色（＃ff6804）到暗红色（＃d15b0d）"，如图 10-67 所示。单击"确定"按钮，完成"图层样式"对话框中各选项的设置，如图 10-68 所示。

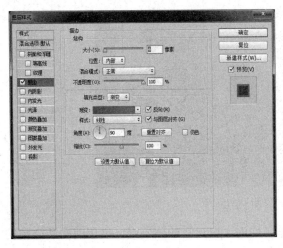
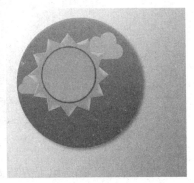

图 10-67　　　　　　　　　　　　　　　图 10-68

（14）使用"椭圆工具"，在选项栏上设置"填充"为"浅黄色（# ffdd91）"，在画布中绘制一个正圆形，如图 10-69 所示。使用"椭圆工具"，在选项栏上设置"路径操作"为"减去顶层形状"，在刚绘制的正圆形上减去相应的正圆形，得到需要的图形，如图 10-70 所示。

图 10-69　　　　　　　　　　　　　　　图 10-70

（15）为"椭圆 4"图层添加图层蒙版，使用"画笔工具"，设置"前景色"为"黑色"，在蒙版中进行涂抹处理，如图 10-71 所示。使用相同的方法，可以在右下角绘制出相似的图形，如图 10-72 所示。

图 10-71

图 10-72

（16）在"太阳"图层组上方新建名称为"白云"的图层组，使用前面所介绍的绘制方法，可以绘制出白云的图形效果，如图 10-73 所示。同时选择"太阳"图层和"白云"图层组，复制这两个图层组，并将复制得到的图层组合并，将合并得到的图层组移至"太阳"图层组下方，载入该图层选区，如图 10-74 所示。

图 10-73

图 10-74

（17）为选区填充"深蓝色（＃197995）"，取消选区，执行"滤镜"→"模糊"→"动感模糊"命令，弹出"动感模糊"对话框，具体设置如图 10-75 所示，单击"确定"按钮。将该图层中的图形向右下方稍微移动一些，如图 10-76 所示。为图像应用"动感模糊"滤镜，可以根据制作效果的需要沿指定方向、指定的强度来模糊图像，形成残影的效果。

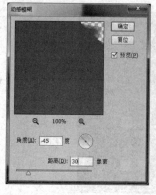

图 10-75

图 10-76

（18）使用"钢笔工具"，在选项栏上设置"填充"为"深蓝色（＃19719f）"，在画布中绘制形状图形，如图 10-77 所示。为该图层添加"渐变叠加"图层样式，渐变色为"深蓝色（＃097495）到透明"，如图 10-78 所示。

图 10-77

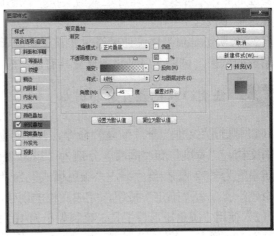

图 10-78

（19）单击"确定"按钮，完成"图层样式"对话框中各选项的设置，如图 10-79 所示。将该图层调整至"白云拷贝"图层的下方，并设置该图层的"填充"为"25%"，完成长阴影效果的绘制，如图 10-80 所示，保存文件。

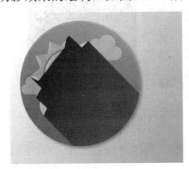

图 10-79

图 10-80

（20）使用相同的方法，还可以为整个图标添加长阴影效果，如图 10-81 所示。

图 10-81

要点解析

（1）使用"多边形工具"绘制多边形和星形时，只有在"多边形选项"面板中选中"星形"复选框后，才可以对"缩进边依据"和"平滑缩进"选项进行设置。默认情况下，"星形"复选框不被选中。

（2）长阴影是扁平化设计风格中非常重要的表现方式之一，通过为图标或设计元素添加长阴影的效果，可以使扁平化图标更具有层次感，视觉效果也更加突出。

子任务2　绘制拟物化翻页日历图标

（1）执行"文件"→"新建"命令，弹出"新建"对话框，新建一个空白文档，"宽度"和"高度"分别为"3000 像素"和"2000 像素"，"分辨率"为"72 像素/英寸"，"颜色模式"为"RGB"，"背景内容"为"白色"。单击"确定"按钮，完成文档的创建。

（2）使用"圆角矩形"工具，绘制大小为 1024 像素×1024 像素、圆角半径为 180 像素、填充色为棕色（#cfa872），且无描边颜色的圆角矩形，如图 10-82 所示。

（3）将刚才绘制的圆角矩形复制出一个，并将其缩放至 90%，如图 10-83 所示。

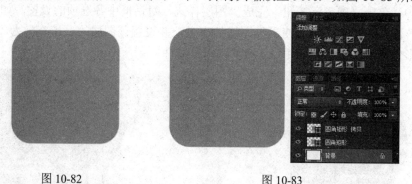

图 10-82　　　　　　　　　　　　　　　图 10-83

（4）使用剪切蒙版的操作方法，将事先准备好的木纹素材分别置于刚才制作的两个圆角矩形内，如图 10-84 所示。为了让木纹不死板，移动其中一个木纹图像的位置使木纹走向产生变化，如图 10-85 所示。

图 10-84　　　　　　　　　　　　　　　图 10-85

（5）为"圆角矩形拷贝"图层添加"斜面和浮雕""描边""内阴影"图层样式，如

图 10-86、图 10-87、图 10-88 所示设置参数，最终效果如图 10-89 所示。

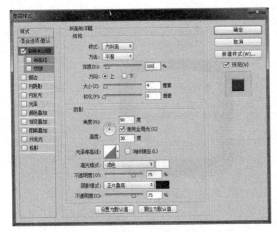
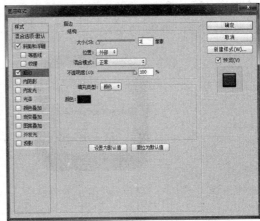

图 10-86　　　　　　　　　　　　　　　　图 10-87

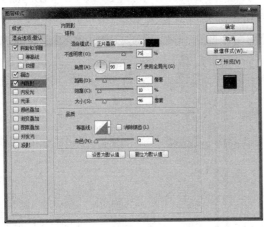

图 10-88　　　　　　　　　　　　　　　　图 10-89

（6）创建新图层，命名为"日历牌上半部"，按照图 10-90 所示的参数绘制日历牌，填充色为浅灰色（# e5e5e5）。在当前图层绘制两个圆角矩形，放置在日历牌的左下角和右下角，选择布尔运算中的"减去顶层形状"命令，制作日历牌的缺角，如图 10-91 所示。

图 10-90　　　　　　　　　　　　　　图 10-91

（7）复制日历牌上半部分，旋转 180° 后作为日历牌下半部分，图层命名为"日历牌下半部透视"，此时的效果如图 10-92 所示。

（8）使用"路径选择工具"选择日历牌的下半部分，按 Ctrl+T 快捷键，然后选择右键菜单中的"透视"命令，使用鼠标拖曳右下角锚点，使日历牌产生下边大、上边小的透视效果，如图 10-93 所示。

图 10-92　　　　　　　　　　　　　图 10-93

（9）参照图 10-94～图 10-96 为日历牌的上半部分添加"斜面和浮雕""渐变叠加""投影"图层样式，其中，渐变色为"灰色（# c3c3c3）→白色→灰色（# c3c3c3）"，复制图层样式，粘贴到日历牌的下半部分，添加完成后效果如图 10-97 所示。

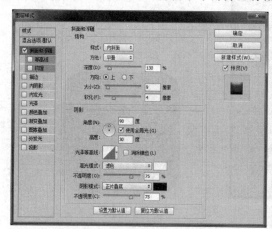
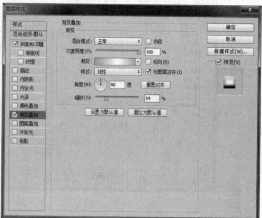

图 10-94　　　　　　　　　　　　　图 10-95

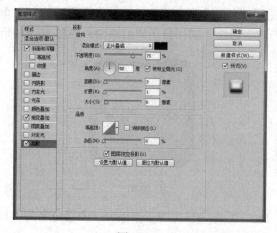

图 10-96　　　　　　　　　　　　　图 10-97

（10）再次复制两个日历牌下半部分的图形，放置在"日历牌下半部透视"图层下方，并分别缩放 90% 和 95%，然后再分别向下微调，实现日历多页的效果，如图 10-98 所示。

图 10-98

（11）新建图层，命名为"轴"，绘制大小合适的矩形，如图 10-99、图 10-100、图 10-101 所示为其添加"斜面和浮雕"和"渐变叠加"图层样式，设置叠加颜色为由黑色到白色交替形成的渐变色，单击"确定"按钮，如图 10-102 所示。

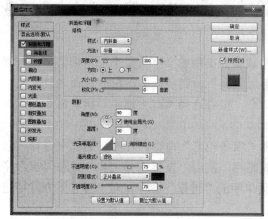

图 10-99

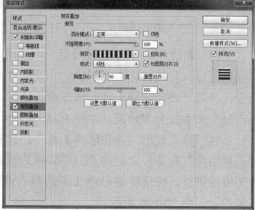

图 10-100

图 10-101

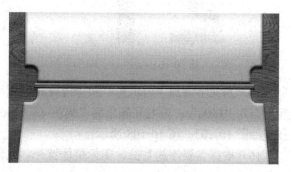

图 10-102

（12）新建图层"滚轮"，绘制两个大小合适的圆角矩形，复制"轴"图层的图层样式，修改"渐变叠加"的颜色为由深灰色（＃5c5c5c）到白色交替形成的渐变色，如图 10-103 所示，填充选区后形成日历牌的滚轮，如图 10-104 所示。

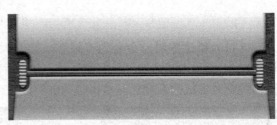

图 10-103　　　　　　　　　　　　　　　　图 10-104

（13）新建图层"21 翻页效果"，使用微软雅黑加粗的文字效果书写日期文字。右键选择该图层，将其转化为"形状"。使用"矩形工具"绘制横向的矩形放置在"21"文字上方，使用"路径选择工具"选择横条矩形命令，接着选择"减去顶层形状"命令，此时的"21"文字被上下分割，如图 10-105 所示。

（14）再次使用"路径选择工具"，选择"横条矩形"命令，在布尔运算中选择"合并形状组件"命令，此时的"21"转换为常规路径。使用"直接选择工具"框选"21"字体下方的锚点，按快捷键 Ctrl+T 并选择右键菜单中的"透视"命令，对"21"下方路径进行修改。如图 10-106 所示。

图 10-105　　　　　　　　　　　　　　图 10-106

（15）为文字添加"内阴影"和"内发光"图层样式，内阴影颜色为"黑色"，"不透明度"为"60%"；内发光颜色为"褐色（＃644d3c）"，"不透明度"为"10%"，参数设置如图 10-107、图 10-108 所示。

（16）根据需要添加月份、图标整体背光、底部阴影、画布绿色背景等细节。保存文件，如图 10-109 所示。

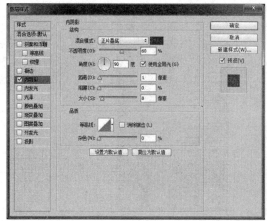
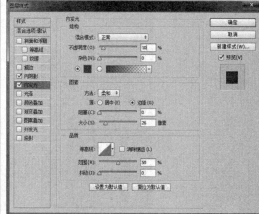

图 10-107　　　　　　　　　　　　　　　　　　　　图 10-108

图 10-109

要点解析

（1）拟物化图标设计核心就是利用一切装饰效果，例如阴影、透视、纹理、渐变等手段再现原有物体效果，表现出真实世界的物体形态。

（2）图标的质感细节以及凹凸感可使用多个图层样式叠加完成。木纹等质感不容易实现时，可以借用图像素材来实现。

10.2.2　任务 2——手机主题界面设计

任务分析

在触屏手机流行的时代，抓住用户的手指，就好比抓住用户的心。优秀的手机主题界面设计能够使设计和情感融为一体，让用户感知并且留下深刻的印象，因此所有的设计元素都要尽可能体现核心设计要素。例如，本任务中要制作的布衣之恋手机主题界面，其设计主旨在于将生活中朴实无华之美引入到手机界面之中，让用户发现华丽之外的美。

本任务中，将制作如图 10-110 和图 10-111 所示的主题界面。

图 10-110　　　　　　　　　　　　　　图 10-111

任务实施

　　虽然该效果中包含的图标比较多，但图标都为花边修饰的主题风格，其制作方法大同小异，因此本任务主要针对麻纹背景和其中的一个图标进行详细的讲述，其他效果可以举一反三，根据需要有选择性地临摹。

子任务1　制作麻纹背景

　　（1）执行"文件"→"新建"命令，在弹出的对话框中新建一个"宽度"为"1080像素"、"高度"为"1920 像素"、"分辨率"为"300 像素/英寸"、"颜色模式"为"灰度"的画布。

　　（2）新建图层后，命名为"底纹 1"，填充为"灰色（#c2c2c2）"，选择"滤镜"→"像素化"→"彩色半调"命令，打开如图 10-112 所示的对话框，单击"确定"按钮后，如图 10-113 所示。

　　（3）选择"滤镜"→"风格化"→"浮雕效果"命令，打开如图 10-114 所示的对话框，设置"角度"为"135 度"，"高度"为"4 像素"，"数量"为"41%"，单击"确定"按钮。

图 10-112　　　　　　　　　　图 10-113　　　　　　　　　　图 10-114

（4）执行"滤镜"→"风格化"→"扩散"命令，打开如图 10-115 所示的对话框，单击"确定"按钮后文件的局部效果如图 10-116 所示。

图 10-115   图 10-116

（5）选择"滤镜"→"模糊"→"动感模糊"命令，打开如图 10-117 所示的对话框，设置"角度"为"0 度"，"距离"为"6 像素"。然后在"图层"面板上，将"底纹 1"图层拖到"创建新图层"按钮上复制，得到"底纹 1 拷贝"图层。按 Ctrl+T 快捷键逆时针旋转 90 度，并调整变形框的大小，使图像完全覆盖画布，如图 10-118 所示。

（6）按 Enter 键确认变形后，在"图层"面板上将该图层的混合模式更改为"柔光"，得到带有交叉纹理的布纹效果。接着选择"图像"→"模式"→"RGB 颜色"命令，在弹出的对话框中单击"不拼合"按钮，如图 10-119 所示，将文件由灰度模式转换为彩色模式。

图 10-117   图 10-118   图 10-119

（7）新建图层，命名为"底纹 2"，选择"渐变工具"命令，设置渐变色为"米黄色（#b8985a）→米色（#e4c898）"，按 Shift 键的同时由上向下垂直拖动鼠标，将画布填充为渐变色，如图 10-120 所示。在"图层"面板上将"底纹 2"图层的混合模式更改为"颜色"，设置该图层的"不透明度"为"88%"，此时的局部效果如图 10-121 所示。

（8）执行"视图"→"新建参考线"命令，在打开的对话框中，在水平 80 像素、1675 像素处创建参考线，界定出标题栏和状态栏的高度，如图 10-122 所示。选择"矩形选框工具"命令，从文件左上角开始沿着水平 80 像素处的参考线绘制一个矩形选区，如图 10-123 所示。按 Ctrl+J 快捷键将选区内的图像复制到新图层中，重命名该图层为"标题栏"。

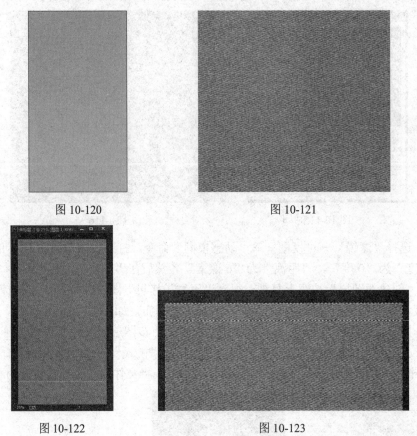

图 10-120　　　　　　　　　　图 10-121

图 10-122　　　　　　　　　　图 10-123

（9）双击该图层，打开"图层样式"对话框，添加"颜色叠加"模式，设置"混合模式"为"正片叠底"，"颜色"为"褐色（#9a7847）"，"不透明度"为"21%"，如图 10-124 所示。继续添加"投影"样式，设置"混合模式"为"正片叠底"，"颜色"为"黑褐色（#2b1f03）"，"距离"为"5 像素"，"扩展"和"大小"均为"0"，如图 10-125 所示。

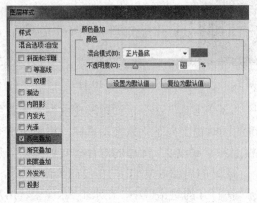

图 10-124　　　　　　　　　　图 10-125

　　（10）选择"橡皮擦工具"命令，在画笔选项中加载"方头画笔"，设置画笔"大小"为"20 像素"，"角度"为"45°"，"间距"为"100%"，如图 10-126 所示。然后将鼠标指针放在标题栏的左下角单击，按 Shift 键的同时，将鼠标指针放在标题栏的右下角单击，将标题栏的下边缘修饰为锯齿状，如图 10-127 所示。

图 10-126

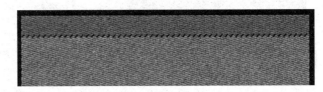

图 10-127

　　（11）选择"底纹 2"图层，使用"矩形选框工具"沿着水平 1675 像素处的参考线绘制出如图 10-128 所示的矩形选区。按 Ctrl+J 快捷键将选区内的图像复制到新图层中，重命名该图层为"状态栏"。

　　（12）将鼠标指针放在"标题栏"图层上右击，在弹出的快捷菜单中选择"拷贝图层样式"命令，然后到"状态栏"图层上右击，在弹出的快捷菜单中选择"粘贴图层样式"命令，并修改"颜色叠加"样式的颜色为"灰褐色（#b89564）"；修改"投影"样式的角度为"-60 度"，取消选中"使用全局光"复选框，其他参数保持不变。采用同样的方法将状态栏的上边缘修饰为锯齿状，如图 10-129 所示。

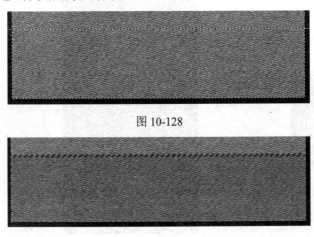

图 10-128

图 10-129

子任务 2　制作设置图标

（1）选择"矩形工具"命令，绘制一个"宽度"和"高度"均为"165 像素"、填充色为"浅橙色（#dccaa2）"、描边色为"无"的矩形，如图 10-130 所示。接着双击该图层，为其添加"图案叠加"样式，如图 10-131 所示，设置"混合模式"为"柔光"，"不透明度"为"50%"，"图案"为"编织（宽）"，"缩放"为"1%"，单击"确定"按钮。

 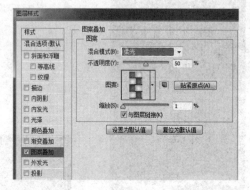

图 10-130　　　　　　　　　　　　　　　　图 10-131

（2）选择"画笔工具"命令，单击画笔选项菜单，选择"载入画笔"命令，如图 10-132 所示。在弹出的对话框中选择"flower brush.abr"，将蕾丝花边画笔载入，然后打开"画笔"面板，选择其中的一个花边画笔形状，设置画笔"大小"为"35 像素"，"间距"为"86%"，如图 10-133 所示。

（3）新建图层，命名为"花边"。设置前景色为"白色"，按 Shift 键由左向右绘制出如图 10-134 所示的花边效果。接着按 Shift+Alt 快捷键的同时将花边拖动到矩形的上边沿，复制出第二个花边，并按 Ctrl+T 快捷键选择"垂直翻转"命令，调整好位置后，如图 10-135 所示。

图 10-132　　　　　　　　　　　　图 10-133　　　　　　　　　　　　图 10-134

（4）再次复制花边，并旋转角度和调整位置，形成如图 10-136 所示的效果。接着新建图层，重命名为"花边 2"，使用"画笔工具"在画布上单击，绘制出一个花边的图案，然后按 Ctrl+T 快捷键将其顺时针旋转 45°，放在矩形的左下角，如图 10-137 所示。复制"花边 2"图层 3 次，并分别旋转不同的角度，得到如图 10-138 所示的效果。

（5）选择"椭圆工具"命令，设置填充色为"黄色（#dabe01）"，描边色为"无"，然后将鼠标指针放在页面上单击，设置"宽度""高度"均为"75 像素"，单击"确定"按钮后效果如图 10-139 所示。在"图层"面板上，同时选择"椭圆 1"图层和"矩形"图层，并按 Ctrl 键单击"矩形"图层的缩览图，提取其选区，以固定其位置，然后在"选择工具"的选项栏上单击"垂直居中对齐"按钮和"水平居中对齐"按钮，使椭圆与矩形居中对齐。

（6）在"图层"面板上，将"椭圆 1"图层拖到"创建新图层"按钮上，复制出"椭圆 1 拷贝"图层，然后按 Ctrl+T 快捷键将其等比例缩小到原来的 45%，并更改其填充色为"咖啡色（#a25502）"，如图 10-140 所示。

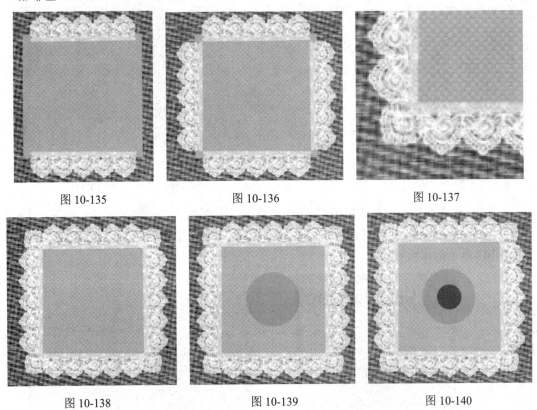

图 10-135　　　　　　　　图 10-136　　　　　　　　图 10-137

图 10-138　　　　　　　　图 10-139　　　　　　　　图 10-140

（7）选择"椭圆矩形工具"命令，设置填充色为"黄色（#dabe01）"，描边色为"无"，然后将鼠标指针放在页面上单击，设置"宽度"为"25 像素"、"高度"为"20 像素"、"圆角半径"为"2 像素"，单击"确定"按钮后得到如图 10-141 所示的圆角矩形。

（8）使用"直接选择工具"框选圆角矩形左上角的两个锚点，向右移动 3 像素；然后框选右上角的两个锚点，向左移动 3 像素，得到如图 10-142 所示的梯形图案。接着在"图层"面板上同时选择"圆角矩形"和"椭圆 1"，以"椭圆 1"为目标，使两者垂直居中对齐，并将"圆角矩形"放在椭圆的正上方，如图 10-143 所示。

（9）选择"椭圆 1"图层，按 Ctrl+Alt+T 组合键，依照显示的图形中心点从标尺拖动出两条参考线，使其交叉点为圆形的中心，如图 10-144 所示。按 Enter 键确认变形后，选择"圆角矩形"图层，再次按 Ctrl+T 快捷键，将其变形中心点移动到两条参考线的交叉点处，如图 10-145 所示。

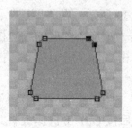

图 10-141   图 10-142

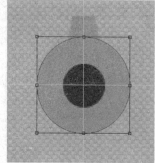
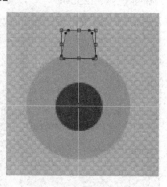

图 10-143   图 10-144   图 10-145

（10）在选项栏上设置旋转角度为"45 度"，复制出第二个梯形图案，如图 10-146 所示。按 Enter 键确认变形后，再次按 Shift+Ctrl+Alt+T 组合键进行连续变换，得到如图 10-147 所示的齿轮效果。

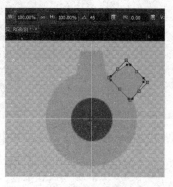
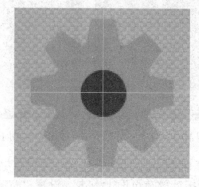

图 10-146   图 10-147

（11）在"图层"面板上，同时选择所有的"圆角矩形"图层，按 Ctrl+G 快捷键编组为"齿轮"。保持所有"圆角矩形"图层的选中状态，在"路径"面板上按 Ctrl+C 快捷键复制选中的所有梯形图案的路径，接着在"图层"面板上选择"椭圆 1"图层，然后在"路径"面板上按 Ctrl+V 快捷键将复制的所有梯形图案路径粘贴过来，如图 10-148 所示。隐藏"齿轮"组，在选项栏上单击"路径操作"按钮，选择"合并形状"命令和"合并形状组件"命令，如图 10-149 所示。在弹出的如图 10-150 所示的对话框中单击"是"按钮，得到如图 10-151 所示的效果。

　　（12）新建图层，重命名为"蕾丝边"。选择"画笔工具"命令，打开"画笔"面板，选择其中的一个花边画笔形状，设置画笔"大小"为"7 像素"，"间距"为"113%"，如图 10-152 所示。然后在"路径"面板上右击"椭圆 1 形状路径"，在弹出的快捷菜单中选择"描边路径"命令，选择使用"画笔"描边，单击"确定"按钮后，如图 10-153 所示。

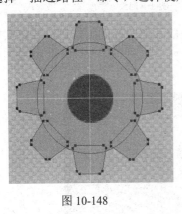

图 10-148

图 10-149

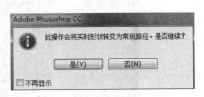

图 10-150

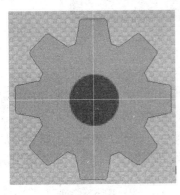

图 10-151

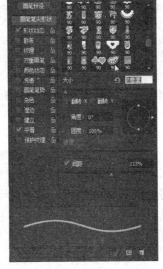

图 10-152

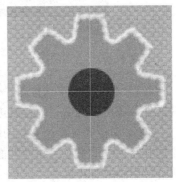

图 10-153

　　（13）选择"椭圆 1 拷贝"图层，新建图层，并重命名为"蕾丝边 2"，修改"画笔工具"的画笔"大小"为"5 像素"；然后在"路径"面板上右击"椭圆 1 拷贝形状路径"，在弹出的快捷菜单中选择"描边路径"命令，选择使用"画笔"描边，单击"确定"按钮后，如图 10-154 所示。此时的图标整体效果如图 10-155 所示。

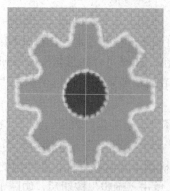

图 10-154

图 10-155

（14）不再详细介绍其他的图标效果制作方法。在完成其他图标的制作后，要将其排列在麻纹背景上，需要严格按照图标的尺寸和间距进行排列。如图 10-156 和图 10-157 所示分别为排列的参考线图和排列效果图。

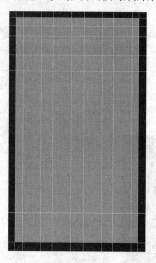

图 10-156

图 10-157

要点解析

（1）本任务的主题标题栏、状态栏和图标的底衬是使用"滤镜"中的命令制作的；除此之外，还可以利用布纹背景进行曲线调整后，定义为图案并填充得到效果。

（2）倘若要对路径形状图层使用画笔描边，需要在"图层"面板上选择该形状图层后显示其路径；然后在"路径"面板上选择其路径，并选择"存储路径"命令，新建图层后即可使用画笔进行描边。

10.2.3　任务 3——手机锁屏界面设计

任务分析

手机锁屏界面是手机 UI 设计中不可或缺的界面，一般来说锁屏界面包含的要素有解锁滑动条、日期、时间等。本任务将设计制作一个常见且通用的手机锁屏界面效果，如图 10-158 所示。

任务实施

（1）选择"文件"→"打开"命令，在打开的对话框中，选择上个任务中制作的"手机主题界面"文件，并另存为"手机锁屏界面"。在"图层"面板上将设置图标和状态栏删除，只留下背景和标题栏，如图 10-159 所示。

图 10-158　　　　　　　　　　　　　　　　　　　　　　　　图 10-159

（2）绘制标题栏的信号、电量指示图标及其他信息。选择"椭圆工具"命令，设置填充色为"无"，描边色为"白色"，描边大小为"5 像素"，"宽度""高度"均为"65 像素"，绘制出如图 10-160 所示的椭圆。

（3）按 Ctrl+Alt+T 组合键将其在复制的同时，等比例缩放到原来的 70%，得到如图 10-161 所示的效果。依照同样的方法，将椭圆再复制两次，并设置不同的缩放比例，使每两个圆形之间的间距基本一致。调整最后一个圆形的填充色为"白色"，描边色为"无"，形成实心的圆形，如图 10-162 所示。

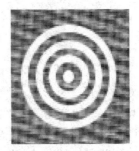

图 10-160　　　　　　　　　　　　图 10-161　　　　　　　　　　　　图 10-162

（4）选择最外边的圆形，显示其路径；然后，从标尺上拖出水平和垂直两条参考线，界定出圆心的位置。选择"钢笔工具"命令，设置填充色为"无"，描边色为"白色"，描边大小为"1 像素"，沿着水平参考线绘制一条线段，接着按 Ctrl+T 快捷键将其旋转 45°，如图 10-163 所示。按 Ctrl+Alt+T 组合键将其在复制的同时再次旋转 90°，得到如图 10-164 所示的效果。

（5）选择"钢笔工具"命令，在最外边的圆形路径上，于线段和圆形的两个交叉点处添加锚点；依照同样的方法，为除最小的圆形外的其他两个圆形路径也添加锚点，如图 10-165 所示。

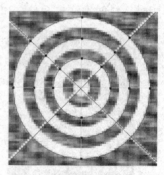

图 10-163	图 10-164	图 10-165

（6）隐藏钢笔工具绘制的两条线段。选择"直接选择工具"命令，选择圆形下方的锚点并删除，形成如图 10-166 所示的图形。接着使用"路径选择工具"选择所有的路径，在选项栏上设置描边的端点形状为"圆形"，如图 10-167 所示。调整 Wi-Fi 图标的位置，放在标题栏的右上方，如图 10-168 所示。

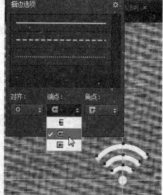

图 10-166	图 10-167	图 10-168

（7）选择"矩形工具"命令，设置填充色为"白色"，描边色为"无"，"高度"为"45 像素"，"宽度"为"10 像素"，绘制出如图 10-169 所示的矩形。使用"直接选择工具"选择矩形左上角的锚点，将其向下移动，形成如图 10-170 所示的形状。

（8）选择"移动工具"命令，按 Alt 键的同时将该图形水平向左移动进行复制，并按 Ctrl+T 快捷键将其高度缩放到原来的 80%，如图 10-171 所示。依照同样的方法，再次复制图形并调整其位置和大小，形成如图 10-172 所示的信号图形效果。

图 10-169

图 10-170

图 10-171

图 10-172

（9）再次选择"矩形工具"命令，绘制一个"宽度"为"30 像素"、"高度"为"42 像素"、填充色为"白色"、描边色为"无"的矩形，如图 10-173 所示，并在其上再次绘制一个"宽度"为"16 像素"、"高度"为"5 像素"、填充色为"白色"、描边色为"无"的矩形，如图 10-174 所示。

（10）选择"横排文字工具"命令，在标题栏的左侧输入文字"中国移动"，并设置其字体为"思源黑体"，字体大小为"8 点"，字体颜色为"白色"，如图 10-175 所示。此时标题栏的效果如图 10-176 所示。

图 10-173　　　　　　图 10-174　　　　　　图 10-175

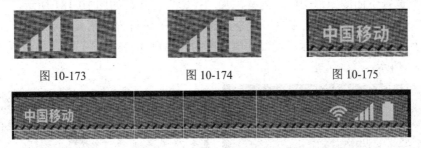
图 10-176

（11）继续使用"横排文字工具"，输入文字"10:28"，并设置其字体为"思源黑体"，字体大小为"36 点"，字体颜色为"褐色（#784601）"。输入文字"2017 年 3 月 10 日 星期五"，更改字体大小为"12 点"，并分别为两个文字添加投影样式，如图 10-177 和图 10-178 所示。

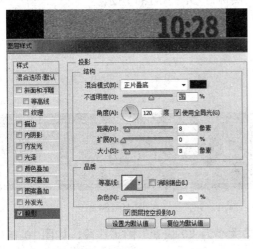
图 10-177

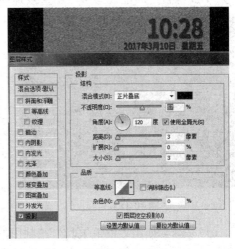
图 10-178

（12）分别在 1150 像素、1400 像素处创建水平参考线。选择"矩形工具"命令，设置填充色为"浅褐色（#e3c995）"，描边色为"无"，"宽度"为"1090 像素"，"高度"为"250 像素"，在两条参考线之间绘制矩形，如图 10-179 所示。

（13）按 Ctrl+Alt+T 组合键，在复制的同时将矩形的高度缩到原来的 90%，并调整其描边色为"褐色（#784601）"，如图 10-180 所示。

图 10-179

图 10-180

（14）选择下面的矩形图层，为其添加"投影"样式，如图 10-181 所示。

（15）选择"自定义形状工具"命令，载入形状"锁屏界面工具形状.csh"，然后分别绘制出锁具、电话、信息图标，设置其填充色为"褐色（#784601）"，描边色为"无"，如图 10-182 所示。

图 10-181

图 10-182

（16）选择"椭圆工具"命令，设置其填充色为"无"，描边色为"褐色（#784601）"，描边大小为"7 像素"，线形为"点线"，如图 10-183 所示，绘制出一个"宽度""高度"均为"185 像素"的虚线圆形，用来修饰锁具图标，如图 10-184 所示。

图 10-183

图 10-184

（17）继续使用"钢笔工具"绘制出描边大小为"7 像素"的虚线段，如图 10-185 所示。使用"自定义形状工具"中的箭头形状绘制出如图 10-186 所示的图形，调整其形状后与虚线段共同形成下拨箭头解锁图标，完成最终锁屏界面设计，如图 10-187 所示。

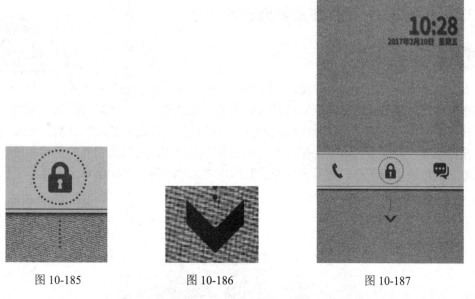

图 10-185   图 10-186   图 10-187

（18）依照同样的操作方法，使用"椭圆工具""钢笔工具""自定义形状工具"绘制出如图 10-188 所示的图标元素，共同形成滑动解屏的界面，如图 10-189 所示。

图 10-188

图 10-189

要点解析

（1）在该任务的制作过程中，多次用到路径的编辑操作，要能够灵活地对路径形状进行调整，也可以通过多个路径之间的相加、相减、排除重叠形状等相关操作来完成。

（2）对于"自定义形状工具"的应用，要在平时多积累一些常用的形状，并通过"自定义形状"命令将其定义；然后，在"自定义形状工具"的菜单命令中选择"存储形状"命令，保存为自己的形状，以后使用时只需要载入即可。

10.2.4　任务 4——软件皮肤界面设计

任务分析

　　本案例设计一款天气应用皮肤，使用圆角矩形和椭圆形分别填充相应
的渐变颜色，表现出天气和地球的场景，构成天气皮肤的主体。搭配时间的显示和天气图
标，使界面形象、简约，设计微微翘起的折角以使该天气应用皮肤更加美观。该天气应用
皮肤使用纯度较高的蓝色与橙色相搭配，形成鲜明的对比，也与自然界的色调相统一；在
界面的左上角使用浅灰色的背景表现当前时间，界面中各种重要的信息元素互不干扰，和
谐统一，如图 10-190 所示。

图 10-190

任务实施

　　（1）执行"文件"→"新建"命令，弹出"新建"对话框，新建一个空白文档，如
图 10-191 所示。打开素材图像"阳光背景.jpg"，将其拖入到新建的文档中，如图 10-192
所示。

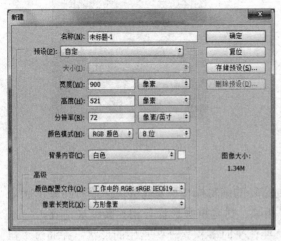

图 10-191

图 10-192

　　（2）新建名称为"背景"的图层组，使用"圆角矩形工具"，设置"工具模式"为"形

状"、"半径"为"30 像素",绘制一个圆角矩形,如图 10-193 所示。为其添加"渐变叠加"图层样式,渐变色为"蓝色(＃27a7f3)到浅蓝色(＃24dff6)",如图 10-194 所示。

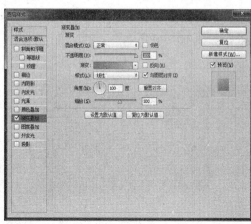

图 10-193　　　　　　　　　　　　　　　　图 10-194

(3)单击"确定"按钮,完成"图层样式"对话框中各选项的设置,如图 10-195 所示。复制"圆角矩形"图层,得到"圆角矩形拷贝"图层, 清除该图层的图层样式,将其调整至"圆角矩形"图层下方,栅格化为普通图层,如图 10-196 所示。

图 10-195　　　　　　　　　　　　　　　　图 10-196

(4)执行"滤镜"→"模糊"→"高斯模糊"命令,弹出"高斯模糊"对话框,具体设置如图 10-197 所示。单击"确定"按钮,如图 10-198 所示。

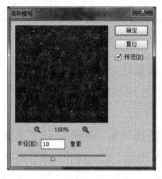

图 10-197　　　　　　　　　　　　　　　　图 10-198

（5）执行"编辑"→"变换"→"变形"命令，对图形进行变形处理，如图 10-199 所示。确认图形变形操作，复制"圆角矩形"图层，得到"圆角矩形拷贝 2"图层，在该图层上单击鼠标右键，在弹出的快捷菜单中选择"栅格化图层"命令，且"栅格化图层样式"，如图 10-200 所示。

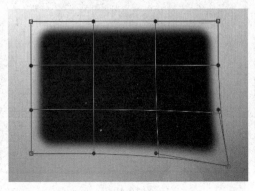
图 10-199

图 10-200

（6）使用"椭圆工具"，绘制一个正圆形，如图 10-201 所示。为该图层添加"渐变叠加"图层样式，渐变色为"橙色（＃ ee8e12）到黄色（＃ fff25f）"，如图 10-202 所示。

图 10-201

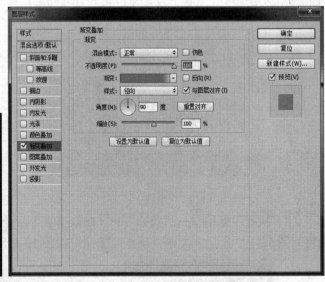
图 10-202

（7）继续添加"外发光"图层样式，发光色为"浅黄色（＃ ffffbe）"，如图 10-203 所示。单击"确定"按钮，完成"图层样式"对话框中各选项的设置，为该图层创建剪贴蒙版，如图 10-204 所示。此时的图层面板如图 10-205 所示。

（8）使用"钢笔工具"，在选项栏上设置"工具模式"为"形状"、"填充"为"玫红色（＃ ff3364）"，在画布中绘制图形，如图 10-206 所示。使用相同的绘制方法，可以绘制出其他相似的图形效果，如图 10-207 所示。

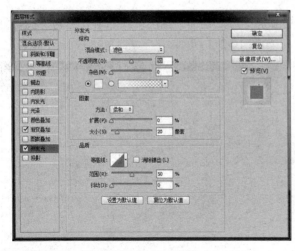

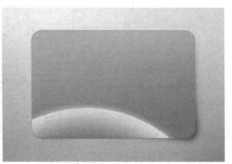

图 10-203   图 10-204

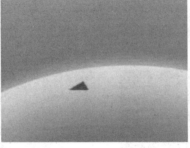

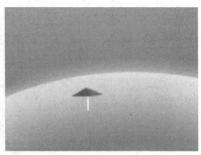

图 10-205   图 10-206   图 10-207

（9）新建"图层 2"，使用"椭圆选框工具"在画布中绘制椭圆形选区，如图 10-208
所示。选择"选择"→"修改"→"羽化"命令，在弹出的对话框中设置"羽化半径"为
"6 像素"，单击"确定"按钮，为选区填充黑色。按快捷键 Ctrl+T 调出自由变换框，调
整图形的大小。将"图层 2"移至"形状 1"图层下方，并设置该图层的"不透明度"为"60%"，
形成的阴影效果如图 10-209 所示。

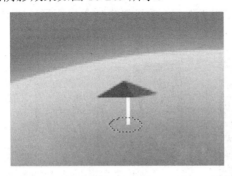

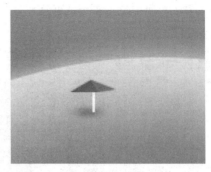

图 10-208   图 10-209

（10）使用"圆角矩形工具"，在选项栏上设置"半径"为"50 像素"，在画布中绘

制圆角矩形，如图 10-210 所示。为该图层添加"渐变叠加"图层样式，渐变色为"浅蓝色（＃8febff）到蓝色（＃22d6fc）到透明"，如图 10-211 所示。

图 10-210　　　　　　　　　　　　　　　　图 10-211

（11）单击"确定"按钮，完成"图层样式"对话框中各选项的设置，设置该图层的"填充"为"0%"，如图 10-212 所示。新建"图层 3"，使用"画笔工具"，设置"前景色"为"黑色"，选择柔角笔触，设置画笔的"不透明度"为"25%"，在合适的位置涂抹，如图 10-213 所示。

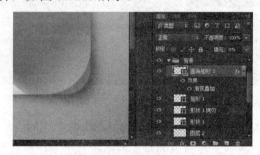 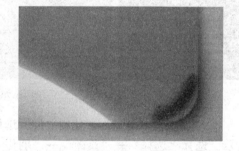

图 10-212　　　　　　　　　　　　　　　　图 10-213

（12）设置"图层 3"的"不透明度"为"60%"，将该图层移至"圆角矩形 2"图层下方，如图 10-214 所示。在"背景"图层组上方新建名称为"时间"的图层组，使用"圆角矩形工具"在选项栏上设置"半径"为"30 像素"，在画布中绘制圆角矩形，如图 10-215 所示。

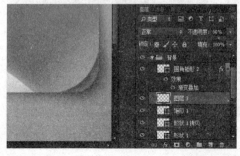 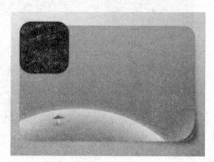

图 10-214　　　　　　　　　　　　　　　　图 10-215

（13）为该图层添加"渐变叠加"图层样式，渐变色为"浅灰色（# e3e3e3）到白色"，如图 10-216 所示。继续添加"内发光"图层样式，发光色为"白色"，如图 10-217 所示。

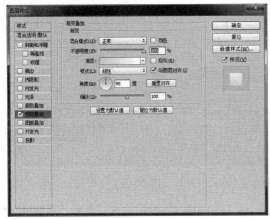
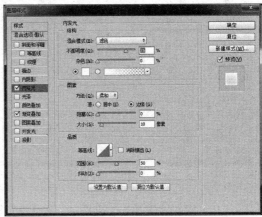

图 10-216　　　　　　　　　　　　　　　　　　图 10-217

（14）单击"确定"按钮，完成"图层样式"对话框中各选项的设置，如图 10-218 所示。使用相同的制作方法，制作出该圆角矩形的阴影效果，如图 10-219 所示。

图 10-218　　　　　　　　　　　　　　　　图 10-219

（15）使用相同的制作方法，可以完成钟表指针的制作，如图 10-220 所示。

（16）在"时间"图层组上方新建名称为"天气"的图层组，使用"椭圆工具"绘制一个正圆形，如图 10-221 所示。为该图层添加"渐变叠加"图层样式，渐变色为"橙色（# f9a00d）到黄色（# f9c504）"，如图 10-222 所示。单击"确定"按钮，完成"图层样式"对话框中各选项的设置，如图 10-223 所示。

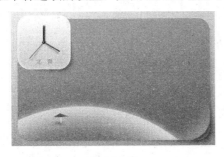
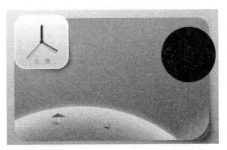

图 10-220　　　　　　　　　　　　　　　　图 10-221

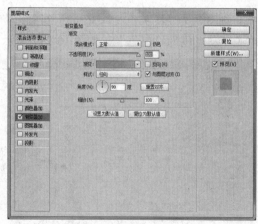

图 10-222　　　　　　　　　　　　　　　　　　　图 10-223

（17）按 Ctrl 键单击"椭圆 4"图层缩览图，载入"椭圆 4"图层选区，新建"图层 4"，使用"画笔工具"，设置"前景色"为"白色"，选择柔角笔触，设置画笔的"不透明度"为"25%"，在选区中涂抹，如图 10-224 所示。取消选区，设置"图层 4"的"不透明度"为"80%"，如图 10-225 所示。

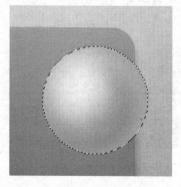

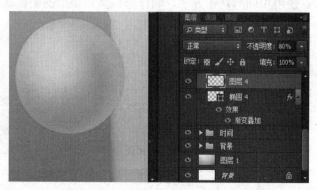

图 10-224　　　　　　　　　　　　　　　　　　图 10-225

（18）使用"横排文字工具"命令，在"字符"面板中对相关选项进行设置，在画布中单击并输入文字，如图 10-226 所示。使用"椭圆工具"，在选项栏上设置"填充"为"无"、"描边"为"白色"、"描边宽度"为"2 点"，在画布中绘制图形，如图 10-227 所示。

图 10-226　　　　　　　　　　　　　　　　　　图 10-227

（19）使用相同的制作方法，可以完成天气信息内容的制作，如图 10-228 所示。最终效果如图 10-229 所示。

图 10-228　　　　　　　　　　　　　　　　　　图 10-229

要点解析

（1）使用"高斯模糊"滤镜可以为图像添加细节，使图像产生一种朦胧的效果。

（2）执行"编辑"→"变换"→"变形"命令，可以在图像上显示变形网格，可通过拖动变形网格点或变形网格线对图像进行变形处理。

10.3　技　能　实　战

制作华为 Mate 9 的手机主题 UI 设计，并将放入华为 Mate 9 手机样机的效果一并提交。

1．设计任务描述

（1）原创性设计，无仿冒；寻找生活中那些最初的美好和感动。

（2）屏幕分辨率为 1080 像素×1920 像素。

（3）要求画面色调明快、有特色。

（4）构思精巧，风格不限，表现手法不限。

（5）必须突出 UI 设计主题，符合 UI 设计规范，并为主题命名。

2．评价标准

评价标准如表 10-5 所示。

表 10-5

序　号	作品考核要求	分　值
1	设计主题鲜明，能引起共鸣	15
2	作品规格、尺寸符合 UI 设计规范	20
3	页面图标有特色、形状美观	25
4	页面色调明快、协调	20
5	UI 各元素布局合理、统一	10
6	有创新性	10

项目 11　网页界面设计

网页界面设计是整个网站的"脸"，网站能否引起浏览者的兴趣，吸引浏览者再次光临，界面设计至关重要。网页界面的视觉风格设计是否新颖独特，决定了大多数浏览者对网站内容和信息的关注度。良好的网页界面设计才能更好地为企业服务，将产品、服务等推荐给浏览者。

11.1　知识加油站

11.1.1　网页视觉设计

网页视觉设计是以互联网为载体，依照客户与消费者的需求设计有关商业宣传的网页。它同时遵循艺术设计规律，实现商业目的与功能的统一，是一种商业功能和视觉艺术相结合的设计。

1．鲜明的主题

为了做到网站主题的鲜明突出、要点明确，设计者需要按照客户的要求，以简单明确的画面来体现出网站的主题；使用一切方法和技巧充分表现出网站的个性和主题，使网站主题鲜明、特点突出。如图 11-1 所示，香奈尔官方网站采用了极其简约的设计风格，只突出了两个元素：一是品牌，二是主打产品。

2．明确的目标

在设计规划时需要考虑：网站建设的目的是什么？受众群体有哪些？提供什么样的服务和产品？网站用户有哪些特点？产品和服务适合什么样的风格……从而做出符合网站整体形象的视觉设计规划。

图 11-1

图 11-1（续）

　　如图 11-2 所示的两个网页界面主体同属汽车品牌，根据所针对用户群体的不同和定位的不同，在视觉风格设计上也有所差别。

图 11-2

3．精彩的网页版式

　　网页版式设计要把网站中页面之间的有机联系反映出来，特别要处理好页面之间及页面内秩序与内容的关系。为了达到最佳的视觉表现效果，设计者需要反复尝试各种不同的页面排版布局，找到最佳的方案，以达到向浏览者提供一个流畅、轻松的视觉体验的目的。

如图 11-3 所示的必胜客官方网站运用不规则的页面排版布局形式展现网站内容，给人眼前一亮的感觉。

图 11-3

4. 合理的色彩应用

色彩是艺术表现的要素之一。在网页设计中，设计师根据和谐、均衡和突出重点的原则，将不同的色彩进行组合、搭配来构成美丽的页面。根据色彩对人们心理的影响，应合理地对其加以运用，来构成美丽的页面；或者也可以根据企业 VI（企业视觉识别系统）来选用标准色，使企业整体形象统一。

如图 11-4 所示的百事可乐广告运用该品牌视觉形象中的蓝色和红色进行网站页面的配色设计，既体现了品牌形象的统一性，又加深了消费群体对该品牌的认知度。

图 11-4

5．内容与形式的完美统一

为了将丰富的内容和多样化的形式统一在页面结构中，形式必须符合页面的内容，体现出内容的丰富含义。灵活运用对比、对称平衡以及留白等方法，通过空间、文字、图形之间的相互关系建立整体的均衡状态，产生和谐的美感，如图 11-5 所示。

图 11-5

11.1.2　网页栏目布局

网页栏目布局并不是将页面中的文字、图像等元素随意排列。如何才能让网页看起来美观、大方、实用，是网页设计者进行网页栏目布局设计时首先需要考虑的问题。

1．网页布局的结构标准

网页布局的结构标准是信息架构，信息架构就是将网页中的内容进行分类、整理，便于浏览者更加方便、快捷地找到需要的信息。这样做的目的一是将信息进行分类，使其系统化、结构化，以便浏览者快速了解各种信息，类似于商品的分类；二是重要信息的优先提供，也就是说按照不同时期着重提供吸引浏览者注意力的信息，如同把重点商品摆放在显眼的位置。

要合理进行网页布局，具体工作内容主要如下。

- ❑ 整理消费者和浏览者的观点、意见。
- ❑ 分析浏览者的特性，划分并确定目标浏览人群。
- ❑ 确定网站创建的目的、规划及发展方向。
- ❑ 整理网站内容并使其系统化。
- ❑ 搜集内容并进行分类整理。
- ❑ 确定适合内容类型的有效标记体系。
- ❑ 不同页面放置不同的页面元素，构建不同的内容。

2. 网页布局的类型

（1）"国"字形布局

"国"字形布局也称为"同"字形布局，是一些大型网站喜欢的布局类型，即最上面是标题及 banner，接下来是网站的主要内容，左右分列两小条内容，中间是主要部分，最下面是网站的版权、联系方式等信息，如图 11-6 所示。

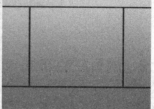

图 11-6

（2）"匡"字形布局

"匡"字形布局也称为拐角形布局。这种结构与"国"字形其实只是形式上的区别，去掉了"国"字形布局的最右边的部分，给主内容区释放了更多空间。这种布局上面是标题及广告横幅，接下来的左侧是一窄列链接等，右列是很宽的正文，下面也是一些网站的辅助信息，如图 11-7 所示。

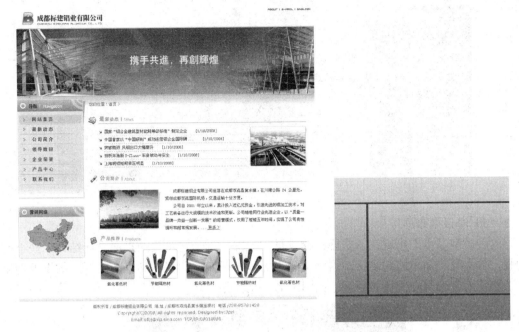

图 11-7

（3）"三"字形布局

这是一种简洁明快的网页布局，在国外用的比较多，国内比较少见。这种布局的特点是在页面上由横向两条色块将网页整体分隔为 3 部分，色块中大多放置广告条与更新和版权提示，如图 11-8 所示即是一种"三"字形布局的网页。

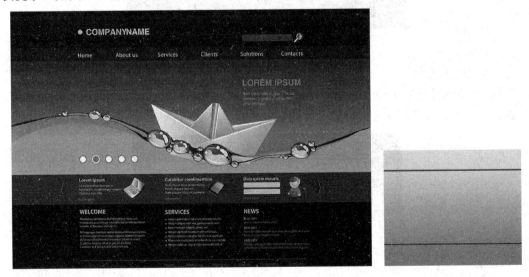

图 11-8

（4）"川"字形布局

整个页面在垂直方向分为 3 列，网站的内容按栏目分布在这 3 列中，最大限度地突出主页的索引功能。如图 11-9 所示的网页界面就是一种"川"字形的布局。

图 11-9

（5）海报型布局

这种类型基本上出现在一些网站的首页，大部分为一些精美的平面设计结合一些小的动画，放上几个简单的超链接。这种类型大部分出现在企业网站和个人主页，如果处理得好，会给人带来赏心悦目的观感，如图 11-10 所示。

图 11-10

（6）Flash 布局

这种布局是指整个网页就是一个 Flash 动画，它本身就是动态的，画面一般比较绚丽、有趣，是一种比较新潮的布局方式，如图 11-11 所示。

图 11-11

（7）标题文本型布局

标题文本型布局是指页面内容以文本为主，这种类型的页面最上面往往是标题或类似的一些内容，下面是正文。例如，一些文章页面或注册页面等，如图 11-12 所示。

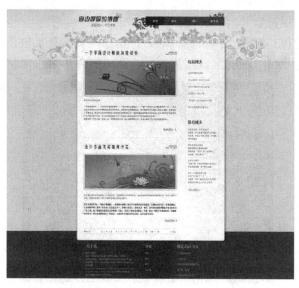

图 11-12

11.1.3　网页导航结构设计

1．网页导航形式

网页导航的主要功能是更好地帮助用户访问网站的内容。导航设计的合理与否将直接影响到用户使用时的舒适程度。在不同的网页中使用不同的导航形式，既要突出表现导航，又要注意整个页面的协调性。

（1）标签式导航

在一些图片比较大、文字信息量较少、网页视觉风格比较简单的网页中，标签式导航比较常用，如图 11-13 所示。

（2）按钮式导航

按钮式导航是最容易让浏览者理解为单击含义的传统导航形式，可以做成规则或不规则的精致美观的外形，以便更好地引导用户使用，如图 11-14 所示。

图 11-13

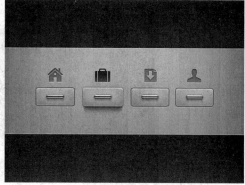

图 11-14

（3）弹出菜单式导航

为了节省网页空间，使整个网页更具活力，增添网页的交互效果，很多网页出现弹出菜单式导航，当鼠标指针放在文字或图片上时，菜单就会弹出，如图 11-15 所示。

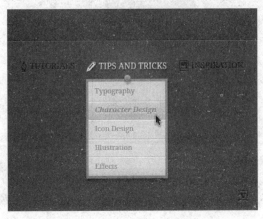

图 11-15

在灰色的页面背景上有这样鲜亮的白色绿边框跳出会非常吸引用户的注意力。再加上好像用大头针钉在页面上的独特样式，更是和页面本身增强了对比。所以，如果这样的下拉菜单被展开，用户会忍不住将鼠标指针移动到其他菜单上试试效果，如果与此同时用户能关注到导航内容，设计者的目的就达到了。

（4）无框图标式导航

无框图标式导航是指将图标去掉边框，使用多种不规则的图案或线条作为导航。使用这种导航可以给用户轻松自由感，并且增强了网页的趣味性，丰富了网页的效果，如图 11-16 所示。

图 11-16

（5）Flash 形式的导航

这种导航形式适用于动感时尚的网页，如图 11-17 所示。

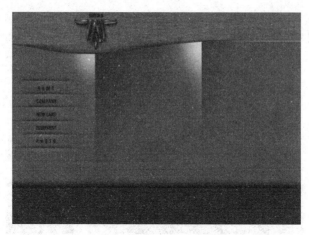

图 11-17

2. 导航方向

在网页设计中，为了避免网页风格的呆板，对其导航方向的合理设计是十分必要的，网页导航方向会影响整个网页页面的风格，占据一定的页面空间。

如图 11-18 所示即为垂直导航，在该设计中，能够看到设计师对于重复和对比原则的充分理解和应用。其中，一级导航的样式都比较相似，左边是文字，右边是简洁的小图标；每个图标虽然不同，但是风格都是统一的，这正是多样性的重复原则，所以这些父导航按钮会让人感觉是平等而有某种联系的。而当前所在的位置以非常醒目、饱和度较高的黄色显示，明显区别于一般状态下的导航按钮，让访问者清楚地知道自己当前所处的位置，提高了用户体验并且增强了设计感。子导航既然和父导航不属于同一层次，那么必然要在视觉上和父导航有所区别，所以在背景颜色和文字颜色以及样式上就能看到这种差别所在。

横排导航所占用的页面空间较少，给人以大气的视觉感受，是最常见的导航形式。如图 11-19 所示即为横排导航，两条水平的白色虚线和一条灰色的垂直线仿佛是缝在布上的线脚，这种风格给人一种自然以及手工的感觉。

图 11-18

图 11-19

除了常见的垂直导航和横排导航外，比较个性化的表现方式还有倾斜导航和乱序导航，如图 11-20 和图 11-21 所示。

图 11-20

图 11-21

11.2　项 目 解 析

11.2.1　任务 1——网页图标与按钮设计

任务分析

　　网页设计中按钮的使用是十分普遍的，按钮的设计一定要醒目，能够吸引用户眼球。优秀的按钮一般颜色都会更亮、更大，位于更容易找到的地方，文字表达也更简洁，使用一定的特效。

　　本任务制作如图 11-22 所示的清新绿色按钮。在制作时，可以将按钮分为 4 层：绿色的底层、底层上面的透光层、高光层及文字层。

图 11-22

任务实施

（1）首先制作底层。新建一个图层，命名为"底层"，选择"圆角矩形工具"命令，设置其填充色为"白色"，描边色为"无"，尺寸为"225 像素×60 像素"，圆角半径为"30 像素"，在画布上绘制如图 11-23 所示的圆角矩形。

图 11-23

（2）双击此图层打开"图层样式"对话框，添加"渐变叠加"图层样式，设置渐变色为"绿色（#32c827）→深绿色（#4dc216）"，其他参数如图 11-24 所示；添加"斜面和浮雕"图层样式，参数如图 11-25 所示；添加"投影"图层样式，参数如图 11-26 所示；效果如图 11-27 所示。

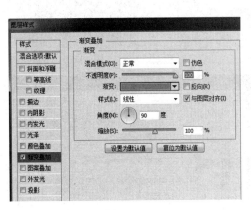

图 11-24

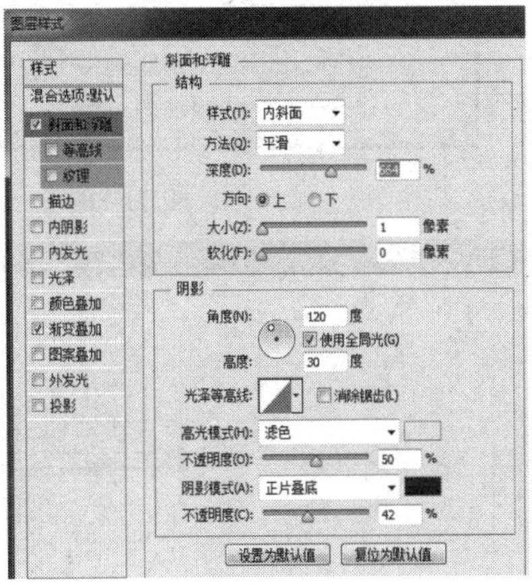

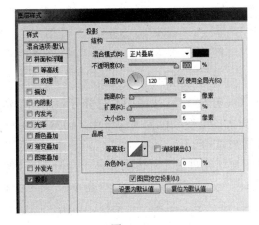

图 11-26

图 11-25

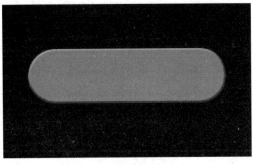

图 11-27

（3）制作透光层。与底层制作相似，可以复制底层，命名为"透光层"，然后按 Ctrl+T
快捷键缩放，最后再对其进行图层样式的设置。

（4）双击"透光层"，打开"图层样式"对话框，添加"斜面和浮雕"样式，设置属
性，如图 11-28 所示。其中，"高光模式"设置为"滤色"，颜色设置为"绿色（#43ad18）"；
"光泽等高线"的设置方法为单击该下拉按钮，选择如图 11-29 所示的"内凹-深"样式选
项；然后打开"等高线编辑器"对话框，调整形状，如图 11-30 所示。添加"描边"样式，
其中描边颜色为"深绿色（#0b5105）"，如图 11-31 所示。

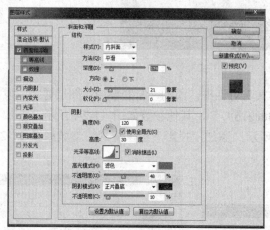

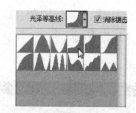

图 11-28　　　　　　　　　　　　　　　　图 11-29

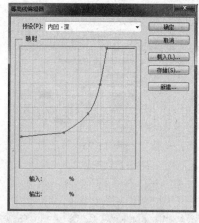

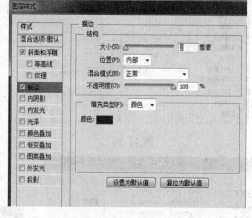

图 11-30　　　　　　　　　　　　　　　　图 11-31

（5）添加"内发光"样式，颜色为"浅绿色（#60ff56）"，如图 11-32 所示；添加"光
泽"样式，如图 11-33 所示；添加"渐变叠加"样式，渐变颜色为"深绿色（#023300）→
绿色（#0e9900）"，如图 11-34 所示；效果如图 11-35 所示。

（6）为了增添按钮的质感，可以制作一种图案填充进去，具体操作是新建一个"3 像
素×3 像素"的透明背景文件，设置前景色为"黑色"，选择"铅笔工具"命令，绘制 1 像
素的斜线，选择"编辑"→"定义图案"命令，打开"定义图案"对话框，单击"确定"
按钮，完成图案的定义。然后返回原文件中，按 Ctrl 键的同时单击"透光层"，载入图层

选区，新建一个"名称"为"纹理"的图层，选择"油漆桶工具"命令，在其属性栏中设置填充区域的源为"图案"，选择刚才创建的斜线图案，如图 11-36 所示；在选区中单击，从而为选区填充斜线纹理，最后选择"纹理层"，设置图层的"不透明度"为"10%"，如图 11-37 所示。

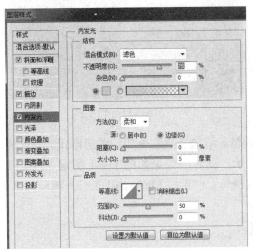

图 11-32

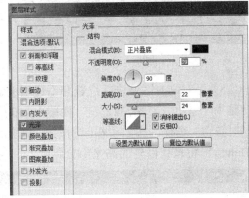

图 11-33

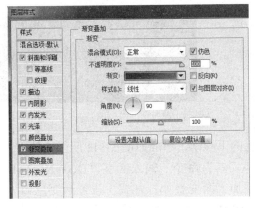

图 11-34

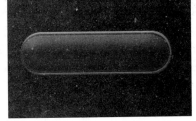

图 11-35

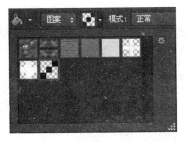

图 11-36

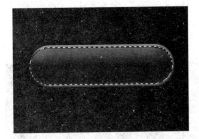

图 11-37

（7）制作高光层。新建一个图层"高光"，选择"椭圆选框工具"命令，绘制一个椭圆，选择"油漆桶工具"命令，填充白色，如图 11-38 所示。选择"滤镜"→"模糊"→

"高斯模糊"命令，在打开的对话框中对白色区域进行模糊，如图 11-39 所示。

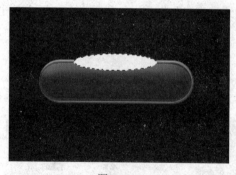
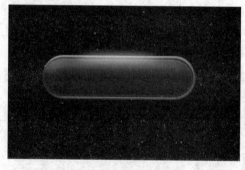

图 11-38　　　　　　　　　　　　　　　图 11-39

　　（8）可对高光区域进行位置和不透明的调整，添加"颜色叠加"图层样式，将高光颜色调整为"绿色（#73d73a）"，如图 11-40 所示，此时的效果如图 11-41 所示。按 Ctrl 键的同时单击"底纹"图层的缩览图按钮，提取其选区，然后按 Shift+Ctrl+I 组合键反向选择，按 Delete 键将按钮以外的高光部分删除。

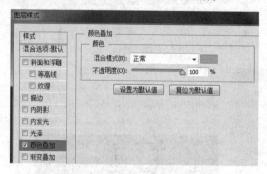

图 11-40　　　　　　　　　　　　　　　图 11-41

　　（9）复制"高光"图层，并将其垂直向下移动，形成如图 11-42 所示的效果。

　　（10）制作文字层。选择"横排文字工具"命令，输入文字"DOWNLOAD"，双击该图层，打开"图层样式"对话框，添加"渐变叠加"样式，设置渐变色为"浅黄色（#f9ebac）→黄色（#ffc018）→浅黄色（#f9ebac）"，如图 11-43 所示；添加"投影"样式，如图 11-44 所示，效果如图 11-45 所示。

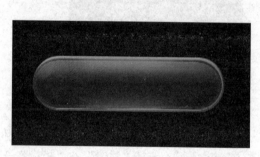
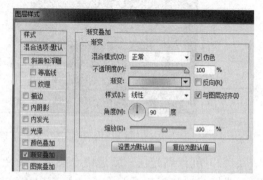

图 11-42　　　　　　　　　　　　　　　图 11-43

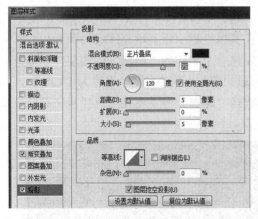

<table>
<tr><td>图 11-44</td><td>图 11-45</td></tr>
</table>

11.2.2 任务 2——网页导航栏设计

任务分析

网页导航栏是网页设计的重点，它能让用户非常容易地浏览不同的页面，是网页元素的重要组成部分，所以导航栏一定要清晰、醒目。一个网站的导航栏设计得成功与否，直接决定了用户是否进一步阅读。

本任务设计制作一个卡通儿童类网站的导航栏，如图 11-46 所示。

图 11-46

任务实施

（1）新建一个文件，大小为"1900 像素×150 像素"，选择"矩形选框工具"命令，绘制一个大小为"1900 像素×135 像素"的矩形选区；新建一个名称为"蓝色背景"的图层，设置前景色为"蓝色（#0f85b2）"，按 Alt+Delete 快捷键填充背景为蓝色。

（2）新建一个大小为"5 像素×5 像素"、背景透明的文件，将图像放大到 1000%显示；选择"画笔工具"命令，设置 1 像素的方头画笔，设置前景色为"黑色"，在透明背景中通过单击的方法绘制一条斜线，如图 11-47 所示。执行"编辑"→"定义图案"命令，打开"图案名称"对话框，输入名称为"斜线"，单击"确定"按钮，如图 11-48 所示，将绘制的斜线定义为图案。

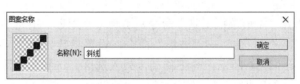

<table>
<tr><td>图 11-47</td><td>图 11-48</td></tr>
</table>

（3）返回导航文件中，在图层面板中按 Ctrl 键，单击"蓝色背景"图层的缩览图按钮，载入该图层的选区；选择"油漆桶工具"命令，在其属性栏中设置填充区域的源为"图案"，选择上一步骤中定义的"斜线"图案；然后，新建一个名称为"斜线"的图层，在选框中单击为选框填充斜线图案，在图层面板中将斜线图层的"不透明度"设置为"12%"，按 Ctrl+J 复制该斜线图层为"斜线拷贝图层"，选择"编辑"→"变换"→"水平翻转"命令。填充网格效果如图 11-49 所示。

图 11-49

（4）选择"矩形选框工具"命令，绘制一个大小为"1200 像素×60 像素"的矩形选框，新建一个名称为"黄色"的图层，选择"渐变工具"命令，设置左侧色标为"黄色（#0f85b2）"，右侧色标为"浅黄色（#fed710）"。在选框中，按 Shift 键从上向下拖动鼠标，填充渐变色；同时选择"黄色图层"和"蓝色背景"图层，选择"移动工具"命令，单击 ⬜（顶对齐）按钮和 ⬒（水平居中对齐）按钮对该图层进行位置调整。如图 11-50 所示。

图 11-50

（5）选择"矩形选框工具"，绘制一个大小为"1200 像素×90 像素"的矩形选区，新建一个名称为"蓝色"的图层，设置前景色为"浅蓝色（#77cff7）"，按 Alt+Del 快捷键进行填充；然后利用上一步中的对齐方法对蓝色矩形进行对齐，如图 11-51 所示。

图 11-51

（6）选择"矩形选框工具"命令，绘制一个矩形，填充为"黄色"，如图 11-52 所示。选择"滤镜"→"扭曲"→"波浪"命令，设置参数如图 11-53 所示；将黄色矩形扭曲成波浪形，如图 11-54 所示；向下移动，载入选区，选择蓝色图层，单击删除按钮，将蓝色矩形下边缘删除成波浪形状，删除黄色波浪图层，如图 11-55 所示。复制蓝色图层为"蓝色拷贝"图层。

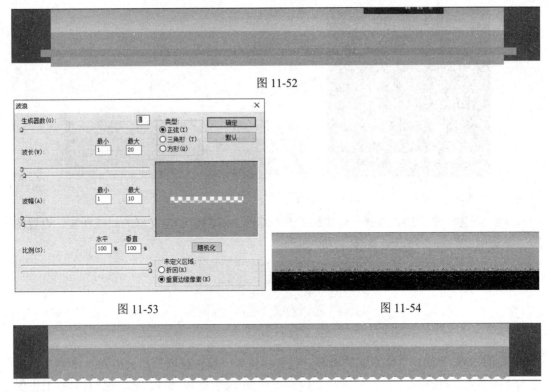

图 11-52

图 11-53

图 11-54

图 11-55

（7）双击"蓝色拷贝"图层，打开"图层样式"对话框，添加"外发光"图层样式，发光颜色设置为"深蓝色（#528bc5）"，"混合模式"为"深色"，如图 11-56 所示。最终效果如图 11-57 所示。

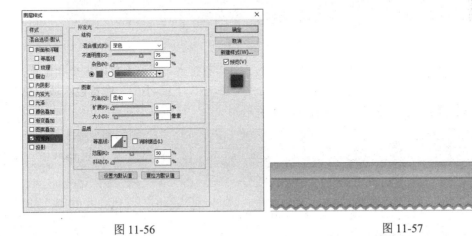

图 11-56

图 11-57

（8）新建一个"橙色线条"图层，选择"铅笔工具"命令，设置为"硬边方形 4 像素"，如图 11-58 所示，前景色为"橙色（#fd821f）"。按 Shift 键在蓝色和蓝色之间绘制一条直线，如图 11-59 所示。

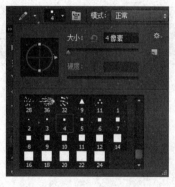

图 11-58　　　　　　　　　　　　　　　　图 11-59

（9）新建一个图层，选择"油漆桶工具"命令，填充前面定义好的斜线图案，设置图层"不透明度"为"5%"，如图 11-60 所示。

图 11-60

（10）选择"横排文字工具"命令，设置字体为"微软雅黑"，大小为"18 点"，颜色为"深蓝色（#0c6fad）"，输入导航内容"首页 园所概貌 机构设置 保教园地 卫生保健 家园合作 对外交流"；选择该图层，按 Ctrl 键选择"蓝色拷贝"图层，选择"移动工具"命令，单击"水平居中对齐"按钮，将导航文字水平居中，如图 11-61 所示。

图 11-61

（11）打开素材文件"cloud.gif"，将文件中的云朵素材插入，调整素材的大小和位置；选择"画笔工具"命令，分别选择"交叉排线 1""星爆-小""星-小"，在黄色区域中单击鼠标，做出星光的效果，最终效果如图 11-62 所示。

图 11-62

11.2.3　任务 3——课程学习网站设计

任务分析

课程学习网站是为学生更好地自主学习而提供的平台，可以使学生不受时间和地点的限制进行自主学习，学习的内容也更加丰富、具体，使学生个性化的自主学习与交互协调学习相结合，充分体现了学生作为学习主体的主动性和创造性。因此课程学习网站的设计应能实现学习网站的上述功能，首页的设计应简而全，避免花里胡哨，以给人以清爽、有条理的感觉。

本任务制作如图 11-63 所示的哆哆课堂网站。

图 11-63

任务实施

子任务 1　Logo 图标及 Banner 的制作

（1）新建一个大小为"1920 像素×3525 像素"、背景为"白色"的文件，命名为"course.psd"。

（2）新建一个图层，命名为"logo"，选择"矩形选框工具"命令绘制一个矩形，设置前景色为"蓝色(#01aeb5)"，按 Alt+Delete 快捷键进行填充，如图 11-64 所示；然后按 Ctrl+D 快捷键取消选区，按 Ctrl+J 快捷键复制该图层为"logo 拷贝"，选择"移动工具"命令，垂直向下移动一段距离，如图 11-65 所示。

（3）按 Shift 键选择图层"logo"和图层"logo 拷贝"，按 Ctrl+J 快捷键复制这两个图层，得到图层"logo 拷贝 2"和图层"logo 拷贝 3"，选择"编辑"→"变换"→"旋转 90 度（顺时针）"命令，将两个矩形复制并旋转，如图 11-66 所示。选择"移动工具"命令，分别将两个矩形移动至如图 11-67 所示的位置。

图 11-64　　　　　图 11-65　　　　　图 11-66　　　　　图 11-67

（4）在图层面板中，选择图层"logo 拷贝"，单击鼠标右键，在出现的快捷菜单中选择"向下合并"命令，将该图层合并到图层"logo"；使用同样的方法，将图层"logo 拷贝 3"合并至图层"logo 拷贝 2"，并将图层"logo 拷贝 2"向下拖动置于图层"logo"下面。

（5）选择图层"logo 拷贝 2"，单击图层面板中的"锁定透明图层"按钮，如图 11-68 所示。

（6）选择"画笔工具"命令，设置画笔为柔边画笔，设置合适的大小，设置前景色为"深灰色"，按 Shift 键，在水平和垂直矩形的交叉位置处进行绘制，制作出一定的阴影立体感，如图 11-69 所示。

（7）选择"多边形套索工具"命令，在右上角位置绘制出一个三角形选区，如图 11-70 所示；在图层面板中单击"logo"图层，按 Delete 键删除该图层中右上角的图像，然后单击"logo 拷贝 2"图层，按 Delete 键删除该图层中右上角的图像；使用同样的方法，删除右下角的图像，如图 11-71 所示。

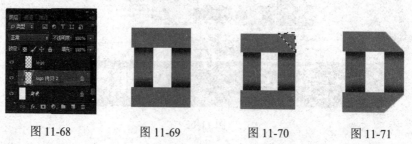

图 11-68　　　　　图 11-69　　　　　图 11-70　　　　　图 11-71

（8）选择"横排文字工具"命令，设置字体为"方正综艺简体"，字号为"30 点"，字体颜色为"黑色"，输入"哆哆课堂"；新建一个图层，命名为"横线"；选择"铅笔工具"命令，设置笔触大小为"1"，前景色为"灰色"，按 Shift 键绘制一条直线；选择"横排文字工具"命令，设置字体及大小，颜色为"红色"，输入"duoduoketang"。至此，logo 制作完毕，如图 11-72 所示。

图 11-72

（9）新建一个组，命名为"logo"，将除背景层外的所有图层选中，移动至该图层组中，如图 11-73 所示。

（10）选择"横排文字工具"命令，设置字体为"微软雅黑"，字号为"18"，颜色为"黑色"，输入导航文字"首页 发现课程 学习课程 名师推荐 新手入门 实战进阶 直播课 金钢区"。

（11）选择"矩形工具"命令，设置类型为"形状"，颜色为"灰色"，在导航文字"首页"的位置绘制一个矩形。

（12）新建一个图层，命名为"分隔线"，选择"铅笔工具"命令，设置前景色为深一点的"灰色"，笔触大小为"1"，按 Shift 键在 logo 及导航文字的下方绘制一条直线；按 Ctrl+J 快捷键复制该图层得到图层"分隔线拷贝"，选择"移动工具"命令，按键盘上的 ↓ 方向键两次，将复制的横线向下移动两个像素；选择"滤镜"→"模糊"→"高斯模糊"命令，设置"半径"为"0.5 像素"，如图 11-74 所示。此时的效果如图 11-75 所示。

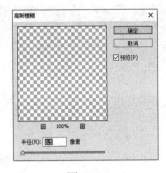

图 11-73   图 11-74

      首页 发现课程   学习课程   名师推荐   新手入门   实战进阶   直播课   金钢区

图 11-75

（13）至此，导航制作完毕。创建一个新组"导航"，将导航的相关图层选中，移动至该组中。

子任务 2　页面版块内容的制作

（1）选择"矩形工具"命令，设置类型为"形状"，填充为"浅蓝色"，描边为"无"，然后在空白位置单击，打开"创建矩形"对话框，创建一个"宽度"为"900"、"高度"为"400"的浅蓝色矩形。选择"移动工具"命令，调整蓝色矩形的位置，使其与上面导航的距离为 10 像素，左侧位于 360 像素的位置。在图层面板中将该图层重命名为"左侧 banner"，如图 11-76 所示。

图 11-76

（2）打开素材文件夹中的"banner 背景.jpg"，拖至文件中，调整其位置，将该图层重命名为"banner 背景"，右键单击该图层，选择"创建剪贴蒙版"命令。打开素材文件夹中的"背景图片.jpg"，拖至文件中，调整其大小和位置，如图 11-77 所示

图 11-77

（3）选择"横排文字工具"命令，设置字体为"方正特粗光辉简体"，字号为"36点"，颜色为"橙色"，输入文字"轻松学习每一天"，在图层面板中双击该图层的空白区域，打开"图层样式"对话框，添加"描边"和"投影"图层样式，参数如图 11-78、图 11-79 所示。最终效果如图 11-80 所示。

（4）选择"矩形工具"命令，绘制两个"宽度"为"290 像素"、"高度"为"195 像素"的矩形，调整两个矩形的位置，使三个矩形之间的距离为 10 像素。此时的效果如图 11-81 所示。

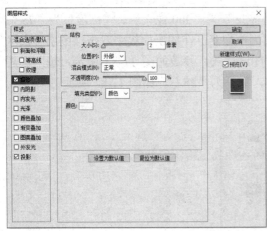

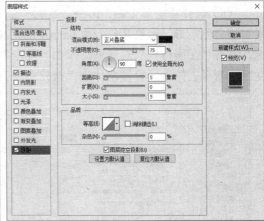

图 11-78　　　　　　　　　　　　　　　　　　　　　图 11-79

图 11-80

图 11-81

（5）打开素材图片，拖入文件中，分别置于两个矩形图层的上方，适当调整其位置；右键单击，选择"创建剪贴图层"命令，使图片按照矩形的大小和位置进行显示、输入文字，如图 11-82 所示。创建一个新组"banner"，将相关图层移至该组。

图 11-82

（6）选择"矩形工具"命令，绘制一个"宽度"为"900 像素"、"高度"为"75 像素"的白色矩形，调整其与上面 banner 的距离为 5 像素。在图层面板中双击该图层空白区域，打开"图层样式"对话框，添加"投影"图层样式，参数如图 11-83 所示；输入标题文字"新手入门"，设置字体为"微软雅黑"，大小为"18"，如图 11-84 所示。

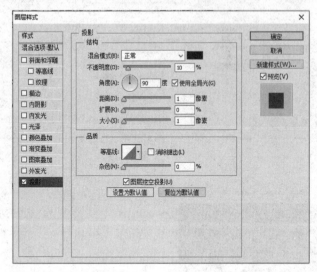

图 11-83　　　　　　　　　　　　　　　　图 11-84

（7）选择"矩形工具"命令绘制一个"230 像素×150 像素"的矩形，再复制两个相同的矩形，调整三个矩形的位置，使其左对齐，间距为 10 像素，如图 11-85 所示。打开素材图片，分别放于三个矩形的上方，并创建剪贴图层，使三个素材图片按矩形的大小和位置进行显示，如图 11-86 所示；然后，输入右边的说明文字。

（8）使用同样的方法制作"实战进阶"模块，如图 11-87 所示。

图 11-85　　　　　　　　　　　　　　　　图 11-86

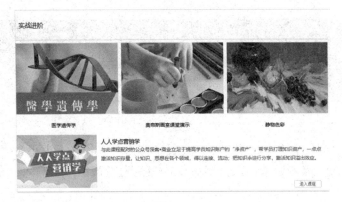

图 11-87

（9）选择"矩形选框工具"命令，绘制一个大小为"900 像素×140 像素"的矩形。选择"渐变工具"命令，打开"渐变编辑器"窗口，设置第一个色标为"蓝色（#0da2fd）"，位置为"0%"；第二个色标和第一个色标颜色相同，位置为"30%"；第三个色标颜色为"蓝色（#4b6371）"，位置为"31%"；第四个色标颜色与第三个色标相同，位置为"49%"；第五个色标颜色为"蓝色（#516b7b）"，位置为"50%"；第六个色标颜色与第五个色标相同，位置为"60%"；第七个色标颜色为"浅蓝色（#49c7fd）"，位置为"61%"；第八个色标与第七个色标颜色相同，位置为"85%"；第九个色标颜色为"浅蓝色（#69d2ff）"，位置为"86%"；第十个色标与第九个色标颜色相同，位置为"100%"，如图 11-88 所示。新建一个图层，按 Shift 键，从选区的最上面划到最下面，为选区填充渐变色；选择"移动工具"命令，使其左对齐，与上面图片间距为 10 像素，如图 11-89 所示。

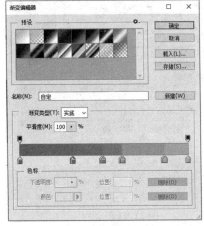

图 11-88

图 11-89

（10）打开素材图片"卡通人.jpg"，首先将卡通人从白色背景中抠取出来，选择"魔棒工具"命令，单击白色背景，选中白色区域，按 Shift+Ctrl+I 组合键反向选择，如图 11-90所示；按 Ctrl+C 快捷键复制选区中的图片，返回到网页效果图中，按 Ctrl+V 粘贴图片，调整图片的大小和位置，按 Ctrl+J 快捷键复制图层，选择"编辑"→"变换"→"水平翻转"命令，将图片水平翻转，然后调整其位置，如图 11-91 所示。

图 11-90　　　　　　　　　　　　　　图 11-91

（11）选择"横排文字工具"命令，设置字体为"黑体"，大小为"48 点"，颜色为"白色"，输入"点击邀请，"，然后设置颜色为"黄色"，输入"享现金奖励"，如图 11-92 所示。

图 11-92

（12）按 Ctrl+J 快捷键复制文字图层，选择"移动工具"命令向下移动文字，双击图层面板中该图层的空白区域，打开"图层样式"对话框，添加"颜色叠加"图层样式，设置颜色为"蓝色（#075add）"，添加"描边"图层样式，设置描边颜色为"深蓝色（#012bde）"，描边大小为"3 像素"，设置参数如图 11-93、图 11-94 所示，最终效果如图 11-95 所示。

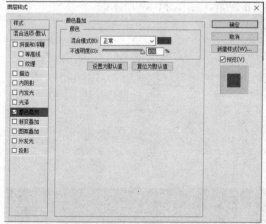
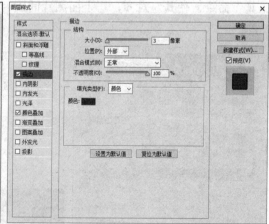

图 11-93　　　　　　　　　　　　　　图 11-94

图 11-95

（13）新建图层，选择"多边形套索工具"命令，绘制一个星形选区，设置前景色为"白色"，按 Alt+Delete 快捷键填充，如图 11-96 所示。按 Ctrl+J 快捷键两次复制出两个星形，按 Ctrl+T 快捷键进行大小和方向变换，并调整位置，如图 11-97 所示。选择这三个星形图层，右击，选择"合并图层"命令，重命名图层为"星星"，按 Ctrl+J 快捷键复制图层，选择"编辑"→"变换"→"水平翻转"命令，调整位置至右边的卡通人附近，如图 11-98 所示。

图 11-96　　　　　　　　图 11-97

图 11-98

（14）选择"钢笔工具"命令，设置填充颜色为"黄色"，描边为"无"，绘制一个如图 11-99 所示的黄色区域；选择"横排文字工具"命令，输入文字"100 万"，按 Ctrl+T 快捷键旋转文字的方向，调整其位置，完成的整体效果如图 11-100 所示。

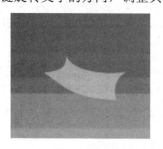

图 11-99　　　　　　　　　　　　　图 11-100

（15）"名师推荐"标题栏的制作与"新手入门"标题栏制作方法相同，可以参考步骤（6）制作，也可以复制后进行修改。

（16）选择"矩形工具"命令，设置填充为"灰色（#f2f2f2）"，描边为"深灰色（#d0d0d0）"，绘制大小为"217 像素×298 像素"的矩形；选择"椭圆工具"命令，设置填充为"白色"，描边为"灰色"，绘制一个"120 像素×120 像素"的圆形；打开素材图片，拖入文件中，调整其大小和位置，按 Alt+Ctrl+G 组合键创建剪贴蒙版，使图片只在圆形中显示，如图 11-101 所示。选择"圆角矩形工具"命令，设置填充颜色为"蓝色（#5fb4e5）"，描边为"无"，圆角半径为"10"，大小为"160 像素×40 像素"，绘制圆角矩形，输入文字"选课"，如图 11-102 所示。

（17）使用相同的方法制作出其他三个名师，调整四个矩形的位置，使它们与上面分隔线的距离为 10 像素，每个矩形之间的距离也为 10 像素，如图 11-103 所示。

图 11-101　　　　　　　　　　　　　　　　　图 11-102

图 11-103

（18）"技能提升"模块和"直播课"模块参考"新手入门"模块进行制作，如图 11-104 和图 11-105 所示。

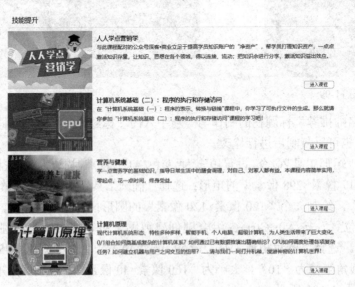

图 11-104

直播课

光影故事-电影中的叙事艺术　　　　游戏策划　　　　　东方电影　　　观景之道-影视艺术赏析

图 11-105

子任务 3　**底部海报及页脚的制作**

（1）选择"矩形工具"命令，绘制一个"900 像素×140 像素"的"黄色（#ffc740）"矩形，调整其位置。

（2）新建一个"100 像素×100 像素"的透明背景的图像，选择"铅笔工具"命令，设置大小为"2 像素"，前景色为"咖色（#bf7c0a）"，按 Shift 键绘制一条竖线，按 Ctrl+T 快捷键旋转竖线，按 Ctrl+J 快捷键复制一层，选择"移动工具"命令，向左、向下移动一点，设置图层"不透明度"为"60%"，如图 11-106 所示。

（3）选择"编辑"→"定义图案"命令，打开"图案名称"对话框，将图案命名为"斜线"，载入矩形选区，选择"油漆桶工具"命令，设置属性如图 11-107、图 11-108 所示；然后，在选区内单击进行填充，如图 11-109 所示。

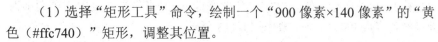

图 11-106　　　　　　图 11-107　　　　　　图 11-108

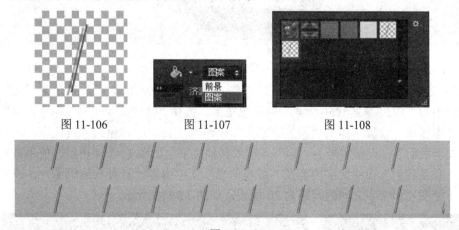

图 11-109

（4）选择"钢笔工具"命令，设置填充颜色为"棕色（#4f0712）"，绘制一个如图 11-110 所示的形状。

图 11-110

（5）在图层面板中，右键单击该图层，选择"栅格化图层"命令；然后，选择"涂抹工具"命令，使用不同大小的笔触多次对形状进行向内向外的涂抹，如图 11-111 所示。

图 11-111

（6）选择"横排文字工具"命令，设置字体为"方正剪纸简体"，输入文字"课程大放价"，设置"课程"文字大小为"48 点"，"大放价"文字大小为"36 点"；设置字体为"华文新魏"，如图 11-112 所示，输入文字"免费好课+限时半价"，设置文字大小为"20 点"，颜色为"红色（#e50741）"，如图 11-113 所示。

图 11-112

图 11-113

（7）选择"矩形工具"命令，设置填充为"蓝色（#0068b7）"，描边为"无"，绘制一个大小为"1920 像素×250 像素"的蓝色矩形。选择"横排文字工具"命令，用鼠标拖出一个文本区域，设置字体为"微软雅黑"，字号为"16"，颜色为"白色"，输入标题文字"关于我们"，设置字号为"14"，输入其他文字，如图 11-114 所示。使用同样的方法输入"联系我们"模块文字内容及"版权信息"文字内容，打开二维码图片，调整大小和位置，使图片和文字之间的间距为 20 像素，如图 11-115 所示。

图 11-114

图 11-115

（8）选择"矩形工具"命令，绘制一个"80 像素×50 像素"的矩形，再复制 11 个矩形，然后排成三排，每排四个，每个之间的间距为 5 像素，如图 11-116 所示。在图层面板中，选择 12 个矩形图层，单击鼠标右键，选择"合并形状"命令，将这 12 个图层合并为一个图层。打开素材"页脚素材.jpg"，拖入到文件中，将其放置于矩形上，在图层面板中，按 Alt+Ctrl+G 组合键创建剪贴蒙版，使图片按 12 个矩形区域进行显示，如图 11-117 所示。

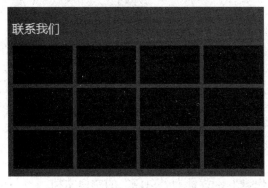

图 11-116

图 11-117

（9）右侧边栏的制作方法和前面的方法大同小异，这里不再赘述。

11.2.4 任务 4—天猫旺铺界面设计

任务分析

天猫旺铺网站属于购物网站，既要展示丰富的图片信息，也要展示与图片相关的文字信息，所以通常采用能够展示最多信息的拐角型页面布局版式。在色彩搭配方面，为了能更突出图片和文字信息，网页的基本色调一般采用中性色调。对于针对性较强的购物网站，如服饰网站、玩具网站等，则可以在色彩方面采用具有一定含义的颜色，但在主题展示区仍需要采用中性色调。

本任务制作如图 11-118 所示的少女服饰天猫旺铺网站首页。

图 11-118

图 11-118（续）

任务实施

（1）新建一个尺寸为"1920 像素×4825 像素"、背景为"白色"的空白文档。

（2）新建图层，命名为"snyc"，使用"钢笔工具"绘制出如图 11-119 所示的路径，选择前景色为"红色（#ff5757）"，切换到"路径"面板，单击"用前景色填充路径"按钮，如图 11-120 所示，为路径填充红色，如图 11-121 所示。

　　　　图 11-119　　　　　　　　　　图 11-120　　　　　　　　　　图 11-121

（3）新建图层，命名为"横线"，选择"铅笔工具"命令，设置"大小"为"1 像素"，按 Shift 键绘制一条红色横线；选择"橡皮擦工具"命令，设置其"大小"为"50 像素"，"硬度"为"100%"，将横线中间部分擦除，如图 11-122 所示。

（4）选择"横排文字工具"命令，设置字体为"仿宋"，字号为"12 号"，前景色不变，在横线中间输入文字"少女衣橱"，选择"移动工具"命令，调整文字的位置，如图 11-123 所示。

　　　　　　图 11-122　　　　　　　　　　　　　　图 11-123

（5）新建图层，命名为"搜索框"，选择"矩形选框工具"命令，绘制一个尺寸为"220 像素×25 像素"的矩形选框，选择"编辑"→"描边"命令，如图 11-124 所示；打开"描边"对话框，设置描边"宽度"为"1 像素"，"颜色"为"红色（#ff5757）"，如图 11-125 所示。

图 11-124　　　　　　　　　　　　　　图 11-125

（6）选择"矩形选框工具"命令，在第（5）步绘制的矩形内部右侧绘制一个小矩形选框，选择"油漆桶工具"命令，在矩形选框单击填充前景色。选择"横排文字工具"命令，设置字体为"黑体"，大小为"12 点"，输入白色的文字"GO"，如图 11-126 所示。

（7）选择"横排文字工具"命令，设置字体为"方正正中黑体"，字号为"24 点"，输入文字"收藏店铺"；再次选择"横排文字工具"命令，设置字体为"黑体"，字号为"12 号"，输入"BOOKMORK+"。新建图层，命名为"线框"，选择"铅笔工具"命令，按 Shift 键绘制 3 条直线，如图 11-127 所示。

图 11-126　　　　　　　　　　　　　　图 11-127

（8）新建图层，命名为"导航背景"，选择"矩形选框工具"命令，绘制一个与页面同宽，"高度"为"30 像素"的矩形选框，选择"油漆桶工具"命令，填充红色。选择"横排文字工具"命令，设置字体为"黑体"，字号为"16 点"，输入导航文字"首页　所有宝贝　夏装新品　设计师推荐　人气热销　连衣裙　外套　雪纺衬衫　T 恤　半身裙　牛仔裤　商场同款"，如图 11-128 所示。

图 11-128

（9）新建图层，命名为"活动背景"，使用"移动工具"将该图层移至导航文字图层的下方；选择"矩形选框工具"命令，在文字"所有宝贝"所在位置绘制一个矩形选框，设置前景色为"白色"，使用"油漆桶工具"填充，在"图层"面板中设置"不透明度"为"30%"，如图 11-129 所示。

（10）设置前景色为"白色"，选择"自定义形状工具"命令，在其属性栏中单击"形状"后面的按钮，选择"会话 1"选项，如图 11-130 所示，在导航栏中的"夏装新品"右上角位置绘制一个合适大小的会话形状，选择"横排文字工具"命令，输入文字"hot"。使用同样的方法，在导航栏的"人气热销"右上角也绘制一个 hot 会话，如图 11-131 所示。

图 11-129　　　　　　　　　　　　　图 11-130

图 11-131

（11）打开素材文件夹中的"bannerbj.jpg"图片，选择"移动工具"命令，将图片拖至文件中，调整好大小和位置，并将图层命名为"bannerbj"，如图 11-132 所示。

图 11-132

（12）打开素材文件夹中的"pt1.png"图片，选择"移动工具"命令，将图片拖至文件中，调整好大小和位置，并将其图层命名为"bwoman"，如图 11-133 所示。

图 11-133

（13）新建图层，命名为"白色背景"，选择"矩形工具"命令，绘制一个矩形选区，填充白色，设置图层的"不透明度"为"48%"，选择"选择"→"修改"→"收缩"命令，将选区收缩"10 像素"；新建图层，设置前景色为"浅黄色（#efe4b1）"，选择"编辑"→"描边"命令，设置"宽度"为"2 像素"，使用前景色描边选区，将两个图层合并，如图 11-134 所示。

（14）选择"横排文字工具"命令，设置字体为"华康少女字体"，字号为"80 点"，前景色为"红色"，输入"少女出游穿搭"，并调整每个文字的位置和角度。为该图层添加"投影"样式，如图 11-135 所示。此时的效果如图 11-136 所示。

（15）使用文字工具，输入其他文字，并设置属性，最终效果如图 11-137 所示。

图 11-134　　　　　　　　　　　　　　　　　　　图 11-135

图 11-136

图 11-137

（16）打开素材文件夹中的"twbj.jpg"，使用"移动工具"将图片拖到文件中，调整其大小和位置，并将该图层命名为"粉背景"。在"图层"面板中，单击"粉背景"图层，将其拖到"创建新图层"按钮上，复制出新图层"粉背景 副本"，使用"移动工具"将其向下移动，如图 11-138 所示。

（17）新建图层，命名为"t 恤专区"，选择"矩形选框工具"命令绘制一个矩形选框，设置前景色为"白色"，选择"油漆桶工具"命令填充前景色。打开素材文件夹中的"pt2.jpg"，使用"移动工具"将图片拖至文件中，放在白色区域上，如图 11-139 所示。右击"图层"面板中的"pt2"图层，在弹出的快捷菜单中选择"创建剪贴蒙版"命令，如图 11-140 所示，效果如图 11-141 所示。

图 11-138　　　　　　　　　　　　　　　　　图 11-139

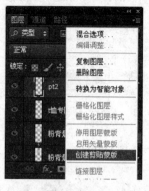

图 11-140　　　　　　　　　　　　　　　图 11-141

（18）新建几个图层，分别命名为"雪纺专区""连衣裙专区""夏装专区""优惠活动区"，在不同的图层上分别绘制几个区域，用来布局展示图片，如图 11-142 所示。

图 11-142

（19）把需要展示的图片打开，拖入至文件中，并且放置到上面绘制的矩形上，如图 11-143 所示。

图 11-143

（20）在"图层"面板中，将图片拖至相应布局区域的上层，然后分别选择图片层，创建剪贴蒙版，效果如图 11-144 所示，"图层"面板如图 11-145 所示。

图 11-144

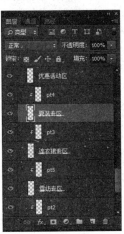

图 11-145

（21）选择"横排文字工具"命令，设置前景色为"红色"，大小为"24 点"，输入"T 恤专区"，为该图层添加"描边"样式，设置描边"大小"为"2 像素"，"颜色"为"白色"，如图 11-146 所示。同样的方法，添加其他专区里的文字，并设置相应的文字效果。最终效果如图 11-147 所示。

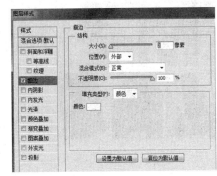

图 11-146

图 11-147

（22）新建一个图层，设置前景色为"红色（#ff747d）"，选择"钢笔工具"命令，绘制如图 11-148 所示的形状图层，并为该图层添加"投影"样式，参数如图 11-149 所示。

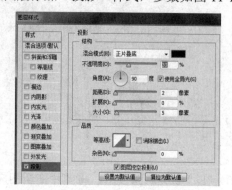

图 11-148　　　　　　　　　　　　　　　图 11-149

（23）新建图层，绘制一个白色矩形，如图 11-150 所示。使用"矩形工具"和"横排文字工具"制作出如图 11-151 所示的其他内容。新建图层，制作"新品'尚'新"标题，如图 11-152 所示。

图 11-150　　　　　　　　图 11-151　　　　　　　　　　　图 11-152

（24）打开素材文件夹中的"xpbj.jpg"图片，将其拖至文件中，调整其大小和位置；在"图层"面板中，将该图层拖至"创建新图层"按钮，再复制出一层，将复制的背景向下移动。新建几个图层，在每个图层中绘制一个矩形区域，用来布局需要展示的新品图片，如图 11-153 所示。

（25）打开素材文件夹，将需要展示的图片文件打开，并拖到合适的区域中，并分别按 Ctrl+Alt+G 组合键创建剪贴蒙版，如图 11-154 所示。

图 11-153　　　　　　　　　　　　　　　图 11-154

（26）打开素材文件中的"dressbj.jpg"图片，拖至文件中，调整其大小和位置，并将图层重命名为"dress 背景"。打开素材文件中的"pt14.jpg"图片，拖至文件中，调整其大小和位置，选择"横排文字工具"命令，输入"dress"，设置其格式，输入其他文字，如图 11-155 所示。

图 11-155

（27）新建图层，绘制矩形选区，填充颜色为"淡黄色（#faf7d6）"，作为连衣裙展示区域的总背景，如图 11-156 所示。

（28）新建几个图层，分别在每个图层上绘制一个选区，用来布局需要展示的图片，如图 11-157 所示。打开需要展示的图片，并按前面的方法创建剪贴蒙版。制作价格标签，如图 11-158 所示。

（29）选择"横排文字工具"命令，设置前景色为"红色（#ff747d）"，大小为"60点"，选择合适的字体，输入文字"Jennifer"，打开素材文件夹中的图片，移至文件中，调整其大小和位置，如图 11-159 所示。

图 11-156

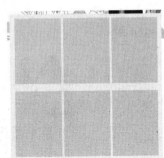

图 11-157

图 11-158

图 11-159

（30）设置前景色为"灰色（#e9e8e8）"，背景色为"浅灰色（#f7f7f7）"，新建一个文件，尺寸为"3 像素×3 像素"，背景内容为"背景色"，选择"铅笔工具"命令，使用前景色绘制 1 像素的斜线，如图 11-160 所示。选择"编辑"→"定义图案"命令，打开"图案名称"对话框，命名图案为"斜线背景"，如图 11-161 所示，单击"确定"按钮。新建一个图层，绘制一个矩形选区，选择"油漆桶工具"命令，在属性栏中单击"前景色"后面的下拉按钮，选择"图案"选项，单击图案后面的下拉按钮，打开"图案拾色器"，选择"斜线背景"命令，如图 11-162 所示。然后，使用"油漆桶工具"在矩形选区中单击进行填充，得到如图 11-163 所示的效果。

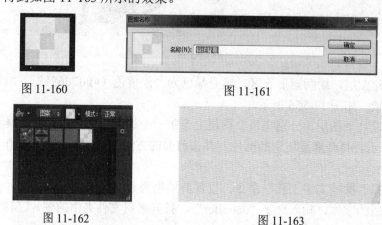

图 11-160　　　　　　　　　　图 11-161

图 11-162　　　　　　　　　　图 11-163

（31）打开素材文件夹中的相关素材，移到斜线背景上相应的位置，调整大小，输入文字，如图 11-164 所示。

图 11-164

（32）使用"矩形工具""横排文字工具"等制作出如图 11-165 所示的效果，页尾的最终效果如图 11-166 所示。

图 11-165

图 11-166

11.3　技　能　实　战

为自己所在的系设计一个网页，网站导航结构可以参考现有的系网站，相关文字素材和图片素材可以从系网站上复制，其他素材可在网上进行搜集。

1．设计任务描述

（1）界面设计有新意：图标、图片设计有较多的原创成分。

（2）版面和排版布局合理。

（3）色彩搭配谐调。

（4）内容丰富完整、主题突出。

（5）导航、结构和链接界面亲切友好，方便用户使用。

（6）网站结构清晰，采用模块化的结构，易于被用户理解。

（7）运用菜单、图标、按钮、窗口、热键等，增强人机交互功能。

（8）具有一定的创新性和艺术性。

2．评价标准

评价标准如表 11-1 所示。

表 11-1

序　　号	作品考核要求	分　　值
1	页面整体布局合理、规整	10
2	内容完整，主题突出	20
3	Logo 制作美观、有含义	20
4	导航制作清晰，方便用户使用	15
5	网站结构、栏目模块分布合理	15
6	页面整体色彩协调、主次分明	10
7	有创新性和艺术性	10

参 考 文 献

[1] 李金蓉. 突破平面 Photoshop CS6 设计与制作深度剖析[M]. 北京：清华大学出版社，2015.

[2] 周建国. Photoshop CS6 中文版基础教程[M]. 北京：人民邮电出版社，2014.

[3] 创锐设计. Photoshop CC 2017 从入门到精通[M]. 北京：机械工业出版社，2017.

[4] 崔晶，沈强，王佳. Photoshop 图像处理项目教程[M]. 北京：清华大学出版社，2016.

[5] 张晓景. 移动互联网之路——App UI 设计从入门到精通（Photoshop 篇）[M]. 北京：清华大学出版社，2016.

[6] 李晓斌. 中文版 Photoshop CC 数码照片处理完全自学一本通[M]. 北京：电子工业出版社，2014.

5 04892 02000 068